高职机械类
精品教材

AutoCAD 2009 中文版应用基础

AUTOCAD 2009
ZHONGWENBAN YINGYONG JICHU

主编 程荣庭
参编 王娴 金玉峰 邱德琴
　　　符春生 巢英志

中国科学技术大学出版社

内 容 简 介

本书以大众化的微机绘图软件 AutoCAD 2009 中文版为蓝本,介绍了 AutoCAD 的主要功能和使用方法。全书内容简洁、通俗易懂、注重应用,具有较好的操作性,便于初学者入门使用。

图书在版编目(CIP)数据

AutoCAD 2009 中文版应用基础/程荣庭主编. —合肥:中国科学技术大学出版社,2012.1
(2023.1重印)
ISBN 978-7-312-02968-4

Ⅰ.A⋯　Ⅱ.程⋯　Ⅲ.机械制图:计算机制图—AutoCAD 软件—技术学校—教材
Ⅳ.TH126

中国版本图书馆 CIP 数据核字(2011)第 274089 号

出版	中国科学技术大学出版社 安徽省合肥市金寨路 96 号,230026 http://press.ustc.edu.cn https://zgkxjsdxcbs.tmall.com
印刷	合肥华苑印刷包装有限公司
发行	中国科学技术大学出版社
经销	全国新华书店
开本	787 mm×1092 mm　1/16
印张	22
字数	549 千
版次	2012 年 1 月第 1 版
印次	2023 年 1 月第 5 次印刷
定价	44.00 元

前　言

当今已是计算机绘图相当普及的时代,对在校的学生而言,学习使用计算机绘图软件已成为必需。AutoCAD 是目前国内外使用最为广泛的微机 CAD(计算机辅助设计)软件,它自 1982 年由美国 Autodesk 公司研制开发以来,已发展到 AutoCAD 2012 版。其以丰富的绘图功能、强大的编辑功能和良好的用户界面受到了广大工程技术人员的普遍欢迎,尤其适合作为学生掌握计算机绘图技能的学习软件。

本书是编者根据多年的学习体会,参考了大量有关书籍,遵循技术制图国家标准,以 AutoCAD 2009 中文版为蓝本,与学习"机械制图"的图样次序相结合,以易于操作上手为出发点编写而成的。

全书共分为 13 章,第一章概述 AutoCAD 2009 的基础知识,第二章介绍基本绘图命令,第三章介绍基本编辑(修改)命令,第四章介绍辅助绘图命令,第五章介绍用 AutoCAD 2009 绘制平面图形,第六章介绍用 AutoCAD 2009 标注文字,第七章介绍用 AutoCAD 2009 标注尺寸,第八章介绍用 AutoCAD 2009 标注技术要求,第九章介绍用 AutoCAD 2009 绘制零件图,第十章介绍用 AutoCAD 2009 绘制装配图,第十一章介绍图形打印输出,第十二章介绍用 AutoCAD 2009 绘制二维直观图,第十三章介绍用 AutoCAD 2009 绘制三维图形——空间实体。

针对中等职业学校的培养目标和学生特点,本书在编写过程中突出以下几点:

(1) 在内容上不求面面俱到,强调实用、需要;

(2) 在顺序编排上,打破了通常按照介绍 AutoCAD 功能的顺序编写的旧例,改为按照学习机械制图的绘图顺序来编排,尽量与学习机械制图联系起来;

(3) 为了提高可操作性,本书在介绍了各命令的功能后,紧接着就介绍该命令的操作步骤,并将对应的步骤提示用不同字体书写在右边,便于学生自学时理解、掌握;

(4) 为了进一步巩固和掌握具体命令操作过程,通常在每个命令后都配有实例操作,因此,编者希望读者在上机时能对实例认真操练。

本书的参考教学时数为 80 学时,其中授课时间为 40 学时,其余学时为上机实习。

在本书编写、出版过程中,有关领导和同事给予了大力支持和热情指导,编者参考了许多专家、学者的著作和文献,在此,一并表示衷心感谢!

由于编者水平有限,时间仓促,书中错误及不妥之处在所难免,恳请广大读者批评指正。

编 者

目　录

前言 ……………………………………………………………………………… (ⅰ)

第一章　AutoCAD 2009 基础 ……………………………………………… (1)
第一节　AutoCAD 2009 简介 ……………………………………………… (1)
第二节　初始绘图环境设置 ………………………………………………… (14)
第三节　设置坐标系及坐标值 ……………………………………………… (17)
第四节　图层及对象设置 …………………………………………………… (20)
第五节　本书的有关约定 …………………………………………………… (26)
习　题 ………………………………………………………………………… (28)

第二章　基本绘图命令 ………………………………………………………… (29)
第一节　绘制"点"的命令 …………………………………………………… (29)
第二节　绘制"线"的命令 …………………………………………………… (31)
第三节　绘制"面"的命令 …………………………………………………… (35)
习　题 ………………………………………………………………………… (45)

第三章　基本编辑(修改)命令 ……………………………………………… (47)
第一节　选择或选取对象的方式 …………………………………………… (47)
第二节　复制和删除对象的命令 …………………………………………… (50)
第三节　改变对象位置的命令 ……………………………………………… (58)
第四节　改变对象形状的命令 ……………………………………………… (63)
第五节　其他修改命令 ……………………………………………………… (71)
习　题 ………………………………………………………………………… (74)

第四章　辅助绘图命令 ………………………………………………………… (76)
第一节　视图显示控制 ……………………………………………………… (76)
第二节　捕捉对象上的几何点 ……………………………………………… (82)
第三节　绘图自动控制 ……………………………………………………… (86)
第四节　查询图形信息 ……………………………………………………… (93)
习　题 ………………………………………………………………………… (99)

第五章　用 AutoCAD 2009 绘制平面图形 ………………………………… (100)
第一节　绘制平面图形的步骤 ……………………………………………… (100)
第二节　绘制平面图形的技巧 ……………………………………………… (100)
第三节　绘制平面图形举例 ………………………………………………… (103)

习　题 ……………………………………………………………………………… (107)

第六章　用 AutoCAD 2009 标注文字 …………………………………………… (111)
第一节　建立文字样式 ……………………………………………………………… (111)
第二节　输入文字 …………………………………………………………………… (114)
第三节　编辑文字 …………………………………………………………………… (122)
习　题 ……………………………………………………………………………… (125)

第七章　用 AutoCAD 2009 标注尺寸 …………………………………………… (126)
第一节　设置尺寸标注样式 ………………………………………………………… (126)
第二节　尺寸标注命令及其操作 …………………………………………………… (139)
第三节　尺寸标注步骤及其编辑修改 ……………………………………………… (155)
习　题 ……………………………………………………………………………… (168)

第八章　用 AutoCAD 2009 标注技术要求 ……………………………………… (171)
第一节　标注表面结构代号 ………………………………………………………… (171)
第二节　标注形状与位置公差 ……………………………………………………… (173)
习　题 ……………………………………………………………………………… (177)

第九章　用 AutoCAD 2009 绘制零件图 ………………………………………… (178)
第一节　剖视图的绘制 ……………………………………………………………… (178)
第二节　绘制零件图 ………………………………………………………………… (184)
习　题 ……………………………………………………………………………… (190)

第十章　用 AutoCAD 2009 绘制装配图 ………………………………………… (193)
第一节　创建与插入图块 …………………………………………………………… (193)
第二节　用 AutoCAD 2009 绘制装配图 …………………………………………… (207)
习　题 ……………………………………………………………………………… (213)

第十一章　图形打印输出 …………………………………………………………… (216)
第一节　添加打印机 ………………………………………………………………… (216)
第二节　打印设置及打印 …………………………………………………………… (217)
习　题 ……………………………………………………………………………… (226)

第十二章　用 AutoCAD 2009 绘制二维直观图 ………………………………… (227)
第一节　在非轴测模式下绘制正等轴测图 ………………………………………… (227)
第二节　在等轴测模式下绘制正等轴测图 ………………………………………… (231)
第三节　在轴测图上标注文字 ……………………………………………………… (237)
第四节　在轴测图上标注尺寸 ……………………………………………………… (240)
习　题 ……………………………………………………………………………… (244)

第十三章　用 AutoCAD 2009 绘制三维图形——空间实体 …………………… (246)
第一节　三维图形的绘图环境 ……………………………………………………… (246)
第二节　模型、图纸空间和多视区 ………………………………………………… (251)

第三节　二维对象转换成三维实体 …………………………………………（256）

第四节　绘制三维点、线 ……………………………………………………（271）

第五节　三维模型概述及基本形体生成 ……………………………………（273）

第六节　三维实体的三维操作 ………………………………………………（294）

第七节　三维实体边、面和体的编辑 ………………………………………（309）

第八节　三维实体的倒角与圆角 ……………………………………………（316）

第九节　布尔运算 ……………………………………………………………（319）

第十节　三维图像处理简介 …………………………………………………（322）

第十一节　三维图形的文字、尺寸标注及三维绘图实例 …………………（333）

习　题 …………………………………………………………………………（339）

参考文献 ………………………………………………………………………（344）

第一章　AutoCAD 2009 基础

AutoCAD 是由美国 Autodesk 公司于 1982 年 12 月推出的一种计算机绘图软件,几十年来已广泛地被应用在机械、电子、服装、产品设计、土木建筑、汽车、造船、航空航天等各个领域,在同类型软件中使用范围最广。

AutoCAD 2009 的主要功能有:进行计算机辅助设计(CAD)绘制及修改二维和三维图形;用绘图机和打印机输出图形;嵌有 AutoLISP 语言和 ObjectARX 环境;可编程,实现参数化绘图;可以通过各种标准的图形和图像格式文件,与其他软件交换图形数据信息;与外部数据库连接,实现对外部数据库的操作,以实现计算机辅助制造(CAM)。

机械图样是机械设计师的语言,作为优秀的设计人员,应该能够将自己的设计方案用规范、美观的图样表达出来。AutoCAD 恰恰能够满足设计师的要求,能有效地帮助设计人员提高设计水平及工作效率,这是手工绘图无法比拟的。掌握了 AutoCAD,就等于拥有了先进、标准的机械语言工具。

第一节　AutoCAD 2009 简介

一、安装 AutoCAD 2009 所需的环境

(一) 硬件系统

1. 必需设备

CPU:建议采用 Pentium 233 MHz 以上档次的处理器。显示器:支持 Windows 95 及更高版本的 800×600 像素以上分辨率的显示器,建议采用 1024×768 像素的显示器。硬盘:至少需 1 GB 以上的安装空间。内存:至少 1 GB 内存,建议采用 1 GB 以上。光驱:CD-ROM 驱动器。显卡:要能支持 Windows 95 及更高版本。定点设备:鼠标或其他设备。

2. 可选设备

绘图仪或打印机;数字化仪;AutoCAD 网络版用户还需网卡、调制解调器或其他访问 Internet 的设备。

(二) 软件环境

AutoCAD 2009 必须在 Windows 95/98/2000、Windows NT 4.0 以上版本的系统或 Windows Vista 下使用。

二、AutoCAD 的启动与退出

（一）启动

AutoCAD 2009 安装完成后，桌面上一般都会出现 AutoCAD 2009 的快捷方式图标 ，双击即可。如没有，可在桌面上执行命令："开始"→"程序"→"Autodesk"→"Autodesk 2009"→"Simplified Chinese"→"AutoCAD 2009"。

启动程序后，进入 AutoCAD 2009 工作界面，如图 1-1 所示。

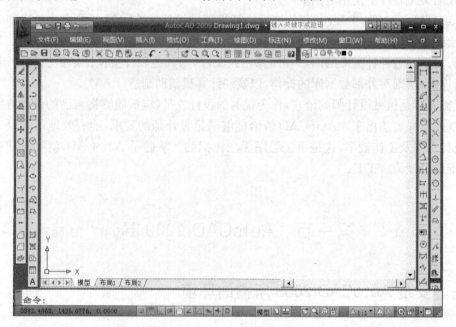

图 1-1　AutoCAD 2009 工作界面

（二）退出

完成绘图工作并保存后，应退出 AutoCAD 2009 系统，方法如下：单击标题栏最右边的关闭按钮，或选择下拉菜单项中的"文件"→"退出"命令，都可退出 AutoCAD 2009。但如果文件未保存，系统都会提示是否保存图形，如图 1-2 所示，用户可根据提示选择。

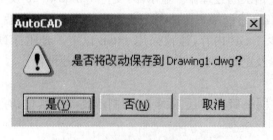

图 1-2　提示是否保存图形

另一种退出方法是在命令行输入"Quit"或"Exit"后按"Enter"键，同样可以退出 AutoCAD 2009 系统。

三、AutoCAD 2009 工作界面

启动系统后进入 AutoCAD 2009 工作界面，工作界面是由分组组织的菜单、工具栏、选项板和功能区控制面板组成的集合，使用户可以在专门的、面向任务的绘图环境中工作。工作界面设置了 3 种界面，分别是 AutoCAD 经典，如图 1-3 所示；二维草图与注释，如图 1-4 所示；三维建模，如图 1-5 所示。

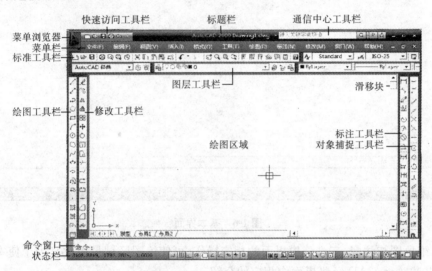

图 1-3 AutoCAD 经典界面

图 1-4 二维草图与注释界面

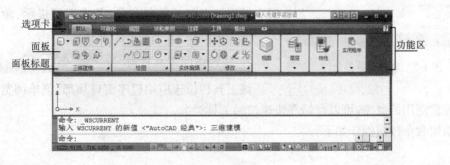

图 1-5 三维建模界面

这3种工作界面的切换，只要光标移到界面工作空间按钮 上单击，弹出下拉式菜单，然后按提示进行相应的操作即可。每种工作界面都有两种界面：① 常用界面，如图1-3所示；② 基本界面，如图1-6所示，特点是增加绘图区域，在常用界面中将有关工具栏等内容关闭。

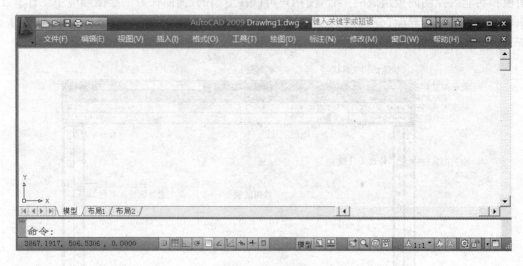

图1-6 基本界面

对二维草图与注释、三维建模界面的相应操作，可使绘图区域最大化。为了使本书前后一致，本书按 AutoCAD 经典界面作相应的介绍。

（一）AutoCAD 经典界面

AutoCAD 经典界面是每个初学者都必须面对的，整个界面由以下几个部分组成。

1. 菜单浏览器

菜单浏览器位于工作界面的左上角，图标为 ，通过菜单浏览器可垂直访问菜单栏。单击菜单浏览器，弹出下拉菜单栏，如图1-7所示，从菜单栏中调用相应的命令，一旦调用命令后，该菜单栏自动消失。在图1-7的顶部，有"搜索菜单"文本框，可以输入任何语言的搜索词，搜索结果可以包括菜单命令、基本工具提示、命令提示、文字字符串或标记。

图1-7 菜单浏览器功能

2. 快速访问工具栏

该工具栏位于应用程序窗口顶部，菜单浏览器右侧，对于经常使用的命令，可以存储在快速访问工具栏上。

添加命令按钮操作如下：

（1）光标移到快速访问工具栏上右击，弹出快捷菜单，如图1-8所示。

（2）光标移到"自定义快速访问工具栏"上单击，弹出"自定义用户界面"对话框，如图1-9所示。

图1-8 快速访问工具栏快捷菜单　　　　图1-9 "自定义用户界面"对话框

（3）在"自定义用户界面"对话框"所有命令"中，在列表中调出想要添加的命令，光标移到命令图标上按下左键并拖动图标到快速访问工具栏上，单击"应用"按钮，单击"取消"按钮，即完成添加命令。

删除"快速访问工具栏"中的命令图标操作如下：

（1）在命令行中输入"Cui"，回车，弹出"自定义用户界面"对话框，如图1-10所示。

 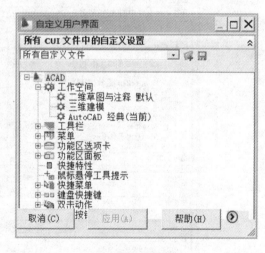

图1-10 "自定义用户界面"对话框之一　　图1-11 "自定义用户界面"对话框之二

（2）在图1-10所示对话框中单击"所有CUI文件中的自定义设置"，如图1-11所示。

（3）在图1-11所示对话框中单击" "→"AutoCAD经典（当前）"，"自定义用户界面"

对话框右边出现"工作空间内容"的相关选项,如图1-12所示。

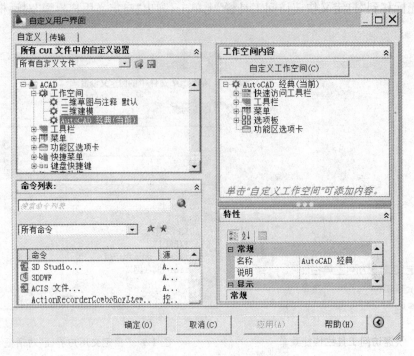

图1-12 "工作空间内容"选项

（4）在图1-12中,光标移到"快速访问工具栏"右边的"＋"上单击,显示"快速访问工具栏"中的菜单,如图1-13所示。

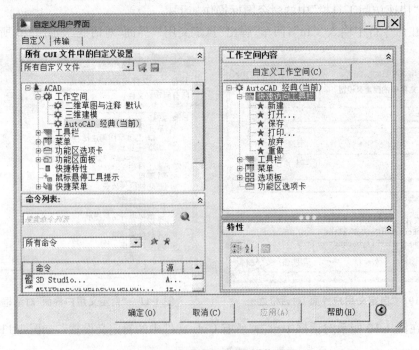

图1-13 "快速访问工具栏"菜单项

(5) 光标移到要删除的命令菜单上单击，然后右击，弹出快速菜单"从工作空间中删除"，如图 1-14 所示。

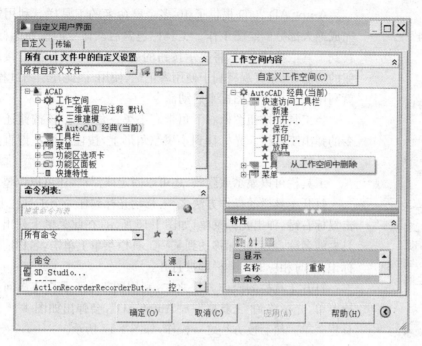

图 1-14　快速菜单"从工作空间中删除"

(6) 光标移到"从工作空间中删除"上单击，单击"完成"，单击"确定"，即完成删除命令图标。

在图 1-8 所示快捷菜单中，当打开"显示菜单栏"时，界面中会出现经典菜单栏。

3. 标题栏

标题栏位于应用程序窗口的顶部中间。标题栏中显示所保存的文件名称，新建文件没有保存时的文件名为 drawing1.dwg。

4. 通信中心工具栏

通信中心工具栏 键入关键字或短语 位于应用程序窗口顶部右侧。

应用程序窗口顶部最右端是缩小窗口按钮、还原窗口按钮和关闭应用程序按钮。

5. 经典菜单栏

AutoCAD 2009 菜单栏与 Windows 应用软件菜单栏的风格一样，AutoCAD 2009 几乎所有的命令都可以从菜单栏中调用。如图 1-15 显示的是"视图"菜单及其中的一个子菜单。

AutoCAD 2009 为了增加绘图区域，可将经典菜单栏隐藏，只要在图 1-8 中关闭"显示菜单栏"，即去掉"显示菜单栏"前面的"√"。

图 1-15　菜单栏的应用

6. 工具栏

系统默认时,界面将显示用户常用的工具栏,如图1-3所示。

AutoCAD 2009提供了40多个已命名的工具栏。利用它们可以完成绝大部分的绘图工作。工具栏包含启动命令的按钮图标,将鼠标移到工具栏按钮上时,将显示按钮的名称。由于图标能直接反映该按钮的功能,形象直观有利于使用者记忆、使用,因此在绘图过程中,通常就利用工具栏按钮图标来启动命令。

当工具栏按钮图标右下角带有小黑三角形时,该按钮还有相关命令的弹出工具栏。光标移到小黑三角形上,按住鼠标左键直至显示弹出工具栏。

工具栏可以显示或隐藏,还可以固定或浮动,还可以调整大小。

打开工具栏的操作方法之一:移动光标到任一个工具栏上,然后单击鼠标右键,弹出光标菜单,如图1-16所示,在此菜单上列出了所有工具栏的名称,最后光标移动到某一工具栏菜单上单击,名称前出现"√"标记,此时相应的工具栏即被打开。

打开工具栏的操作方法之二:利用图1-8所示快速访问工具栏快捷菜单,光标移到"工具栏"→"AutoCAD",会弹出如图1-16所示的工具栏菜单。然后按方法之一操作,如图1-17所示。

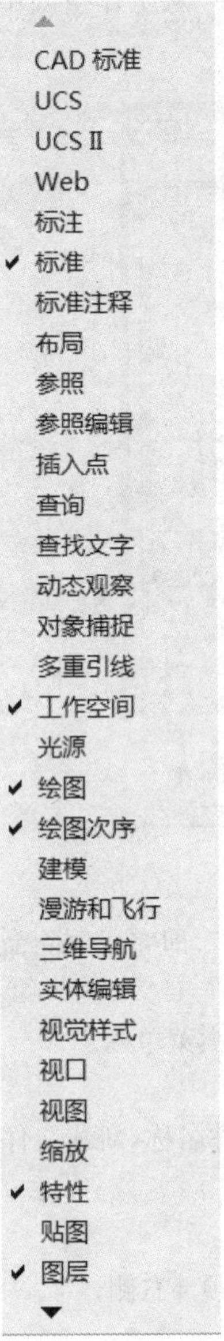

图1-16 工具栏菜单

图1-17 打开工具栏菜单方法之二

打开工具栏的操作方法之三:在经典菜单栏上,光标移到"工具"上单击,弹出下拉式菜单,如图1-18所示,光标移到"工具栏"上,会弹出如图1-16所示的工具栏菜单,然后按方法之一操作。

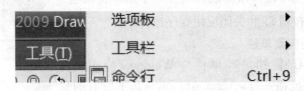

图1-18 "工具"菜单

浮动工具栏的操作方法:光标移到工具栏顶部(竖式)或左侧(横式)两条线处,然后按下鼠标左键,此时工具栏边缘将出现一个灰色矩形框,继续按住左键并移动鼠标,工具栏就随光标移动。

固定工具栏的操作方法:利用浮动工具栏的操作方法,将工具栏拖到绘图区域的顶部、底部或两侧的固定位置,然后单击状态栏中的锁定按钮图标 , 弹出锁定菜单, 如图 1-19 所示, 光标移到"固定的工具栏/面板"上单击, 名称前出现"√"标记, 此时工具栏即被锁定。

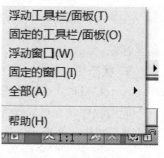

调整工具栏的大小操作方法:将光标定位在浮动工具栏的边上, 直到光标变成水平或垂直的双箭头为止, 按住鼠标左键并移动光标, 直到工具栏变成需要的形状, 松开左键。

隐藏工具栏的操作方法有两种。方法一:利用浮动工具栏的操作方法, 将工具栏处于浮动状态, 单击工具栏右上角的关闭按钮 ;方法二:再次打开工具栏菜单, 使工具栏名称前的"√"标记消失。

图 1-19 "锁定"菜单

7. 命令窗口

命令窗口由命令行和命令提示窗口两部分组成, 如图 1-20 所示。它是 AutoCAD 2009 中一个重要的人机对话窗口, 通过它, 用户可以查看已执行过的命令或查看系统提示的相关信息。

命令行是显示即将要进行的程序内容(命令), 可通过键盘输入或启动相应命令按钮后自动显示。

命令提示窗口是显示已执行的命令内容, 窗口的大小可以调整, 方法是:光标定位于绘图区域的下边, 直到光标变成垂直的双箭头时, 按住鼠标左键并上下移动光标, 直至合适时松开左键。按"F2"可显示或隐藏命令提示窗口中的内容。

图 1-20 命令窗口

图 1-21 命令行对话框

关闭或打开命令行操作步骤如下:
(1) 启动命令行对话框, 如图 1-21 所示, 方法有两种:
① 菜单栏:"工具"→"命令行";
② 快捷键:"Ctrl+9"。
(2) 单击"是", 即关闭命令行;单击"否", 即打开命令行。

8. 绘图区域

AutoCAD 2009 界面上最大的区域是绘图区域, 它就是一张图纸。处于模型空间状态时, 这张图纸可以是无限大的, 所以绘图区没有边界, 无论多大的图形, 都能在 AutoCAD 2009 上绘制。

绘图区左下部有 3 个标签:"模型"、"布局 1"和"布局 2"。主要用于模型空间和图纸空间的切换。

在绘图区域的左下角,有两条相互垂直的坐标轴图标。这是 AutoCAD 2009 的直角坐标系。

9. 状态栏

AutoCAD 2009 的状态栏有两种,即应用程序状态栏和图形状态栏。

应用程序状态可显示光标的坐标值、绘图工具、导航工具以及用于快速查看和注释缩放的工具,如图 1-22 所示。图 1-23 所示为图形状态栏打开后的应用程序状态栏。

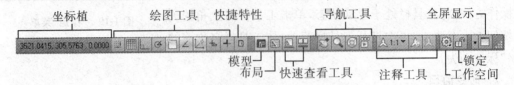

图 1-22 应用程序状态栏

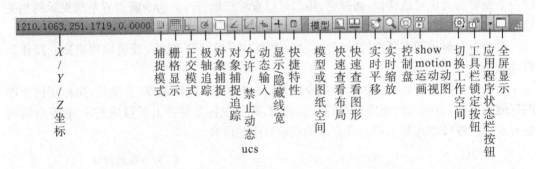

图 1-23 图形状态栏打开后的应用程序状态栏

图形状态栏显示缩放注释的若干图标,如图 1-24 所示。图形状态栏打开后,将显示在绘图区域的右下角底部。

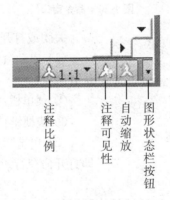

图 1-24 图形状态栏

图形状态栏关闭时,缩放注释图标移至应用程序状态栏,如图 1-1 所示。

打开或关闭图形状态栏的操作方法如下:单击应用程序状态栏按钮,弹出状态栏菜单,如图 1-25 所示,单击"图形状态栏",名称前出现"√"标记即可。另外利用状态栏菜单可关闭或打开应用程序状态栏中相应的图标。

在图 1-24 所示状态栏中,单击图形状态栏按钮 ,在弹出的菜单中可选择要显示或隐藏的图形状态栏图标。

图 1-25　应用程序状态栏菜单

(二) 二维草图与注释界面

1. 功能区

功能区是一种选项板,用于显示工作空间中基于任务的按钮和控件,即包含许多以前在面板上提供的相同命令。创建或打开图形时,默认情况下,在图形窗口的顶部将显示水平的功能区,如图 1-4 所示。

功能区为当前工作空间相关的操作提供了一个单一简洁的放置区域。使用功能区时无需显示多个工具栏,它通过单一紧凑的界面使应用程序变得简洁有序,同时使可用的绘图区域最大化。

手动打开功能区的操作方法介绍以下 2 种:

方法之一:单击菜单浏览器 →菜单栏"工具"→单击菜单栏"选项板"→单击菜单栏"功能区"。

方法之二:在命令行中输入"Ribbon",回车。

手动关闭功能区的操作方法介绍以下 3 种:

方法之一:单击菜单浏览器 →菜单栏"工具"→单击菜单栏"选项板"→单击菜单栏"功能区"。

方法之二:在命令行中输入"Ribbonclose",回车。

方法之三:光标移到选项卡上,右击,弹出快捷菜单,如图1-26所示,单击"关闭"。

图 1-26　选项卡快捷菜单

在图 1-26 所示菜单中,单击"浮动",功能区变成工具栏形式,如图 1-27 所示。

将浮动的功能区拖放到左或右边位置,功能区将垂直显示,拖放到顶部,功能区恢复原状。

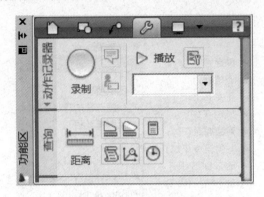

图1-27 浮动的功能区

2. 选项卡

功能区水平显示时,选项卡在功能区的顶部,有7个按钮,如图1-28所示。

图1-28 选项卡内容

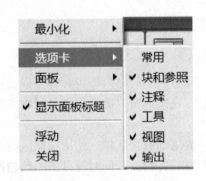

图1-29 选项卡快捷菜单中的选项卡内容

7个按钮其中1个最小化按钮和6个文字标签标志,即常用、块和参照、注释、工具、视图、输出,各个按钮中还包含若干操作内容,如"注释"按钮中包含:文字、标注、多重引线、表格、标记、注释缩放,如图1-4所示。

单击选项卡某个文字标签,其下面的面板内容作相应的变换。

要显示或隐藏选项卡某个文字标签,光标移到选项卡上右击,弹出快捷菜单,如图1-29所示,单击选项卡下的相应菜单即可。

最小化按钮 有3个功能:① 显示完整的功能区;② 显示选项卡和面板标题;③ 显示选项卡。

单击最小化按钮,可显示或隐藏功能区的面板或面板标题内容。

3. 面板

面板在选项卡的下面,它包含的很多工具或控件与工具栏或对话框中的相同。面板上小的黑色箭头表示用户可以展开该面板以显示其他工具和控件。

要显示或隐藏面板,光标移到面板上右击,弹出快捷菜单,如图1-30所示,单击面板下的相应菜单。

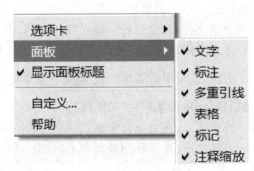

图1-30 面板快捷菜单内容

4. 面板标题

面板标题主要用来说明不同面板的功能，如面板标题为"绘图"，则该面板中的工具主要用来画图。

要显示或隐藏面板标题，光标移到选项卡上右击，弹出选项卡快捷菜单，如图 1-26 所示，单击"显示面板标题"。

单击面板标题栏中的小黑色箭头，会展开隐藏的其他工具或控件，如图 1-31 所示。要使面板保持展开固定的状态，单击所展开面板右下角的图钉图标 。

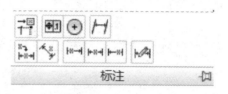

图 1-31　面板展开

（三）三维建模

AutoCAD 2009 三维建模界面如图 1-5 所示，三维建模界面主要用来绘制三维图形，界面形式和二维草图与注释相类似，也有功能区，操作方法和二维草图与注释功能区相同，但在选项卡、面板、面板标题具体内容上有所不同。

三维建模界面主要用于创建三维模型，在"三维建模"工作空间，仅包含与三维相关的工具栏、菜单和选项板，而不需要的界面项会被隐藏，使用户的绘图区域最大化。

四、启动命令的常用操作方法

1. 快捷菜单

AutoCAD 2009 提供了一个可随时通过单击鼠标右键打开一个与当前操作状态相关的快捷菜单功能。例如，在绘图区域内单击鼠标右键可得到如图 1-32 所示的快捷菜单。

合理使用快捷菜单进行操作，可提高作图的工作效率。

2. 对话框

在 AutoCAD 2009 中有许多复杂的对话框，对话框是人机对话的另一种主要方式。对话框往往可以执行某些复杂的命令或对一些功能进行设置，很方便把一些复杂信息表达出来。图 1-9 所示的即为"自定义用户界面"对话框。

3. 命令

绝大多数 AutoCAD 2009 的命令都可以通过键盘在命令行中输入命令来完成，而且键盘是输入坐标及各种参数的唯一方法。

图 1-32　快捷菜单

4. 菜单栏

光标移至菜单栏单击，在下拉菜单中单击某个命令。

5. 工具栏

光标移至工具栏某个命令图标上单击。这是一种常用的启动命令方法。

在启动命令时，本书主要使用：命令、菜单栏、工具栏 3 种操作方法。

AutoCAD 2009 和其他 Windows 应用软件一样，可以很方便地放弃、重做、重复、恢复和终止命令。

6. 快捷键

利用键盘上的 Shift、Ctrl、Delete、Alt、字母、数字等键的组合可实现相应的命令操作,如同时按下"Ctrl+X"可实现剪切,同时按下"Ctrl+V"可实现粘贴等。

第二节 初始绘图环境设置

一、新建、打开、保存图形文件

1. 新建图形文件

启动新建图形命令,弹出"选择样板"对话框,如图 1-33 所示,方法主要采用以下 3 种:

(1) 菜单栏:"文件"→"新建"。

(2) 工具栏:单击工具栏中的"新建"图标 。

(3) 快捷键:同时按下"Ctrl"和"N"键。

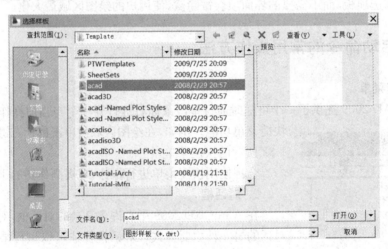

图 1-33 "选择样板"对话框

在"选择样板"对话框中,用户可根据实际需要选择其中一项进行操作,创建出适合自己需要的新图,从而进行绘图工作。

2. 打开已有图形文件

启动图形文件命令,弹出"选择文件"对话框,如图 1-34 所示,方法主要采用以下 3 种:

(1) 菜单栏:"文件"→"打开"。

(2) 工具栏:单击标准工具栏中的"打开"图标 。

(3) 快捷键:同时按下"Ctrl"和"O"键。

单击已有图形的文件名,单击"打开",或双击已有图形的文件名,打开图形文件。根据实际需要,用户还可以在选择文件的时候按住"Ctrl"键选择多个文件同时打开。如要在多个文件中进行切换,可以使用"Ctrl+Tab"快捷键来循环切换。如果用户在对话框中选择了

"以只读方式打开"选项,则打开的图形文件都不可被修改。

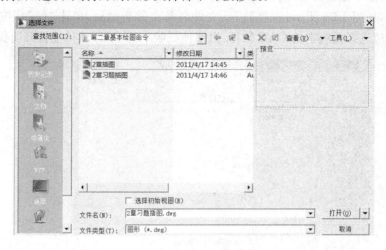

图 1-34 "选择文件"对话框

3. 保存图形文件

在使用 AutoCAD 2009 进行绘图时,要不断地进行存盘工作,以免因误操作、断电等原因破坏文件。

AutoCAD 2009 提供了下述几种保存文件的方法:

（1）菜单栏:"文件"→"保存"。

（2）工具栏:单击标准工具栏中"保存"图标 。

（3）快捷键:同时按下"Ctrl"和"S"键。

（4）自动定时保存文件:菜单栏:"工具"→"选项",弹出"选项"对话框,如图 1-35 所示,单击"打开和保存"选项卡,选中"自动保存"并在文本框中输入保存间隔时间,单击"确定"。

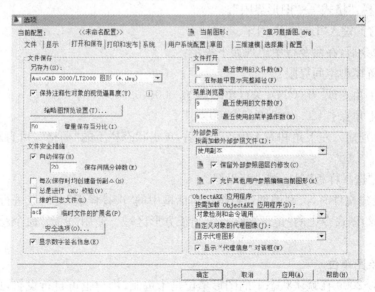

图 1-35 "选项"窗口

如果当前图形已被命名，则以上命令将直接保存文件。若尚未命名，则会打开："图形另存为"对话框，如图 1-36 所示，选择路径、文件名及文件类型后，单击"保存"按钮即可。注意：文件类型应选择低版本的 CAD 软件，以便使低版本的 CAD 软件能打开所保存的文件。

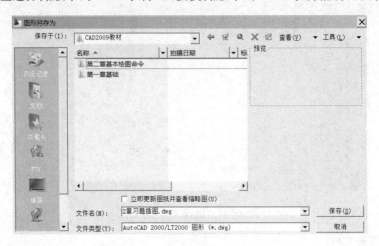

图 1-36 "图形另存为"对话框

二、设置绘图界限与绘图单位

1. 设置绘图界限

为了避免用户在模型空间绘制图形时超出某个界限，常常在绘图前要对工作区域进行设置，使工作区域与实际图纸大小相匹配。不设图限，AutoCAD 2009 的工作区为无穷大。

在 AutoCAD 2009 中对绘图界限（区域）进行设置常用以下 4 种方法。

(1) 菜单栏："格式"→"图形界限"。

(2) 命令行：键入"Limits"，回车。

执行完命令后，在命令行中出现如下提示：

"重新设置模型空间界限："

"指定左下角点或[开(ON)/关(OFF)]＜0.0000,0.0000＞："

"指定右上角点＜420.0000,297.0000＞："

按提示分别输入左下角和右上角点坐标后，单击状态栏上的"栅格"，可直观地显示出绘图界限。

(3) 利用"选择样板"对区域进行设置。

我们在新建文件时，可利用创建新图形对话框中的"选择样板"对区域进行设置。

(4) 利用绘图命令中的"矩形"命令，绘制长方形区域。使用"矩形"命令绘图，请参阅第二章第三节。

2. 设置绘图单位

AutoCAD 2009 在默认状态下的图形单位是十进制，用户也可自行设置，此时最简单的方法是启动"图形单位"命令，弹出"图形单位"对话框，如图 1-37 所示。操作步骤如下：

(1) 启动"图形单位"命令，菜单栏："格式"→"单位"。

(2) 用户可根据需要,对"图形单位"对话框按"长度、角度、单位"等进行设置。

(3) 单击"确定"。

图 1-37 "图形单位"对话框

第三节 设置坐标系及坐标值

在绘图时,用户可能会反复使用 AutoCAD 的坐标系功能,它用于在图形中指定原点的位置。为方便作图过程中确定坐标或尺寸,用户可自定义坐标系(UCS)原点及方向,特别在三维绘图中作用更大。AutoCAD 中设置了世界坐标系和用户坐标系两种。

一、世界坐标系

当用户开始一幅新图形时,AutoCAD 缺省地将图形放置在世界坐标系 WCS 中。WCS 是一种直角坐标系,其原点位于屏幕左下角,X 轴正向为屏幕的水平向右方向,Y 轴正向为垂直向上方向,如图 1-38 所示。

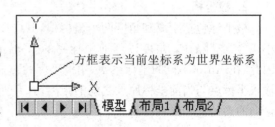

图 1-38 AutoCAD 世界坐标系图符

二、用户坐标系

1. 功能

用于确定绘图过程中新的坐标原点和方向,方便绘图。

用户坐标系 UCS 图符与世界坐标系 WCS 完全一样,只是没有了方框符号,用户通过此点可以知道当前处于哪个坐标系。

在用户坐标系中,原点、X 轴和 Y 轴都可以移动及旋转,是一种局部坐标系。

2. 设定用户坐标系

操作步骤:

(1) 启动用户坐标系命令,方法有 3 种:

①菜单栏:"工具"→"新建"→"原点";

②工具栏:单击 UCS 工具栏中的用户坐标系原点图标 ;

③ 命令行:键入"UCS",回车,再键入"N",回车。

(2) 光标在指定位置单击,即完成设定用户坐标系。

3. 显示用户坐标系

显示用户坐标系的方式有 4 种,即显示、不显示、显示坐标原点、不显示坐标原点,具体操作如下:

(1) 菜单栏:"视图"→"显示"→"UCS 图标"→"开或原点"(打或不打"√")。

(2) 命令行:键入"Ucsicon",回车。再键入"ON"或"OFF"、"OR"或"N",回车。

三、坐标值的表达形式

在 AutoCAD 系统中,坐标分直角坐标和极坐标,在输入点坐标时,又分绝对坐标和相对坐标。

(一) 坐标类型

1. 直角坐标

直角坐标包括 X、Y、Z 3 个坐标值。在平面作图时,Z 坐标值缺省为零,可不输入,因此只需输入 X、Y 两个坐标值。要注意的是,坐标值之间必须用逗号隔开,即在 AutoCAD 的坐标系中,用直角坐标的方式输入坐标的表达形式为:X,Y。

2. 极坐标

极坐标包括距离和角度两个坐标值,其中距离值在前,角度值在后,两个坐标值之间用小于号"<"隔开。角度以当前坐标系的 X 轴正向为度量基准,顺时针为负,逆时针为正。因此,在 AutoCAD 的坐标系中,用极坐标的方式输入坐标的表达形式为:$\rho<\Phi$,其中 ρ 为所输入坐标点与当前坐标原点之间的距离,Φ 为所输入坐标点与当前坐标原点的连线与 X 轴正向的夹角。

(二) 坐标输入方法

1. 绝对坐标

绝对坐标定位是指相对于当前坐标系原点的定位方法。被参考的坐标系可以是世界坐标系,也可以是用户坐标系。坐标类型可以是直角坐标,也可以是极坐标等。要注意在当前坐标系为用户坐标系时,绝对坐标的原点应为用户坐标系的原点,而不是世界坐标系的原点。

2. 相对坐标

相对坐标定位是指相对于一个已知点的定位方法。实际作图时,用户知道更多的是"点与点之间"的相对位置,而并不是点的绝对位置,所以相对坐标定位用得更频繁。进行相对坐标定位时,系统自动以最后产生的点作为基准,但该基准只能用一次,即输入新的点后,系统又会自动以新的点作为基准。

为区别于绝对坐标,相对坐标前需加上符号埃脱"@"。相对坐标也分直角坐标和极坐标两种形式,两者同样用逗号和小于号隔开。

输入相对坐标的另一种方法是:通过移动光标,指定方向,然后直接输入两点之间的距离,回车。此方法称为直接距离输入。

综上所述,坐标点的输入格式可归纳成如表 1-1 所示方式。

表 1-1　AutoCAD 坐标的输入格式

坐 标 系	坐标表达形式	坐标输入方法	坐标输入格式
WCS、UCS	直角坐标	绝对坐标	X,Y
		相对坐标	$@X,Y$
	极坐标	绝对坐标	$\rho<\Phi$
		相对坐标	$@\rho<\Phi$

注意:应在英文输入法状态下键入点的坐标值,否则无效。

四、显示坐标

(一) 功能

追踪作图时的光标位置。

显示坐标位于屏幕底部状态栏的左端。直角坐标由一组被逗号隔开的数字组成,第一个数字是 X 轴坐标值,第二个数字是 Y 轴坐标值,第三个数字是 Z 轴坐标值,如图 1-39(a) 所示。极坐标由一组被小于号隔开的数字组成,第一个数字是极距,第二个数字是极角,如图 1-39(b) 所示。

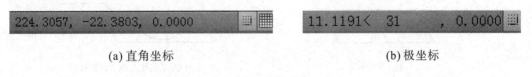

(a) 直角坐标　　　　　　　　　　　　　　(b) 极坐标

图 1-39　显示坐标

(二) 3 种坐标显示模式

1. 动态直角坐标

在动态直角坐标模式下,随着光标的移动,X、Y 值不断发生相应变动。

2. 动态极坐标

在动态极坐标模式下,随着光标的移动,相应的极坐标值不断改变。

3. 静态坐标

在静态坐标下,坐标值并不随光标的移动而变化,只有在选择点时,坐标值才变化。

改变显示动态或静态坐标模式可以单击坐标显示栏。

第四节　图层及对象设置

用 AutoCAD 绘图与手工绘图的区别之处是引入了图层的概念,图层(Layer)是 AutoCAD 的一大特色。本节主要介绍有关图层概念及相关的操作。

一、图层概念

图层是使图形对象具有特定属性的透明层。在二维平面中,所谓"层"可以理解为一张无厚度的透明纸。

由于一张图由许多对象组成,而每个对象除了几何形状不同外,其颜色、线型等状态量也不同,每一个图形的数据量很大,占用大量的存储空间。引入图层概念的目的,就是对图形对象的颜色、线型等属性进行分层管理,把相同颜色、线型等定义在一个层中,这样,在同一图层上绘制的对象具有相同的颜色、线型等,节省了存储空间和时间。

为了进一步对图层的理解,我们可以把 AutoCAD 系统中定义的若干图层想像成若干张无厚度的透明纸,在不同的纸上绘制不同的实体,然后,再将这些透明纸重叠起来,如图 1-40 所示。重叠后的图形,即为一张既相互联系,又彼此独立的复合图,在这张图中既可以取出其中一层单独操作,也可以对其全体进行统一操作。

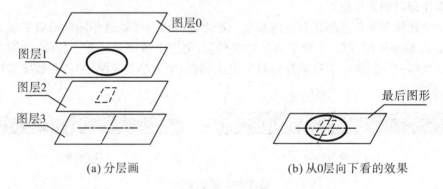

(a) 分层画　　　　　　　　　(b) 从0层向下看的效果

图 1-40　分层绘图

二、图层性质

(1) 一幅图可定义若干图层,有且仅有一个当前图层,用户只能在当前层上绘图。

(2) 每一个图层都有一个层名,层名最多可用 31 个字符来命名。每当创建一张新图后,系统自动定义当前层为 0 层,处在打开且解冻状态,线型为 Continuous(连续线),颜色为

White(白色),用户可根据需要重新定义属性。0层不能被改名和删除,0层相当于系统提供给用户的一张最基本的图纸。

(3) 每个图层只能赋予一种颜色和一种线型,不同图层可以具有相同的线型和颜色。

(4) 图层还具有"打开、关闭、锁定、解锁、冻结、解冻"6种状态,在"图层"工具栏中显示,如图1-41所示。

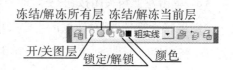

图1-41 图层状态

各选项含义如下:

① 打开/关闭(ON/OFF):一般情况下,图层是保持打开状态的,如果选择关闭,则该层上对象不可见,即不能显示、输出和编辑。

② 冻结/解冻(Freeze/Thaw):一般情况下,图层是保持解冻状态的;如果选择冻结,则该层上的对象不可见,不可编辑。AutoCAD有些命令执行时,要求重新生成图形,而冻结某层,该层上的对象不参与图形重新生成计算,可节省绘图时间。

③ 锁定/解锁(Lock/Unlock):一般情况下,图层是保持解锁状态的;如果选择锁定,则该层上的对象可显示输出,但不可编辑,即该图层上的图形为只读图形。

(5) 各层具有相同的坐标系、绘图界限、显示时的缩放倍数,可以对不同层上的对象同时进行编辑。

从图层性质可以看出,用户在绘制一幅图的过程中,首先是根据需要,新建一些图层,然后,将某层设为当前层,利用绘图和编辑命令在当前层上输入、编辑实体。

三、创建新图层

(一) 功能

建立新图层,改变当前层、改变当前层的颜色、线型与状态等,设置层名、线型、线宽及颜色等。

(二) 操作步骤

(1) 启动图层命令,弹出"图层特性管理器"对话框,如图1-42所示,方法有3种:

图1-42 "图层特性管理器"对话框

① 菜单栏:"格式"→"图层";

② 工具栏:单击"图层"工具栏中的图层图标 ;

③ 命令行：键入"Layer"，回车。

(2) 单击新建图标 ，并对"名称、颜色、线型、线宽"作适当设置。

(3) 单击左上角关闭按钮 ，即完成创建新的图层。

"图层特性管理器"对话框的主要选项含义及操作如下：

① 新建按钮 ：创建新图层。单击新建按钮 ，AutoCAD 就会自动生成新图层。

② 删除按钮 ：删除所选取的图层。在图层显示区内，选中某一层或若干层，单击删除按钮 。注意：要删除的图层必须是空图层，即该图层上没有绘制任何实体的图形，而且不能设置为当前层。

③ 当前按钮 ：将所选择的图层设置为当前图层。选取某一图层，单击当前按钮 ，即可使该层变为当前层。

④ 当前图层：显示当前图层的层名。

⑤ 状态：显示图层是否为当前图层，有绿色标记"√"的层即为当前图层。其他图层名称前有蓝色的图标 。

⑥ 名称：显示对应各图层的名字，用户在新建图层时，须先定义图层的层名。单击层名，即选中层名后，从键盘输入用户给定的层名。双击某层名，即将该层设置为当前层。

⑦ 开：显示图层"打开/关闭"状态。光标对准灯泡图标 ，单击就可以进行开关切换，灯亮 为开，灯熄 为关。

⑧ 冻结：显示图层"冻结/解冻"状态。光标对太阳图标 （解冻）或雪花（冻结）图标 ，单击，就可以进行冻结/解冻切换，但当前层是不能进行冻结操作。

⑨ 锁定：显示图层"锁定/解锁"状态。光标对着锁图 单击，就可以进行锁定 或解锁 切换。

⑩ 颜色：显示图层的颜色。单击某层的颜色图标，会弹出"选择颜色"对话框，用户可以利用该对话框进行图层颜色的设置。

⑪ 线型：显示对应图层的线型。单击该图层的线型名，会弹出"选择线型"对话框，用户可利用该对话框进行线型选择和加载。

⑫ 线宽：显示图线宽度。单击该选项的图线，会弹出"线宽"列表，可以从中选取新的线宽。

四、设置图层对象

图层中所包含的"颜色、线型、线宽"是图线设置的主要对象，因此，我们必须学会对这些对象的设置。设置的方法有 4 种，但图层应处在当前层或被选中。

（一）设置"颜色"

(1) 启动"选择颜色"对话框，如图 1-43 所示，方法有以下 4 种：

① 菜单栏:"格式"→"颜色";
② 工具栏:单击"对象特性"工具栏"颜色"列表右边的箭头,在列表中单击"选择颜色";
③ 在"图层特性管理器"对话框中,单击"颜色"下面的图标;
④ 命令行:键入"Color",回车。
(2) 在图 1-43 所示对话框中单击某种颜色。
(3) 单击"确定",即完成对颜色的设置。

图 1-43 "选择颜色"对话框

(二) 设置"线型"

(1) 启动"线型管理器"对话框,如图 1-44 所示,方法有 4 种:

图 1-44 "线型管理器"对话框

① 菜单栏:"格式"→"线型";
② 工具栏:单击"对象特性"工具栏"线型"列表右边的箭头,在列表中单击"其他"。
③ 在"图层特性管理器"对话框中,单击"线型"下面的图线名称,弹出"选择线型"对话框,如图1-45所示;

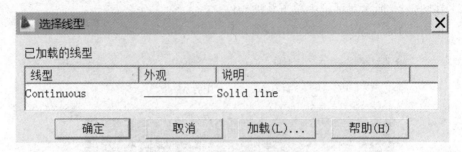

图1-45 "选择线型"对话框

④ 命令行:键入"Linetype",回车。
(2)单击"加载",弹出"加载或重载线型"对话框,如图1-46所示。

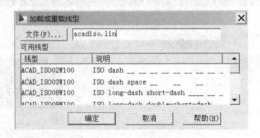

图1-46 "加载或重载线型"对话框

(3)在"可用线型"区中单击所需要的图线。
(4)单击"确定",此时,"加载或重载线型"对话框消失。
(5)在"线型管理器"或"选择线型"对话框中,单击所需要的图线。
(6)单击"确定",即完成对线型的设置。

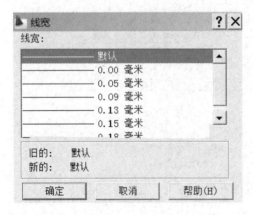

图1-47 "线宽"列表

(三)设置"线宽"

(1)启动"线宽"列表,如图1-47所示,方法有4种:
① 菜单栏:"格式"→"线宽";
② 工具栏:单击"对象特性"工具栏"线宽"列表右边的箭头;
③ 在"图层特性管理器"对话框中,单击"线宽"下面的图线;
④ 命令行:键入"Lineweight",回车。
(2)单击所需的图线宽度。
(3)单击"确定",即完成对线宽的设置。

尽管对图线对象设置的方法有 4 种,但通常我们只需用"图层特性管理器"对话框进行操作即可,因为这种方法显得方便直观,即"图层" →"图层特性管理器"→设置"颜色"、"线型"、"线宽。"

另外,要注意:使用"特性"工具栏"颜色、线型、线宽"列表选定的当前颜色、线型、线宽,今后无论调入哪一层作为当前层,绘制出来的图形对象其颜色、线型、线宽均不随图层特性变化,故一般选择为"随层",便于修改图线,如选择为"随块",则该选项只对"块定义"与"块插入"有影响。

五、设置线型比例

当线型设置为"虚线、细点画线、双点画线"等非连续线后,所画图线在屏幕上却成为了连续线,这时,就要设置合适的线型比例,就可显示真实的线型。

设置线型比例步骤如下:

方法之一:

(1) 启动线型比例命令,菜单栏:"格式"→"线型",弹出"线型管理器"对话框,如图 1-48 所示。

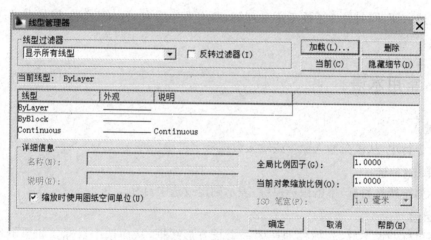

图 1-48 "线型管理器"对话框

(2) 单击"显示/隐藏细节",处于"隐藏细节",此时,在"线型管理器"对话框下面出现详细信息内容。

(3) 在"全局比例因子"右边的输入框中,键入新的比例数值。

(4) 单击"确定",即完成"线型比例"的设置。

方法之二:

(1) 命令行:键入"Ltscale",回车。

(2) 在命令行键入新的比例数值,回车,即完成"线型比例"的设置。

方法之三:

(1) 单击标准工具栏中对象特性图标 ,弹出"特性"列表。

(2) 单击"基本",在"线…"比例栏中键入新的比例数值。

(3) 单击"特性"列表左上角的关闭按钮" ✕ "。

六、调用图层

对图层及其对象设置后,如何调用所需的图层来进行绘图呢?也即如何将图层设置为当前层呢?方法有两种:

(1) 在"图层特性管理器"对话框中,单击某一层,然后单击"当前层",最后单击"确定"。

(2) 在"图层"工具栏中,单击图层状态或其右边的箭头,在列表中单击某一层,即可将该层置为当前层。

第五节 本书的有关约定

为叙述方便,同时也为了便于读者理解,对本书中经常出现的术语、符号及有关解释作如下约定。

一、常用术语

1. 键入

在命令行中,从键盘输入命令或输入数据等字符串。

2. 单击(单选)

光标移至所选目标,单击鼠标左键,表示确定或选中目标。

3. 窗选

按住鼠标左键不放,光标移动产生一个长方形线框,从而选中目标。如果出现虚线线框,则目标只要与线框相交,即被选中;如果出现实线线框,则被线框完全包围的目标,才能被选中。

4. 回车

单击鼠标右键或按键盘上的"Enter"键。回车操作表示:①结束命令;②重复上一次命令(可提高绘图速度)或继续下一步,常用于"结束命令"。

5. 关键字

在命令行的提示名中,通常会出现斜杠"/"分隔的若干选项,每个选项后的括号内均采用一个或两个大写字母表示,这些大写字母称为"关键字"。当用户需要选择其中任一项时,只需从键盘输入该选项的关键字,然后回车即可。

6. 缺省值(项)

表示系统中当前已存在的选项或数值。

7. 正交

使从光标点画出的直线总是处于水平或垂直位置。

8. 图形对象（简称"对象"）

由系统预先定义好的图形元素，包括：点、直线、圆、圆弧、椭圆、样条曲线、文字及尺寸标注等。

二、常见符号

1. /

称为斜杠分隔符。用于分隔命令执行期间提示行出现的多项选择。

2. < >

括号中的内容表示系统缺省值或缺省选项。

3. →

表示进入下一级菜单，并单击。

4. @

表示后面输入的坐标值是相对坐标值。

5. [ ]

表示方括号内的内容为可选项目。

6. ○

单选框，表示每次只能选中一个，圆中有黑点，即被选中。

7. □

复选框，表示可同时选中几个选项。选中，则在方框中出现一个"√"。

三、编写约定

1. 步骤说明

用不同字体表示，书写在操作步骤的右边，是命令行的提示，便于读者对操作步骤的进一步理解。书中对命令的执行，较为详细地写出了操作步骤，以便自学。

2. 命令执行

先启动命令，后选中操作对象。

3. "捕捉某对象"

即应先打开捕捉工具栏中的某个捕捉图标命令，然后再对"某对象"捕捉并单击。

4. 其他

限于篇幅，本书从实用角度出发，将一些在制图中不用或很少用到的命令省略介绍，读者如有兴趣的话，可参阅有关书籍。

5. 说明

书中的举例操作都是在白色屏幕下进行的。

习 题

1-1 熟悉 AutoCAD 2009 系统的进入和退出。
1-2 进入 AutoCAD 2009,熟悉 AutoCAD 2009 的界面及各区域的划分。
1-3 练习图形文件的新建、打开、存盘和赋名存盘。
1-4 如何设置绘图界限和单位?
1-5 如何在窗口中打开有关命令图标(工具栏)?
1-6 如何在 AutoCAD 中用不同的方法调用命令?
1-7 AutoCAD 有哪两种坐标系统?
1-8 世界坐标系和用户坐标系的区别是什么?如何创建新的用户坐标系?有哪几种方法?
1-9 点的坐标类型有哪 4 种?
1-10 如何从键盘上输入绝对坐标和相对坐标?应在什么输入法下进行?
1-11 3 种坐标显示的模式分别是什么?
1-12 在工作区中移动鼠标,观察状态栏中坐标值的变化。
1-13 怎样使用"图层特性管理器"对话框对图层进行控制?
1-14 打开 AutoCAD 2009,创建如题表 1-1 所示的 4 个新的图层,并以 L-1-14 为名存盘。

题表 1-1

图层名称	颜 色	线 型	线 宽
粗实线	黑色	连续线	0.6
细点画线	红色	中心线	0.3
细实线	黑色	连续线	0.3
虚线	蓝色	虚线	0.3

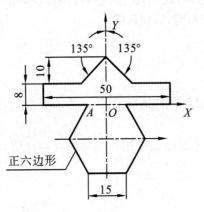

题图 1-1

1-15 图层对于管理整体图形有什么作用?
1-16 图层的锁定与冻结状态有什么异同?
1-17 怎样快速执行上一个命令?在学习第二章时,请体会一下感觉,并能在实际绘图中加以应用。
1-18 以 A 点为起点,写出题图 1-1 所示图形各点的坐标值。

第二章 基本绘图命令

在完成初始绘图环境的设置之后,我们就可以利用 AutoCAD 提供的"绘图、编辑修改、辅助绘图"等命令快速高效地绘制出所需的图样。本章重点介绍在绘制平面图形时所需要的直线、圆弧等命令及其操作方法,对这些命令必须熟练掌握其操作方法。

第一节 绘制"点"的命令

一、功能

绘制"点"的命令(Point)可以绘制各种形式的点,还可以绘制等分线段的点。

二、操作步骤

(一)设置点的样式

(1)启动"点样式"命令,弹出"点样式"对话框,如图 2-1 所示。方法如下:
菜单栏:"格式"→"点样式(P)…"。

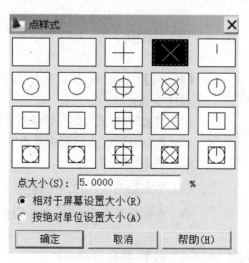

图 2-1 "点样式"对话框

(2)单击"点样式"对话框中的某一种样式。

(3) 单击两个单选项之一。
(4) 在"点大小(S)"右边的文本框中,键入数值,确定点的形状大小。
(5) 单击"确定",即完成对"点样式"的设置。

(二) 启动点的命令

方法有 3 种:
(1) 菜单栏:"绘图"→"点"→"单点"或"多点";
(2) 工具栏:单击绘图工具栏点图标 ▪ ;
(3) 命令行:键入"Point",回车。

(三) 确定点的输入方式

即完成点的绘制。
说明:
(1) 启动"单点"命令后,每画一点,即点命令自动结束;而启动"多点"命令后,能连续绘制多个点,按"Esc"键,结束命令。
(2) 利用菜单栏:"绘图"→"点"→"定数等分"或"定距等分",可实现对线段的等分。
(3) 利用命令行键入:"Pdmode",回车,按步骤说明,也能进行点的样式的设置。
(4) 点的输入方式介绍以下 3 种:
① 用鼠标在屏幕上拾取点:移动鼠标,将光标移到所需位置,然后单击。
② 用对象捕捉方式捕捉一些特殊点:打开对象捕捉功能,利用鼠标移动光标,在屏幕上捕捉点,单击,可以方便、精确地捕捉到一些特殊点,如圆心、切点、中点、垂足点等等。
③ 通过键盘输入点的坐标:输入点的坐标通常有 4 种方法,绝对坐标(直角坐标、极坐标)、相对坐标(直角坐标、极坐标),在命令行输入坐标后,回车。
注:关于对象捕捉方式,请参阅第四章第二节。

三、举例

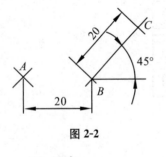

图 2-2

【例 2-1】 画出 A、B、C 3 点,如图 2-2 所示。
操作步骤:
(1) 启动"点样式"命令,菜单栏:"格式"→"点样式(P)…"。
(2) 在"点样式"对话框中单击"×"。
(3) 单击"确定"。
(4) 单击绘图工具栏点图标 ▪ 。
(5) 光标移至适当位置,单击,确定 A 点。
(6) 回车。
(7) 键入相对直角坐标"@20,0",回车,确定 B 点。
(8) 回车。
(9) 键入相对极坐标"@20<45",回车,确定 C 点。

第二节 绘制"线"的命令

在 AutoCAD 2009 软件中关于画"线"的命令较多,本节主要介绍以下常用的几种画线命令。

一、绘制"直线"的命令(Line)

1. 功能

绘制直线段。

2. 操作步骤   步骤说明:

(1) 单击图层,选取适当的线型。
(2) 启动"直线"命令,方法有 3 种: _Line 指定第 1 点:
① 菜单栏:"绘图"→"直线";
② 工具栏:单击绘图工具栏直线图标 ;
③ 命令行:键入"Line",回车。
(3) 利用点的输入方式确定直线的第 1 端点。   _Line 指定第 1 点:
(4) 利用点的输入方式确定直线的第 2 端点,即   指定下一点或[放弃(U)]:
完成直线段的绘制。
(5) 按"Esc"键,结束命令。   指定下一点或[放弃(U)]:

说明:命令行键入"C",回车,结束命令,此时结束点即为起点,能形成封闭的线框。

3. 举例

[例 2-2] 画出三角形 ABC,如图 2-3 所示。

操作步骤:

(1) 单击图层,选择适当的线型。
(2) 单击绘图工具栏直线图标 。
(3) 光标移至适当位置,单击,确定 A 点。
(4) 键入"@20,0",回车,确定 B 点。
(5) 键入"@20<45",回车,确定 C 点。
(6) 键入"C",回车,结束命令。

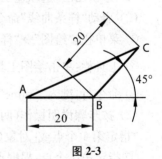

图 2-3

二、绘制"射线"的命令(Ray)

1. 功能

通过指定点,画单向无限长直线,通常作为辅助作图线。

2. 操作步骤   步骤说明：

（1）单击图层，选取适当的线型。
（2）启动"射线"命令，方法有两种：   _Ray 指定起点：
① 菜单栏："绘图"→"射线"；
② 命令行：键入"Ray"，回车。
（3）利用点的输入方式确定射线的起点 A。   指定起点：
（4）利用点的输入方式确定射线的另一点 B，即   指定通过点：
完成射线的绘制，如图 2-4 所示。

图 2-4　射线

（5）按"Esc"键，结束命令。   指定通过点：

三、绘制"样条曲线"的命令（Spline）

1. 功能

根据给定的控制点，按照一定的公差拟合为一条光滑曲线。这种曲线有很好的形状定义特性，对于绘制自由曲线和雕刻曲面造型非常有用。

2. 操作步骤   步骤说明：

（1）单击图层，选取适当的线型。
（2）启动"样条曲线"命令，方法有 3 种：   _Spline
① 菜单栏："绘图"→"样条曲线"；
② 工具栏：单击绘图工具栏样条曲线图标 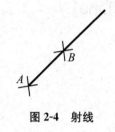；
③ 命令行：键入"Spline"，回车。
（3）按步骤说明操作（两种）。   指定第 1 个点或[对象(O)]：
"指定第 1 个点或[对象(O)]"两选项的含义及操作如下：
① 指定第 1 个点：根据点的位置绘制样条曲线，该选项为默认值。
操作步骤：   步骤说明：

a. 单击绘图工具栏样条曲线图标 ～；   _Spline

b. 利用点的输入方式确定第 1 点；   指定第 1 个点：
c. 利用点的输入方式确定第 2 点；   指定下一点：
d. 利用点的输入方式确定第 3 点；   指定下一点或[闭合(C)/拟合公差(F)]＜起点切向＞：

e. 同上连续下去，回车；   指定下一点或[闭合(C)/拟合公

f. 移动光标至起点切向适当位置,回车;　　差(F)]＜起点切向＞:

g. 移动光标至端点切向适当位置,回车,　　指定起点切向:

即完成样条曲线。　　　　　　　　　　　　　指定端点切向:

说明:

a. 闭合(C):键入"C",回车后,要求输入闭合点处切线方向。

b. 拟合公差(F):控制样条曲线偏离拟合点的状态,缺省值为零,样条曲线严格地经过拟合点。拟合公差愈大,曲线对拟合点的偏离愈大。利用拟合公差可使样条曲线偏离波动较大的一组拟合点,从而获得较平滑的样条曲线。

② 对象(O):表示将一条采用"编辑多段线"命令使其样条化的多段线转换成一条真正的样条曲线。

操作步骤:　　　　　　　　　　　　　　　　步骤说明:

a. 单击绘图工具栏样条曲线图标 ;　　　　_Spline

b. 键入"O";　　　　　　　　　　　　　　　指定第1个点或[对象(O)]:

c. 回车;　　　　　　　　　　　　　　　　　选择要转换为样条曲线的对象:

d. 光标移至多段线上,单击;　　　　　　　　选择对象:

e. 回车,即完成。　　　　　　　　　　　　　选择对象:

3. 控制点

根据样条曲线的生成原理,AutoCAD 在由拟合点确定样条曲线后,还计算出该样条曲线的控制多边形框架,控制多边形各顶点,称为样条曲线的控制点,单击样条曲线,即出现控制点,如图 2-5 所示。改变控制点的位置,也可改变样条曲线的形状。

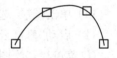

图 2-5　控制点

4. 举例

【例 2-3】　完成如图 2-6 所示的样条曲线,要求:(1) 拟合公差为零,起点切向 1→6,终点切向 4→5,如图 2-6(a)所示;(2) 拟合公差为非零(如取值为 15),起点切向 1→6,终点切向 4→5,如图 2-6(b)所示。

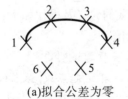

(a)拟合公差为零　　　　　　　　　　　　(b)拟合公差为非零

图 2-6

操作步骤:

(1) 将点的样式设置为"×"。

(2) 启动点命令,在适当位置画出 1、2、3、4、5、6 共 6 个点。

(3) 单击绘图工具栏"样条曲线"图标 。

(4) 分别捕捉点 1、2、3、4。

(5) 回车。

(6) 光标移到点 6 处回车。

(7) 光标移到点 5 处回车,即完成,如图 2-6(a)所示。

(8) 复制点 1、2、3、4、5、6 这 6 个点。

(9) 单击绘图工具栏"样条曲线"图标 ～ 。

(10) 分别捕捉点 1、2、3、4。

(11) 键入"F",回车。

(12) 键入拟合公差数值"15",回车。

(13) 回车。

(14) 光标移到点 6 处回车。

(15) 光标移到点 5 处回车,即完成,如图 2-6(b)所示。

四、绘制"修订云线"的命令(Revcloud)

1. 功能

绘制由连续圆弧组成的闭合多段线,圆弧的弧长可以设定最大值和最小值。修订云线主要用来提醒用户注意图形的某个部分。

2. 操作步骤　　　　　　　　　　　　步骤说明:

(1) 单击图层,选取适当的线型。

(2) 启动"修订云线"命令,方法有 3 种:　　_Revcloud

① 菜单栏:"绘图"→"修订云线";

② 工具栏:单击绘图工具栏修订云线图标 ；

③ 命令行:键入"Revcloud",回车。

(3) 按步骤说明操作(4 种)。　　　　　最小弧长:30,最大弧长:30,样式:普通指
　　　　　　　　　　　　　　　　　　　定起点或[弧长(A)/对象(O)/样式(S)]
　　　　　　　　　　　　　　　　　　　<对象>:

"指定起点或[弧长(A)/对象(O)/样式(S)]"主要选项的含义及操作如下:

① 指定起点:指定修订云线的起始点,该选项为默认值。

操作步骤:　　　　　　　　　　　　　步骤说明:

a. 利用点的输入方式确定一点。　　　　指定起点或[弧长(A)]:

b. 拖动光标,即画出云状线。　　　　　沿云线路径引导十字光标

c. 光标移到起始点,即完成云线绘制,结束命令。　　修订云线完成

② 弧长(A):设定云状线中弧线长度的最大值和最小值,最大弧长不能大于最小弧长的 3 倍。

操作步骤:　　　　　　　　　　　　　步骤说明:

a. 命令行键入"A",回车。　　　　　　指定起点或[弧长(A)]:

b. 键入弧长最小值,回车。　　　　　　指定最小弧长<30>:

c. 键入弧长最大值,回车。　　　　　　指定最大弧长<40>:

d. 按步骤说明操作。　　　　　　　　　指定起点或[弧长(A)/对象(O)/样式(S)]:

③ 对象(O)：将闭合对象(如矩形、圆、闭合多段线等)转化为云状线，还能调整云状线的方向，如图 2-7 所示。

(a)矩形

(b)转化为云状线

(c)反转圆弧方向

图 2-7　将闭合对象转化为云状线

操作步骤：　　　　　　　　　　步骤说明：
a. 命令行键入"O"，回车。　　　指定起点或[弧长(A)/对象(O)/样式(S)]：
b. 光标移到闭合对象上单击。　　选择对象：
c. 键入"N"，云状线不反转；　　反转方向[是(Y)/否(N)]<否>：
　 键入"Y"，云状线反转。
d. 回车，即闭合对象转化为云状线。修订云线完成。

3. 举例

【例 2-4】　绘制封闭的云状线，要求最小弧长为 15，最大弧长为 30，样式为"手绘"，如图 2-8 所示。

图 2-8

操作步骤：
(1) 单击图层，选择适当的线型。
(2) 单击绘图工具栏"修订云线"图标 。
(3) 命令行键入"A"，回车。
(4) 键入"15"，回车。
(5) 键入"30"，回车。
(6) 键入"S"，回车。
(7) 键入"C"，回车。
(8) 光标在适当位置单击。
(9) 拖动光标，即画出云状线。
(10) 光标移到起始点，即完成云线绘制，结束命令。

第三节　绘制"面"的命令

在 AutoCAD 2009 软件中关于画"面"的命令较多，本节主要介绍以下几种常用的画面命令。

一、绘制"正多边形"的命令(Polygon)

1. 功能

绘制边数为 3～1 024 的正多边形。

2. 操作步骤　　　　　　　　　　　　　　　步骤说明：
(1) 单击图层,选择适当的线型。
(2) 启动"正多边形"的命令,方法有3种：　　_Polygon：
① 菜单栏:"绘图"→"正多边形"；
② 工具栏:单击绘图工具栏正多边形图标；
③ 命令行:键入"Polygon",回车。
(3) 键入多边形的边数,回车。　　　　　　　输入边的数目<4>：
(4) 按步骤说明操作。　　　　　　　　　　　指定多边形的中心点或[边(E)]：
"指定多边形的中心点或[边(E)]"两选项含义及操作。
① 指定多边形的中心点：缺省项,根据多边形的中心点来绘制多边形。
操作步骤：　　　　　　　　　　　　　　　　步骤说明：
a. 利用点的输入方式,确定多边形的中心点。　指定多边形的中心点或[边(E)]：
b. 如果圆内接正多边形,如图2-9(a)所示,　输入选项[内接于圆(I)/外切于
则键入"I",回车；　　　　　　　　　　　　圆(C)]<I>：
如果圆外切正多边形,如图2-9(b)所示,　　输入选项[内接于圆(I)/外切于
则键入C,回车。　　　　　　　　　　　　　圆(C)]<I>：
c. 键入圆的半径值,回车,即完成,　　　　　指定圆的半径：
结束命令。

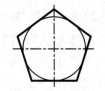

(a)圆内接正多边形（I）　　　　　　　　　　(b)圆外切正多边形（C）

图 2-9 "正多边形"种类

② 边(E)：根据多边形的边长来绘制多边形。
操作步骤：　　　　　　　　　　　　　　　　步骤说明：
a. 键入"E",回车。　　　　　　　　　　　　指定多边形的中心点或[边(E)]：
b. 利用点的输入方式,确定边的第1个端点。　指定边的第1个端点：
c. 利用点的输入方式,确定边的第2个端点,　指定边的第2个端点：
即完成,结束命令。

3. 举例

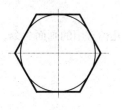

图 2-10

【例2-5】 圆的直径为ϕ20,画该圆的外切正六边形,如图2-10所示。
操作步骤：
(1) 单击图层,选择适当的线型。
(2) 单击绘图工具栏多边形图标 。
(3) 键入"6",回车。

(4) 光标移至适当位置,单击。
(5) 键入"C",回车。
(6) 键入半径值"10",回车,即完成外切正六边形,结束命令。

二、绘制"矩形"的命令(Rectang)

1. 功能

绘制矩形。

2. 操作步骤　　　　　　　　　　　　　步骤说明:

(1) 单击图层,选择适当的线型。
(2) 启动"矩形"命令,方法有3种:　　　_Rectang
① 菜单栏:"绘图"→"矩形";
② 工具栏:单击绘图工具栏矩形图标 ▢ ;
③ 命令行:键入"Rectang",回车。
(3) 按步骤说明操作(6种),同时结束命令。　指定第1个角点或[倒角(C)/标高(E)/
　　　　　　　　　　　　　　　　　　　　圆角(F)/厚度(T)/宽度(W)]:

"指定第1角点或[倒角(C)/标高(E)/圆角(F)/厚度(T)/宽度(W)]"主要选项含义及操作。

① 指定第1角点:给出两个对角,确定一个矩形,如图2-11(a)所示,该选项为缺省值。

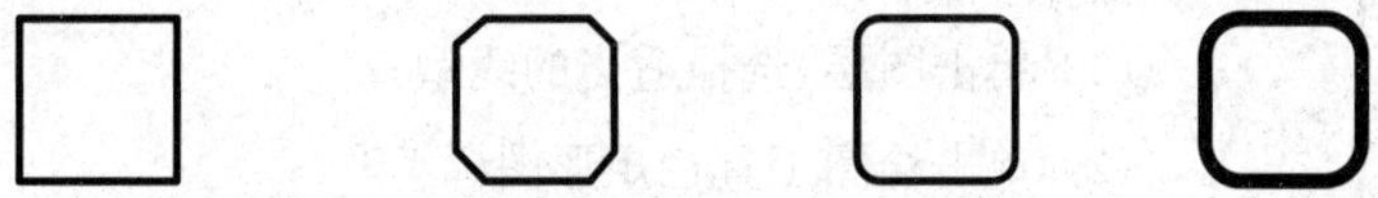

　　(a)指定第一角点　　(b) 倒角(C)　　(c)圆角(F)　　(d)宽度(W)

图 2-11　"矩形"种类

操作步骤:　　　　　　　　　　　　　　步骤说明:
a. 利用点的输入方式,确定第1角点。　　指定第1个角点或[倒角(C)]:
b. 按步骤说明操作。　　　　　　　　　　指定第2个角点或[面积(A)/尺寸
　　　　　　　　　　　　　　　　　　　　(D)/旋转(R)]:

"指定第2个角点或[面积(A)/尺寸(D)/旋转(R)]"各选项的含义如下:

● 指定第2个角点:给出另一个角点,即确定一个矩形。
● 面积(A):已知矩形的面积及一条边的长度确定一个矩形。
● 尺寸(D):已知矩形的长度和宽度尺寸确定一个矩形。
● 旋转(R):按给定的旋转角度画出矩形。

② 倒角(C):给定倒角距离,确定一个带倒角的矩形,如图2-11(b)所示。

操作步骤:　　　　　　　　　　　　　　步骤说明:
a. 键入"C",回车。　　　　　　　　　　 指定第1个角点或[倒角(C)]:
b. 键入倒角距离值,回车。　　　　　　　指定矩形的第1个倒角距离<0.0000>:
c. 键入倒角距离值,回车。　　　　　　　指定矩形的第2个倒角距离<2.0000>:

d. 利用点的输入方式,确定第 1 角点。　　指定第 1 个角点:
　　e. 利用点的输入方式,确定第 2 角点,　　指定第 2 个角点:
完成并结束命令。

③ 圆角(F):给定圆弧的半径,确定带圆角过渡的矩形,如图 2-11(c)所示。

操作步骤:　　　　　　　　　　　　　　步骤说明:
　　a. 键入"F",回车。　　　　　　　　指定第 1 个角点或[圆角(F)/]:
　　b. 键入圆角半径,回车。　　　　　指定矩形的圆角半径<2.0000>:
　　c. 利用点的输入方式,确定第 1 角点。　　指定第 1 个角点:
　　d. 利用点的输入方式,确定第 2 角点,　　指定第 2 个角点:
完成并结束命令。

④ 宽度(W):给定宽度,确定矩形的线宽,如图 2-11(d)所示。

操作步骤:　　　　　　　　　　　　　　步骤说明:
　　a. 键入"W",回车。　　　　　　　　指定第 1 个角点或[宽度(W)]:
　　b. 键入线宽数值,回车。　　　　　指定矩形的线宽<0.0000>:
　　c. 利用点的输入方式,确定第 1 角点。　　指定第 1 个角点:
　　d. 利用点的输入方式,确定第 2 角点,　　指定第 2 个角点:
完成并结束命令。

3. 举例

【例 2-6】 绘制矩形,尺寸如图 2-12 所示。

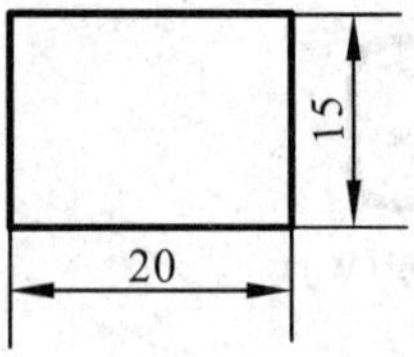

操作步骤:
(1) 单击图层,选择适当的线型。
(2) 单击绘图工具栏矩形图标 □。
(3) 光标移至适当位置,单击。
(4) 键入"@20,15",回车,即完成并结束命令。

图 2-12

说明:① 键入坐标值时,必须在英文输入法中输入。
② 所绘矩形是一个整体,选中一条边即选中整个矩形。

三、绘制"圆弧"的命令(Arc)

1. 功能

绘制圆弧,可以指定圆心、端点、起点、半径、角度、弦长和方向值的各种组合形式。可以使用多种方法创建圆弧,如图 2-13 所示,除第一种方法外,其他方法都是从起点到端点按逆时针绘制圆弧。

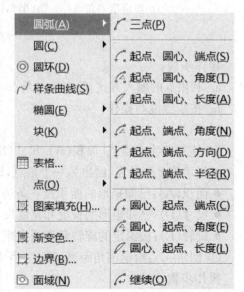

图 2-13 "圆弧"的级联式菜单

2. 操作步骤　　　　　　　　　　　　　步骤说明：

(1) 单击图层,选择适当的线型。

(2) 启动"圆弧"命令,方法有 3 种：　　　_Arc 指定圆弧的起点或[圆心(C)]：

① 菜单栏："绘图"→"圆弧"→"级联菜单项",如图 2-13 所示；

② 工具栏：单击绘图工具栏圆弧图标 ；

③ 命令行：键入"Arc",回车。

(3) 按步骤说明或级联菜单操作(11 种)。

绘制圆弧的操作方法有 11 种,这里主要介绍以下 3 种。

① 三点(P)：给出圆弧的起点、第二点和终点确定一条圆弧。

操作步骤：　　　　　　　　　　　　　　步骤说明：

a. 单击绘图工具栏圆弧图标 。　　　　_Arc

b. 利用点的输入方式,确定圆弧的起点。　　指定圆弧的起点：

c. 利用点的输入方式,确定圆弧的第二点。　指定圆弧的第二点：

d. 利用点的输入方式,确定圆弧的端点,即完成圆弧,结束命令。　指定圆弧的端点：

用光标拖动圆弧,可以顺时针方向或逆时针方向绘制圆弧。

② 圆心、起点、端点(C)：给出圆的圆心、起点、端点确定一条圆弧。

操作步骤：　　　　　　　　　　　　　　步骤说明：

a. 单击绘图工具栏圆弧图标 。　　　　_Arc

b. 键入"C",回车。　　　　　　　　　　指定圆弧的起点或[圆心(C)]：

c. 利用点的输入方式,确定圆弧的圆心。　　指定圆弧的圆心：

d. 利用点的输入方式,确定圆弧的起点。　　指定圆弧的起点：

e. 利用点的输入方式,确定圆弧的端点,　　指定圆弧的端点或[角度(A)/弦长(L)]：

即完成圆弧,结束命令。

其他操作方法,键入关键字,模仿上面即可,其中"角度"指圆心角,"弦长"指所画圆弧的弦长。

③ 起点、端点、半径(R)：给出圆弧的起点、端点、半径确定一条圆弧。

操作步骤：　　　　　　　　　　　　　　步骤说明：

a. 单击绘图工具栏圆弧图标 。　　　　_Arc

b. 利用点的输入方式,确定圆弧的起点。　　指定圆弧的起点或[圆心(C)]：

c. 键入"E",回车。　　　　　　　　　　指定圆弧的第二个点或[圆心(C)/端点(E)]：

d. 利用点的输入方式,确定圆弧的端点。　　指定圆弧的端点：

e. 键入"R",回车。　　　　　　　　　　指定圆弧的圆心或[角度(A)/方向(D)/半径(R)]：

f. 键入圆弧半径值,回车,即完成圆弧,结束命令。　指定圆弧的半径：

3. 举例

【例 2-7】 以 A 点为圆心，B 点为起点，C 点为端点画圆弧，如图 2-14 所示。

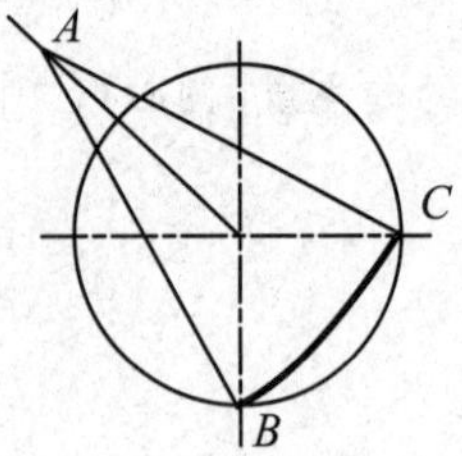

操作步骤：

(1) 图层分别选择：细点画线、细实线。
(2) 用直线命令绘制圆的中心线。
(3) 用圆命令绘制圆，得 B、C 两点。
(4) 用直线命令绘制 45°的斜线，确定 A 点。
(5) 图层选择：粗实线。

图 2-14

(6) 单击绘图工具栏圆弧图标 ／ 。 
(7) 键入"C"，回车。
(8) 捕捉 A 点，确定圆心。
(9) 捕捉 B 点，确定起点。
(10) 捕捉 C 点，确定端点，即完成，结束命令。

四、绘制"圆"的命令(Circle)

1. 功能

绘制圆。

2. 操作步骤

(1) 单击图层，选择适当的线型。
(2) 启动"圆"命令，方法有 3 种：

① 菜单栏："绘图"→"圆"→"级联菜单项"，如图 2-15 所示；

② 工具栏：单击绘图工具栏圆图标 ⊘ ；

③ 命令行：键入"Circle"，回车。

(3) 按步骤说明或级联菜单操作(6 种)。

"指定圆的圆心或[三点(3P)/两点(2P)/相切、相切、半径(T)]"各选项含义及操作方法如下：

① 指定圆的圆心：给出圆的圆心和半径(或直径)确定一个圆。

操作步骤：

a. 启动绘圆命令。
b. 利用点的输入方式确定圆心。
c. 键入半径值，回车，或光标移动到适当位置，单击；或键入"D"，回车，再键入直径值，回车，即完成用"指定圆的圆心"绘制的圆，结束命令。

步骤说明：

_Circle 指定圆的圆心或[三点(3P)/两点(2P)/相切、相切、半径(T)]：

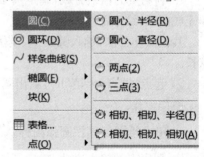

图 2-15 "圆"的级联式菜单

步骤说明：

_Circle

指定圆的圆心或[三点(3P)/两点(2P)/相切、相切、半径(T)]：

指定圆的半径或[直径(D)]：

② 三点(3P)：给出圆周上的3点确定一个圆。

操作步骤：
a. 启动绘圆命令。
b. 键入"3P"，回车。
c. 利用点的输入方式，确定第1点。
d. 利用点的输入方式，确定第2点。
e. 利用点的输入方式，确定第3点，即完成用"三点(3P)"绘制的圆，结束命令。

步骤说明：
_Circle
指定圆的圆心或[三点(3P)]：
指定圆上的第1点：
指定圆上的第2点：
指定圆上的第3点：

③ 两点(2P)：给出圆周上两点(直径)确定一个圆。

操作步骤：
a. 启动绘圆命令。
b. 键入"2P"，回车。
c. 利用点的输入方式，确定第1个端点。
d. 利用点的输入方式，确定第2个端点，即完成用"两点(2P)"绘制的圆，结束命令。

步骤说明：
_Circle
指定圆的圆心或[两点(2P)]：
指定圆直径的第1个端点：
指定圆直径的第2个端点：

④ 相切、相切、半径(T)：绘制一个圆与另两个图形对象相切，通过捕捉两个切点和给定圆的半径产生该相切圆。

操作步骤：
a. 启动绘圆命令。
b. 键入"T"，回车。

c. 捕捉第1条直线、圆或圆弧上的切点，并单击。

d. 捕捉第2条直线、圆或圆弧上的切点，并单击。

e. 键入圆的半径值，并回车，即完成用"相切、相切、半径(T)"绘制的圆。

步骤说明：
_Circle
指定圆的圆心或[相切、相切、半径(T)]：

在对象上指定一点作圆的第1条切线：

在对象上指定一点作圆的第2条切线：

指定圆的半径<336.0241>：

⑤ 相切、相切、相切(A)：通过捕捉另3个图形对象上的3个切点绘制一个圆。

操作步骤：
a. 单击菜单栏："绘图"→"圆"→"相切、相切、相切(A)"，如图2-15所示。

b. 捕捉第1条直线、圆或圆弧上的切点，并单击。

c. 捕捉第2条直线、圆或圆弧上的切点，并单击。

d. 捕捉第3条直线、圆或圆弧上的切点，并单击，即完成用"相切、相切、相切(A)"绘制的圆。

步骤说明：
_Circle

3P 指定圆上的第1个点：
_Tan 到……

3P 指定圆上的第2个点：
_Tan 到……

3P 指定圆上的第1个点：
_Tan 到……

3. 举例

【例 2-8】 绘制一个以(15,20)为圆心,半径为 20 的圆,如图2-16所示。

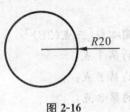

图 2-16

操作步骤:

(1) 单击图层,选择适当线型。

(2) 单击绘图工具栏圆图标 ◎ 。

(3) 键入"15,20",回车。

(4) 键入半径"20",回车,即完成。

五、绘制"圆环"的命令(Donut)

1. 功能

绘制实心圆和平面填充圆环。

2. 操作步骤

(1) 单击图层,选择适当的线型。

(2) 启动"圆环"命令,方法有两种:

① 菜单栏:"绘图"→"圆环";

② 命令行:键入"Donut",回车。

(3) 键入圆环内径尺寸,回车。

(4) 键入圆环外径尺寸,回车。

(5) 利用点的输入方式,确定圆环的中心点,即完成圆环。

(6) 按"Esc"键或回车,结束命令。

步骤说明:

_Donut

指定圆环的内径<0.5000>:

指定圆环的外径<1.0000>:

指定圆环的中心点<退出>:

指定圆环的中心点<退出>:

3. 举例

【例 2-9】 绘制两个圆环,如图 2-17 所示。要求:(1) 以(50,50)为圆环中心,内径为 10,外径为 20 的圆环;(2) 以(110,50)为圆环中心,内径为 0,外径为 10 的圆环。

(a)内径不等于零　　　　　　　(b)内径等于零

图 2-17

操作步骤:

(1) 内径不等于零。

① 单击图层,选择粗实线。

② 键入"Donut",回车。

③ 键入圆环内径尺寸"10",回车。

④ 键入圆环外径尺寸"20",回车。

⑤ 键入圆环中心点坐标"50,50",回车,即如图 2-17(a)所示。

⑥ 按"Esc"键或回车,结束命令。
(2) 内径等于零。
① 回车。
② 键入圆环内径尺寸"0",回车。
③ 键入圆环外径尺寸"10",回车。
④ 键入圆环中心点坐标"@60,0",回车,如图2-17(b)所示。
⑤ 按"Esc"键或回车,结束命令。

六、绘制"椭圆"的命令(Ellipse)

1. 功能

绘制椭圆和椭圆弧。设置 Pellipse=0(缺省值),绘制真实椭圆;设置 Pellipse=1,采用多义线模拟绘制椭圆。

2. 操作步骤　　　　　　　　　　　步骤说明:
(1) 单击图层,选择适当的线型。
(2) 启动"椭圆"命令,方法有3种:　　_Ellipse
① 菜单栏:"绘图"→"椭圆";
② 工具栏:单击绘图工具栏椭圆图标 ⬭ ;
③ 命令行:键入"Ellipse",并回车。
(3) 按步骤说明操作(3种)。　　　指定椭圆的轴端点或[圆弧(A)/中心点(C)]:
"指定椭圆的轴端点或[圆弧(A)/中心点(C)]"3个选项的含义及操作如下:
① 指定椭圆的轴端点:表示以给定椭圆的一条长轴的两个端点和另一条短轴的一个端点生成椭圆。该选项为缺省值。

操作步骤:　　　　　　　　　　　　步骤说明:
a. 启动椭圆命令。　　　　　　　　　_Ellipse
b. 利用点的输入方式,确定长轴上的一端点A。　指定椭圆的轴端点:
c. 利用点的输入方式,确定长轴上的另一端点B。指定轴的另一个端点:
d. 键入半轴长度,回车,确定短轴上的一端点C, 指定另一条半轴长度或[旋转(R)]:
即画出椭圆,如图2-18所示。
说明:"旋转(R)"表示圆面绕主轴旋转适当角度后其投影生成椭圆的过程,如图2-19所示。主轴是指前面输入两点构成的轴,如图2-19中的ab,系统规定的角度范围是$\theta=0°\sim89.4°$。

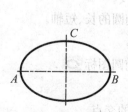
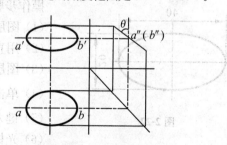

图 2-18 "指定椭圆的轴端点"画椭圆　　　**图 2-19** 由"旋转"方式生成椭圆

② 圆弧(A)：表示绘制一段椭圆弧。过程是先画一个完整的椭圆，随后 AutoCAD 提示用户选择要删除的部分，留下所需的椭圆弧。

操作步骤：	步骤说明：
a. 启动椭圆命令。	_Ellipse
b. 键入"A"，回车。	指定椭圆的轴端点或[圆弧(A)/中心点(C)]：
c. 利用点的输入方式，确定长轴上的一端点 A。	指定椭圆的轴端点：
d. 利用点的输入方式，确定长轴上的另一端点 B。	指定轴的另一个端点：
e. 利用点的输入方式，确定短轴上的一端点 C。	指定另一条半轴长度或[旋转(R)]：
f. 键入起始角度数值，回车。	指定起始角度或[参数(P)]：
g. 键入终止角度数值，回车，即画出椭圆弧，如图2-20 所示。	指定终止角度或[参数(P)/包含角度(I)]：

③ 中心点(C)：表示利用椭圆中心点及长轴、短轴来绘制椭圆。

操作步骤：	步骤说明：
a. 启动椭圆命令。	_Ellipse
b. 键入"C"，回车。	指定椭圆的轴端点或[圆弧(A)/中心点(C)]：
c. 利用点的输入方式，确定椭圆的中心点 O。	指定椭圆的中心点：
d. 利用点的输入方式，确定轴上的一端点 A。	指定轴的端点：
e. 键入半轴长度，回车，确定轴上的一端点 B，即画出椭圆弧，如图 2-21 所示。	指定另一条半轴长度或[旋转(R)]：

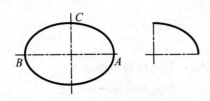

图 2-20　画椭圆弧

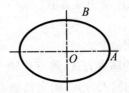

图 2-21　"中心点(C)"画椭圆

3. 举例

【例 2-10】　绘制椭圆，已知椭圆的长轴、短轴分别为40 mm、20 mm，如图 2-22 所示。

操作步骤：

(1) 图层选择：细点画线。

(2) 用直线命令绘制椭圆的长、短轴。

(3) 图层选择：粗实线。

(4) 单击绘图工具栏椭圆图标 。

(5) 键入"C"，回车。

(6) 光标捕捉长、短轴的交点。

图 2-22

(7) 键入"@20,0",回车。
(8) 键入半短轴"10",回车,即完成椭圆。

习　　题

2-1　点的输入方式有哪几种?
2-2　根据点的形状不同,画点时应先进行什么操作?步骤如何?
2-3　画一直线 AB,长度为 60 mm,将其等分为 4 份,等分点用"×"号表示。
2-4　写出题图 2-1 所示各点的绝对或相对极坐标,并绘制该图形。

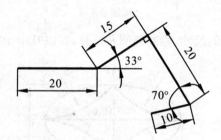

题图 2-1

2-5　写出题图 2-2 所示各点的绝对或相对直角坐标,并绘制该图形。

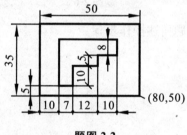

题图 2-2

2-6　写出题图 2-3 所示各点的坐标值,并绘制该图形。
2-7　在用户坐标系中,用矩形和圆命令绘制题图 2-4 所示的图形,有关坐标及尺寸如图所示。

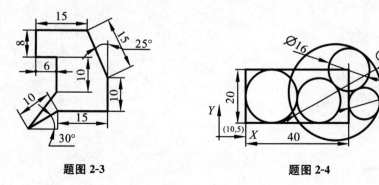

题图 2-3　　　　　　　　　题图 2-4

2-8 用正多边形命令绘制边长为 20 mm 的正五边形。绘制一个等边三角形，图形中心点坐标为(100,50)，内切圆的半径为 50 mm。

2-9 绘制题图 2-5 所示的正弦曲线，要求如下：在正弦曲线的 5 个点上绘制直径为 2 mm 的实心圆点，最高点坐标为(20,30)，最低点坐标为(60,－30)，外框的云状线圆弧的弦长都为 6 mm。

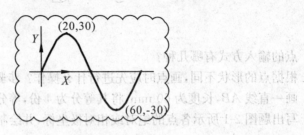

题图 2-5

2-10 按题图 2-6 所示的尺寸，绘制椭圆及圆弧，并以"L-2-10"为文件名存盘。

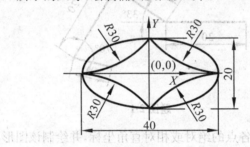

题图 2-6

2-11 熟练掌握书中的例题所述操作步骤。

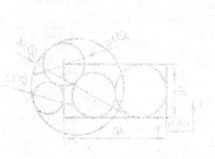

第三章 基本编辑(修改)命令

利用 AutoCAD 2009 进行绘图时,编辑(修改)命令是常用的图形编辑工具,使用它可以方便、灵活、快捷地改变图形,能极大地提高绘图的效率与质量。

对图形编辑一般包括两个部分:① 选择编辑(修改)命令;② 选择对象。键入"DDSelect",并回车,就可决定两个部分选择的先后次序。通常先选择编辑(修改)命令,后选择图形对象。

第一节 选择或选取对象的方式

在系统执行编辑(修改)命令的过程中,经常需要用户选择一个或多个图形对象。通常先启动编辑(修改)命令,此时光标在屏幕上变成一个小方框,称之为"选择框",再选择图形对象,被选取的图形对象将以虚线方式、在关键点以夹点(带颜色的小方框)醒目地显示出来,方便用户观察被选中的图形对象。此时,如果按"Esc"键或回车键,则可取消对图形对象的选择或结束编辑(修改)命令。

光标移到图形对象上时,图形对象的图线动态变粗,如图 3-1 所示。

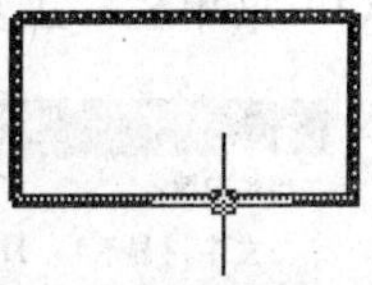

AutoCAD 2009 提供了十几种不同的选择方式,下面介绍几种常用的选择方式。

图 3-1 光标在图形对象上

一、单选(或点取)方式(Point)

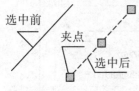

图 3-2 单选方式选对象

单选方式为系统默认方式,把选择框直接移动到某个已有的图形上,并单击,此时,该图形对象变成虚线,并出现夹点,如图 3-2 所示。

用单选方式选择对象时要注意:不要将选择框放在两个或多个对象的交会处。

二、窗选方式

窗选方式是利用光标拖放出一个矩形线框,即一个"窗口",从而将图形对象选中。窗口的大小,可根据图形对象的大小确定。拖放矩形线框有两种方法:① 从左至右;② 从右至左。

（一）窗口选择——从左至右

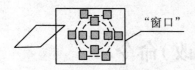

图 3-3 "从左至右"窗选方式

光标在屏幕的左下（上）角适当位置，单击，将光标拖放到右上（下）角适当位置，产生一个实线矩形线框，单击，从而将完全处于"窗口"中的图形对象选中，如图 3-3 所示。

（二）窗交选择——从右至左

光标在屏幕的右上（下）角适当位置，单击，将光标拖放到左下（上）角适当位置，产生一个虚线矩形线框，从而将与"窗口"边界相交的对象及窗口内的对象都选中，如图 3-4 所示。

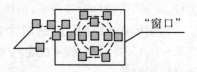

图 3-4 "从右至左"窗选方式

为了增加视觉效果，AutoCAD 2009 可在窗口矩形中设置不同的颜色，如图 3-5 所示。

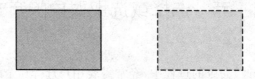

图 3-5 设置带颜色的窗选方式

设置窗口颜色的操作步骤如下：

（1）菜单栏："工具"→"选项"，弹出选项对话框，如图 3-6 所示。

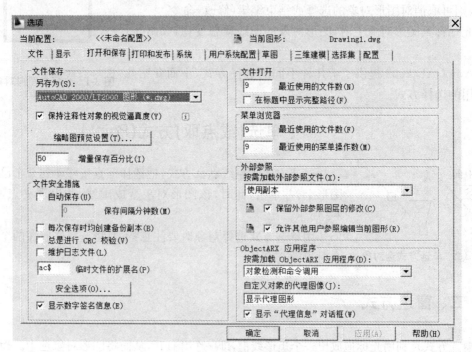

图 3-6 "选项"对话框

(2)单击"选择集"按钮,弹出"选择集"对话框,如图 3-7 所示。

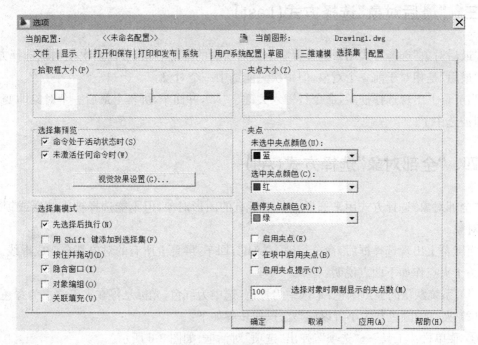

图 3-7 "选择集"对话框

(3)单击"视觉效果设置(G)…"按钮,弹出"视觉效果设置"对话框,如图 3-8 所示。

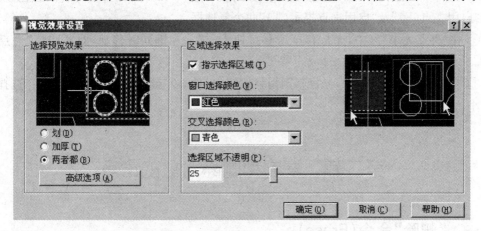

图 3-8 "视觉效果设置"对话框

(4)在"区域选择效果"中单击"指示选择区域(I)复选框☑。如果不选中该复选框,则窗口矩形中无颜色。

(5)单击"窗口选择颜色(W)"下方的黑色小三角,从弹出的颜色列表中选择相应的颜色,采用"从左至右"窗选方式时,窗口中将出现这种颜色。

(6)单击"交叉选择颜色(R)"下方的黑色小三角,从弹出的颜色列表中选择相应的颜色,采用"从右至左"窗选方式时,窗口中将出现这种颜色。

(7)单击两次"确定",即完成对窗口颜色的选择。

三、"最后对象"选择方式(Last)

"最后对象"选择方式用来选择屏幕上最后所画的图形对象,可以多次使用该选择方式,此时"最后"是相对于前一个对象,但每次只能选中一个对象。

当屏幕上出现选择框后,命令行键入关键字"L",并回车,屏幕上最后一个对象即变为虚线,即被选中了。

四、"全部对象"选择方式(All)

"全部对象"选择方式用来选择屏幕上所有的图形对象,但不能选择被冻结层或锁定层中的对象。

当屏幕上出现选择框后,命令行键入"All",回车,屏幕上所有的对象都会变成虚线。

关于夹点作如下两点说明:

(1) 系统默认的夹点颜色:未选中为青色,选中为红色,光标悬停在夹点之上为绿色。

(2) 夹点的颜色和大小可以调整。操作步骤如下:

① 菜单栏:"工具"→"选项",弹出"选项"对话框,如图3-6所示。

② 单击"选择"按钮,弹出"选择"对话框,如图3-7所示。

③ 在"夹点"区中,单击颜色箭头,在下拉列表中选一种,即可调整"夹点"的颜色。同时选中"启用夹点(E)"及"启用夹点提示(T)"两个复选框。

④ 在"夹点大小"区中,光标移至滑移按钮上,按下左键同时移动,即可调整"夹点"的大小。

⑤ 在"拾取框大小"区中,光标移至滑移按钮上,按下左键同时移动,即可调整"选择框"的大小。

第二节 复制和删除对象的命令

一、"删除"命令(Erase)

1. 功能

删除图形对象。

2. 操作步骤　　　　　　　　　　　　　　　　　　　　步骤说明:

(1) 启动"删除"命令,方法有3种:　　　　　　　　　　_Erase

① 菜单栏:"修改"→"删除";

② 工具栏:单击修改工具栏删除图标 ✐ ;

③ 命令行:键入"Erase",回车。
(2) 选择被删除的对象,可以连续选择多个对象。　　　　选择对象:
(3) 回车,即被选对象消失,同时结束命令。　　　　　　选择对象:
请比较"先选取对象、后选取删除"命令与上面操作的效果。
另外还可以"先选取对象、后按'Delete'删除键"来删除图形对象。

二、"放弃"命令(U、Undo)或"重做"命令(Redo)

1. 功能
在图形编辑过程中,AutoCAD 允许用户用"放弃"命令取消一个或多个操作;用"重做"命令恢复为"放弃"命令所取消的操作。

2. 操作步骤　　　　　　　　　　　　　　　　　　　　步骤说明:
启动"放弃"或"重做"命令,方法有 3 种。　　　　　　_U 或_Redo
(1) 菜单栏:"编辑"→"放弃"或"重做";
(2) 工具栏:单击标准工具栏放弃图标 ⤺ 或重做图标 ⤻;
(3) 命令行:键入"U"或"Undo","Redo",回车。

三、复制命令(Copy)

1. 功能
将指定的对象作一次或多次复制,原有的对象还保留在它原来的位置上。

2. 操作步骤　　　　　　　　　　　　　　　　　　　　步骤说明:
(1) 启动复制命令,方法有 3 种。　　　　　　　　　　_Copy

① 菜单栏:"修改"→"复制";

② 工具栏:单击修改工具栏复制图标 ⊙⊙;

③ 命令行:键入"Copy",回车。
(2) 光标变成小方框,选择需要复制的对象。　　　　　选择对象:
(3) 回车,光标变成"+"字。　　　　　　　　　　　　选择对象:
(4) 利用点的输入方式确定基点,出现动态的对象。　　指定基点或[位移(D)]
　　　　　　　　　　　　　　　　　　　　　　　　　<位移>:
(5) 移动光标,被复制的对象随之移动,利用点的　　　指定第 2 个点或[退出(E)/
输入方式确定第 2 点,即完成对象的复制。　　　　　　放弃(U)]:
(6) 按"Esc"键,结束命令。　　　　　　　　　　　　指定第 2 个点或[退出(E)/
　　　　　　　　　　　　　　　　　　　　　　　　　放弃(U)]:

"指定基点或[位移(D)]、指定第二个点或[退出(E)/放弃(U)]"主要选项的含义及操作如下:

① 指定基点:缺省项,表示在平面上指定复制的基准点。基准点可以在平面的任意位置,利用点的输入方式即可确定。

② 位移(D)：表示复制对象到原对象的位移。在命令行中键入"D",回车,按步骤说明操作即可。位移值在命令行中键入相对坐标值。利用位移复制对象每次只能复制一个。

③ 指定第二个点：表示确定复制对象在平面中相对原对象的位置点。利用点的输入方式确定第二个点的位置,实现复制对象,可连续输入多个点,实现多个复制。

3. 举例

【例 3-1】 使用"复制"命令复制对象,如图 3-9 所示。

图 3-9 使用"复制"命令

操作步骤：

(1) 单击修改工具栏复制图标 。

(2) 用窗选方式选取对象。

(3) 回车。

(4) 光标在适当位置单击。

(5) 移动光标,在适当位置单击,即完成复制。

(6) 回车,结束命令。

四、镜像命令(Mirror)

1. 功能

对指定的对象按给定的镜像线(对象映射成像的那条假想的线)作对称复制。可以用任何角度来建立对象的镜像。镜像对创建对称的对象非常有用。

在默认情况下,Mirrtext 系统变量为 0,故定义镜像文字、属性和属性定义时,它们在镜像图像中不会反转或倒置。文字的对齐和对正方式在镜像对象前后相同。如果确实要反转文字,请将 Mirrtext 系统变量设置为 1。

2. 操作步骤　　　　　　　　　　　　步骤说明：

(1) 启动"镜像"命令,方法有 3 种。　　_Mirror

① 菜单栏:"修改"→"镜像";

② 工具栏:单击修改工具栏镜像图标 ；

③ 命令行:键入"Mirror",回车。

(2) 光标变成小方框,选择需镜像的对象。　选择对象：

(3) 回车,光标变成"+"字。　　　　　　选择对象：

(4) 利用点的输入方式,确定镜像线上　　指定镜像线的第 1 点：
的第 1 个端点,此时镜像成动态。

(5) 利用点的输入方式,确定镜像线上　　指定镜像线的第 2 点:
的第 2 个端点。

(6) 回车,保留原始对象;或键入"Y",　　是否删除源对象?[是(Y)/否(N)]<N>:
回车,删除原始对象,即完成镜像,同时结束命令。

3. 举例

【例 3-2】 使用镜像命令复制对象,如图 3-10 所示。

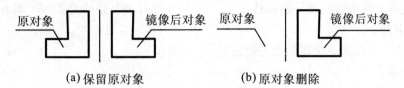

图 3-10　使用"镜像"命令

操作步骤:

(1) 单击工具栏镜像图标 。
(2) 选择对象:窗选。
(3) 回车。
(4) 光标移至适当位置单击。
(5) 光标移至另一适当位置单击。
(6) 回车,如图 3-10(a)所示;若键入"Y",回车,则如图 3-10(b)所示。

五、偏移命令(Offset)

1. 功能

对指定的直线、圆或圆弧等对象按给定的偏移距离和方向复制或按通过给定的点进行定向复制。偏移距离为垂直于对象方向的距离。

偏移对象是一种高效的绘图技巧,以创建其造型与原始对象造型平行的新对象。

2. 操作步骤　　　　　　　　　　　　　步骤说明:

(1) 启动"偏移"命令,方法有 3 种。　　_Offset
① 菜单栏:"修改"→"偏移";
② 工具栏:单击修改工具栏偏移图标 ;
③ 命令行:键入"Offset",回车。
(2) 按步骤说明操作。　　　　　　　　指定偏移距离或[通过(T)/删除
　　　　　　　　　　　　　　　　　　　(E)/图层(L)]<通过>:
(3) 按"Esc"键,结束命令。　　　　　 选择要偏移的对象,或[退出(E)/
　　　　　　　　　　　　　　　　　　　放弃(U)]<退出>:

"指定偏移距离或[通过(T)/删除(E)/图层(L)]"主要选项的含义及操作如下:
① 指定偏移距离:按给定的平行线间的距离进行复制,该选项为缺省项。

操作步骤：
a. 光标变成"十"字，键入偏移距离，回车。
b. 选择偏移的对象。

c. 光标移至偏移方向上适当位置，单击，即完成偏移对象。
d. 重复 b、c 两步可实现等距偏移；或回车，结束命令。
② 通过（T）：按通过给定的点进行复制。
操作步骤：
a. 键入"T"，回车。

b. 选择偏移的对象。

c. 光标捕捉指定的点，即完成偏移对象。

d. 重复 b、c 两步可实现不等距偏移；或回车，结束命令。
③ 删除（E）：设置是否要保留复制后的原对象。
操作步骤：
a. 键入"E"，回车。

b. 键入"N"，回车，保留原对象；键入"Y"，回车，删除原对象。
c. 按步骤说明操作。

步骤说明：
指定偏移距离或[通过（T）]<通过>：
选择要偏移的对象，或[退出（E）/放弃（U）]<退出>：
指定要偏移的那一侧上的点，或[退出（E）/多个（M）/放弃（U）]<退出>：
选择要偏移的对象，或[退出（E）/放弃（U）]<退出>：

步骤说明：
指定偏移距离或[通过（T）/删除（E）/图层（L）]<通过>：
选择要偏移的对象，或[退出（E）/放弃（U）]<退出>：
指定通过点或[退出（E）/多个（M）/放弃（U）]<退出>：
选择要偏移的对象，或[退出（E）/放弃（U）]<退出>：

步骤说明：
指定偏移距离或[通过（T）/删除（E）/图层（L）]<通过>：
要在偏移后删除源对象吗？[是（Y）/否（N）]<否>：
指定偏移距离或[通过（T）/删除（E）/图层（L）]<通过>：

3. 举例

【例 3-3】 使用偏移命令复制对象，如图 3-11 所示。
操作步骤：

(1) 单击工具栏偏移图标 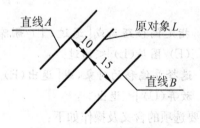。
(2) 键入偏移距离"10"，回车。
(3) 选择原对象直线 L。
(4) 光标移至直线 L 的左上方，单击，即得直线 A。
(5) 回车，结束命令。
(6) 回车，启动偏移命令。
(7) 键入"15"，回车。
(8) 选择直线 L。

图 3-11 使用"偏移"命令

54

(9) 光标移至直线 L 的右下方,单击,即得直线 B。
(10) 回车或按"Esc"键,结束命令。

六、阵列命令(Array)

1. 功能

对指定的对象按矩形或环形排列的方式进行复制。阵列中的每个元素都可以独立地进行操作。

2. 操作步骤

(1) 启动"阵列"命令,弹出"阵列"对话框,如图 3-12 所示,方法有 3 种。

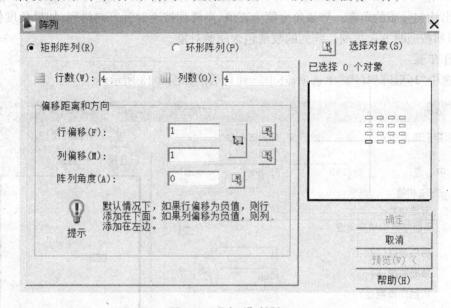

图 3-12 "阵列"对话框

① 菜单栏:"修改"→"阵列";

② 工具栏:单击修改工具栏阵列图标 ;

③ 命令行:键入"Array",回车。

(2) 按对话框有"矩形"和"环形"阵列两种操作。

① 矩形(R):系统默认值,表示复制的对象沿 X 和 Y 轴(沿着行和列)方向排列。该命令允许用户选择行数和列数。行数和列数必须是整数且包含原始对象,其缺省值都是 1。

操作步骤:

a. 选中"矩形阵列(R)"单选项,矩形阵列对话框如图 3-12 所示。

b. 在"行(W)"文本框中键入行数。

c. 在"列(O)"文本框中键入列数。

d. 在"行偏移(F)"文本框中键入行间距,或通过拾取按钮 在图形中拾取间距。

e. 在"列偏移(M)"文本框中键入列间距,或通过拾取按钮 在图形中拾取间距。

f. 在"阵列角度(A)"文本框中键入阵列旋转角度,或通过拾取按钮 ▦ 在图形中拾取角度。

g. 单击"选择对象"按钮 ▦ ,对话框消失,光标变成小方框。

h. 光标移到阵列对象上单击。

i. 回车,对话框重现。

j. 单击"确定",即完成阵列。

按间距值阵列时,如果行间距和列间距都是正数,则阵列时,被复制的对象在原始对象的上边和右边;如果行间距是负数,则向下边增加行;如果列间距是负数,则向左边增加列。

② 环形(P):表示复制的对象绕着一点以圆周的方式排列。根据排列的数量和角度,系统计算出均匀分布的角度。如果角度值为正值,则阵列按逆时针方向排列;如果角度值为负值,则阵列按顺时方向排列。阵列的数量包含原始对象。

操作步骤:

a. 选中"环形阵列(P)"单选项,环形阵列对话框如图 3-13 所示。

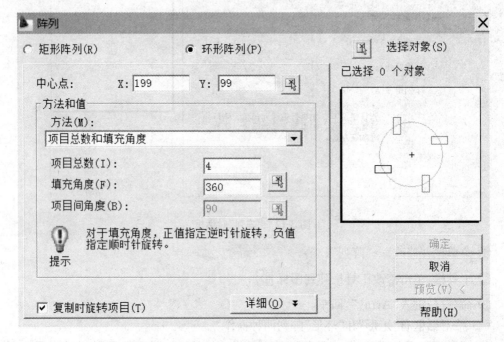

图 3-13　环形阵列(P)对话框

b. 在"中心点"X、Y 文本框中键入坐标值;或单击中心点按钮 ▦ ,对话框消失,在图形中利用点的输入方式确定中心点,对话框又重现。

c. 在"方法(M)"文本框中选择环形方式,单击黑三角,从列表中选取。

d. 在"项目总数(I)"文本框中键入阵列的数量,此项内容与"方法(M)"选择有关。

e. 在"填充角度(F)"文本框中键入阵列的角度范围值,或通过拾取按钮 ▦ 在图形中拾取角度,此项内容与"方法(M)"选择有关。

f. 在"项目间角度(B)"文本框中键入阵列的角度范围值,或通过拾取按钮 在图形中拾取角度,此项内容与"方法(M)"选择有关。

g. 单击"选择对象"按钮 ,对话框消失,光标变成小方框。

h. 光标移到阵列对象上单击。

i. 回车,对话框重现。

j. 单击"确定",即完成阵列。

在图 3-13 环形阵列对话框中,若不选中"复制时旋转项目(T)"复选框,则环形阵列效果如图 3-14(b)所示;若选中"复制时旋转项目(T)"复选框,则环形阵列效果如图 3-14(c)所示。

3. 举例

【例 3-4】 使用阵列命令复制对象,如图 3-14 所示。

(a)矩形　　　　　　　　(b)环形不旋转　　　　　　(c)环形旋转

图 3-14　使用"阵列"命令

操作步骤:

(1) 单击修改工具栏阵列图标 ,弹出如图 3-12 所示的对话框。

(2) 选中"矩形阵列(R)"单选项。

(3) 在"行(W)"文本框中键入行数"2"。

(4) 在"列(O)"文本框中键入列数"3"。

(5) 在"行偏移(F)"文本框中键入行间距"10"。

(6) 在"列偏移(M)"文本框中键入列间距"10"

(7) 单击"选择对象"按钮 ,对话框消失,光标变成小方框。

(8) 选择原始对象"△",并回车,对话框又出现。

(9) 单击对话框中的"确定",阵列效果如图 3-14(a)所示。

(10) 回车(重新启动上一次的命令)

(11) 选中"环形阵列(P)"单选项,对话框如图 3-13 所示。

(12) 单击中心点按钮 ,对话框消失,在图形中捕捉圆的圆心,对话框又重现。

(13) 在"方法(M)"文本框中单击黑三角,从列表中选取"项目总数和填充角度"。

(14) 在"项目总数(I)"文本框中键入阵列的数量"6"。

(15) 在"填充角度(F)"文本框中键入阵列的角度范围值"360"。

(16) 单击"选择对象"按钮 ,对话框消失,光标变成小方框。

(17) 选择原始对象"△",并回车,对话框又重现。

(18) 不选中"复制时旋转项目(T)"复选框,单击"确定",即完成环形不旋转阵列,如图 3-14(b)所示。

(19) 回车(重新启动上一次的命令)。

(20) 选中"环形阵列(P)"单选项,对话框如图 3-13 所示。

(21) 单击中心点按钮 ![] ,对话框消失,在图形中捕捉圆的圆心,对话框又重现。

(22) 在"方法(M)"文本框中单击黑三角,从列表中选取"项目总数和填充角度"。

(23) 在"项目总数(I)"文本框中键入阵列的数量"6"。

(24) 在"填充角度(F)"文本框中键入阵列的角度范围值"360"。

(25) 单击"选择对象"按钮 ![] ,对话框消失,光标变成小方框。

(26) 选择原始对象"△",并回车,对话框又重现。

(27) 选中"复制时旋转项目(T)"复选框,单击"确定",即完成环形旋转阵列,如图 3-14(c)所示。

第三节　改变对象位置的命令

在 AutoCAD 2009 软件中关于改变对象位置的命令较多,本节主要介绍以下几种常用的命令。

一、移动命令(Move)

1. 功能

对所指定对象的重新定位,即把指定的对象从当前位置移动到指定的位置。

2. 操作步骤　　　　　　　　　　　　　　步骤说明:

(1) 启动"移动"命令,方法有 3 种。　　　　_Move

① 菜单栏:"修改"→"移动";

② 工具栏:单击修改工具栏移动图标 ![] ;

③ 命令行:键入"Move",回车。

(2) 选择要移动的对象。　　　　　　　　　选择对象:

(3) 回车。　　　　　　　　　　　　　　　选择对象:

(4) 利用点的输入方式,在对象上或接近对象处　指定基点或[位移(D)]<位移>:
确定基点,此时,对象动态显示。

(5) 利用点的输入方式,根据移动对象新的位置　指定位移的第 2 个点或
确定位移的第 2 点,即完成移动命令,同时结束命令。　<使用第 1 个点作为位移>:

说明:

① "指定基点或[位移(D)]"的含义同前。"指定基点"尽可能在对象上找,有利于精确

作图。

② 指定位移的第 2 点,若以第 1 点为基点计算位移量,则应输入相对坐标,如"@x,y"或"@$\rho<\Phi$";若以坐标系原点为基点,则应输入绝对坐标,如"x,y"或"$\rho<\Phi$"。

3. 举例

【例 3-5】 使用移动命令改变对象的位置,如图 3-15 所示。

图 3-15 使用"移动"命令

操作步骤:

(1) 单击工具栏移动图标 ✥。

(2) 选择要移动的对象:窗选。

(3) 回车。

(4) 光标移至图形对象的左下角,单击。

(5) 将图形对象移至指定位置(光标与对象同步移动),单击,即完成移动命令,结束命令。

二、旋转命令(Rotate)

1. 功能

将所选取的对象绕指定的基点旋转指定的角度,旋转角度为与 X 轴的夹角,可正、可负。角度的正负与旋转的方向有关,正角度表示沿逆时针方向转动,负角度表示沿顺时针方向转动。

2. 操作步骤

(1) 启动"旋转"命令,方法有 3 种。　　步骤说明:

　　　　　　　　　　　　　　　　　　UCS 当前的正角方向:

① 菜单栏:"修改"→"旋转";　　　　Angdir=逆时针　Angbase=0

② 工具栏:单击修改工具栏旋转图标 ⟲;

③ 命令行:键入"Rotate",并回车。

(2) 选择要旋转的对象。　　　　　　选择对象:

(3) 回车。　　　　　　　　　　　　选择对象:

(4) 利用点的输入方式,在适当位置确定基点,　指定基点:
此时,对象动态显示。

(5) 按步骤说明有 3 种操作方法。　　指定旋转角度,或[复制(C)/参照(R)]:
"指定旋转角度或[复制(C)/参照(R)]"3 个选项含义及操作如下:

① 指定旋转角度:该选项是默认值,旋转角度为与 X 轴的夹角。

操作步骤:　　　　　　　　　　　　步骤说明:

a. 键入适当角度数值。　　　　　　指定旋转角度或[复制(C)/参照(R)]:

b. 回车,即完成旋转,结束命令。

② 复制(C):先对原对象复制,然后将复制的对象进行旋转。

操作步骤: 步骤说明:
a. 键入"C",回车。 指定旋转角度或[复制(C)/参照(R)]:
b. 按步骤说明操作。 指定旋转角度或[复制(C)/参照(R)]:

③ 参照(R):相对参照角度或参考线方式。实际旋转角度由系统根据输入的第2角度与第1角度之差确定,差值为正,逆时针旋转,差值为负,顺时针旋转。

操作步骤: 步骤说明:
a. 键入"R",回车。 指定旋转角度或[复制(C)/参照(R)]:
b. 键入参照角度数值,或指定参考线上的一个点,回车。 指定参照角<45>:
c. 键入新的角度数值,回车,即完成旋转,结束命令。 指定新角度或[点(P)]<90>:

3. 举例

【例3-6】 使用"旋转"命令改变对象的角度,如图3-16所示。

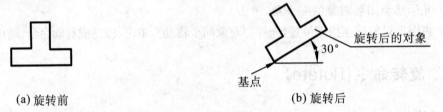

(a) 旋转前　　　　　　　　　　　　(b) 旋转后

图 3-16　使用"旋转"命令

操作步骤:

(1) 单击修改工具栏旋转图标 ⟳。
(2) 选择要旋转的对象:窗选。
(3) 回车。
(4) 光标移至图形对象的左下角,单击。
(5) 键入旋转角度"30"。
(6) 回车,即完成旋转,结束命令,如图3-16(b)所示。

三、比例(缩放)命令(Scale)

1. 功能

将所选取的对象按指定的比例因子相对于指定的基点缩小或放大。该功能可方便地实现局部放大视图的绘制。方法是先按1∶1绘制图形,再用缩放命令对其按指定比例缩放。缩放后将更改选定对象的所有标注尺寸。

2. 操作步骤 步骤说明:

(1) 启动"比例"命令,方法有3种。　　_Scale

① 菜单栏:"修改"→"比例";

② 工具栏:单击修改工具栏比例图标 ;

③ 命令行:键入"Scale",回车。

(2) 选择要缩放的对象。　　　　　　　选择对象:

(3) 回车。　　　　　　　　　　　　　选择对象:

(4) 利用点的输入方式,在对象上或对象附近　指定基点:
确定基点,此时,对象动态显示。

(5) 按步骤说明,有3种操作方法。　　指定比例因子或[复制(C)/参照(R)]:

"指定比例因子或[复制(C)/参照(R)]"主要选项含义及操作如下:

① 指定比例因子:该选项为缺省值,是绝对比例。要缩小对象,取0<比例因子<1;要放大对象,取比例因子>1。

操作步骤:　　　　　　　　　　　　　步骤说明:

a. 键入比例数值。　　　　　　　　　指定比例因子或[复制(C)/参照(R)]:

b. 回车,即完成缩放,结束命令。

② 参照(R):系统将通过计算机参考长度(原长度)与新长度的比值确定图形对象的缩放比例。用户只需输入参考长度(原长度)与新长度即可。

操作步骤:　　　　　　　　　　　　　步骤说明:

a. 键入"R",回车。　　　　　　　　　指定比例因子或[复制(C)/参照(R)]:

b. 直接键入原长度值,并回车。　　　　指定参照长度<1>:

c. 键入缩放后的新长度值,回车,结束命令。　指定新的长度或[点(P)]<9.2273>:

3. 举例

【例3-7】 使用"缩放"命令改变对象的大小,如图3-17所示。

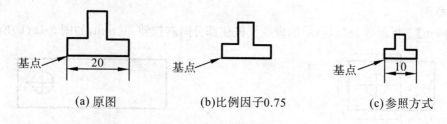

(a) 原图　　　　　(b)比例因子0.75　　　　(c) 参照方式

图3-17　使用"比例"命令

操作步骤:

(1) 单击工具栏缩放图标 。

(2) 选择要缩放的对象:窗选。

(3) 回车。

(4) 光标移至对象左下角单击,确定基点。

(5) 键入"0.75",回车,即完成"指定比例因子"的缩放,如图3-17(b)所示。

(6) 回车,重新启动缩放命令。

(7) 选择要缩放的对象:窗选。

(8) 回车。

(9) 光标移至对象左下角,单击,确定基点。
(10) 键入"R",回车。
(11) 键入原长度"20",回车。
(12) 键入新长度"10"。
(13) 回车,即完成"参照"方式的缩放,结束命令,如图 3-17(c)。

四、拉伸命令(Stretch)

1. 功能
用于拉伸、缩短或移动对象。本命令必须要用到窗选方式选取对象,完全位于窗内的对象实现移动(与 Move 命令相同),与边界相交的对象实现拉伸或缩短变化。

2. 操作步骤 步骤说明:
(1) 启动"拉伸"命令,方法有 3 种。　　　　　　_Stretch
① 菜单栏:"修改"→"拉伸";　　　　　　　　　以交叉窗口或交叉多边形选择要拉伸
② 工具栏:单击修改工具栏拉伸图标 ；　　　　的对象:
③ 命令行:键入"Stretch",并回车。
(2) 利用窗选方式选取对象。　　　　　　　　　选择对象:
(3) 回车。　　　　　　　　　　　　　　　　　选择对象:
(4) 利用点的输入方式,在适当位置确定基点,　指定基点或[位移(D)]<位移>:
此时,对象动态显示。
(5) 利用点的输入方式确定第 2 点,结束命令。指定第 2 个点或<使用第 1 个点作为位移>:

3. 举例
【例 3-8】 将图 3-18(a)所示的虚线框框住部分向右拉伸 20 mm,如图 3-18(b)所示。

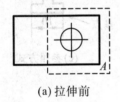
(a) 拉伸前

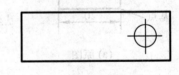
(b) 拉伸后

图 3-18 使用"拉伸"命令

操作步骤:
(1) 单击修改工具栏位伸图标 。
(2) 按图 3-18(a)所示,用窗选方法选中虚线部分。
(3) 回车。
(4) 捕捉 A 点,单击。
(5) 键入"@20<0",回车,即完成,如图 3-18(b)所示。

第四节　改变对象形状的命令

在 AutoCAD 2009 软件中关于改变对象形状的命令较多,本节主要介绍以下常用的几种命令。

一、修剪命令(Trim)

1. 功能

将多余的图形对象(主要是线段)能很精确、简捷地修剪掉,相当于用橡皮擦去多余的线条。

2. 操作步骤

操作步骤	步骤说明
(1) 启动"修剪"命令,方法有 3 种。	_Trim 选择剪切边……
① 菜单栏:"修改"→"修剪";	
② 工具栏:单击修改工具栏修剪图标 —/— ;	
③ 命令行:键入"Trim",回车。	
(2) 可连续多次选择要修剪的对象(线段)。	选择对象或<全部选择>:
(3) 选择与要修剪的对象(线段)相交的对象(线段)。	选择对象:
(4) 回车。	选择对象:
(5) 按步骤说明操作(8 种)。	选择要修剪的对象,或按住"Shift"键选择要延伸的对象,或[栏选(F)/窗交(C)/投影(P)/边(E)/删除(R)/放弃(U)]:
(6) 回车,结束命令。	选择要修剪的对象,或按住"Shift"键选择要延伸的对象:

说明:(2)、(3)两步可利用"窗选"来完成。为提高绘图速度,(2)、(3)两步亦可省略。

"选择要修剪的对象,或按住'Shift'键选择要延伸的对象,或[栏选(F)/窗交(C)/投影(P)/边(E)/删除(R)/放弃(U)]"主要选项含义及操作如下:

① 选择要修剪切对象:该选项为缺省值。光标移至被修剪的线段,单击。

② 按住"Shift"键选择要延伸的对象:恢复被修剪的线段,但线段要符合延伸条件。按住"Shift"键的同时,选择框移到被修剪的剩余线段上,单击。

③ 栏选(F):创建一条直线,与这条线相交的所有符合被修剪的线段同时被剪除。键入"F",回车,根据步骤说明操作。

④ 窗交(C):创建一个窗口,与窗口边相交的所有符合被修剪的线段同时被剪除。键入"C",回车,根据步骤说明操作。

3. 举例

【例 3-11】　使用"修剪"命令修剪多余的线段,如图 3-19 所示。

操作步骤：

(1) 单击修改工具栏修剪图标 ；

(2) 光标连续选择线段：L_1，L_2，L_3，L_4，L_5，L_6。

(3) 回车。

(4) 光标连续选择线段：a、b、c、d、e，所选线段即消失。

(5) 回车或按"Esc"键，结束命令。

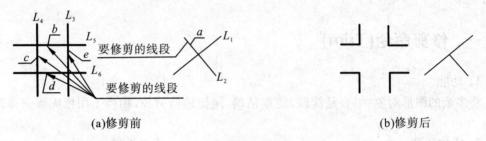

(a)修剪前　　　　　　　　　　　　　　(b)修剪后

图 3-19　使用"修剪"命令

二、延伸命令(Extend)

1. 功能

与修剪命令相反，延伸命令可以拉长或延伸直线或弧，使直线或弧与其他图线相接。

2. 操作步骤　　　　　　　　　　　　步骤说明：

(1) 启动"延伸"命令，方法有 3 种：　　　_Extend

① 菜单栏："修改"→"延伸"；　　　　　选择边界的边……

② 工具栏：单击修改工具栏延伸图标 ；

③ 命令行：输入"Extend"，回车。

(2) 选择边界线或"窗选"所有线段。　　选择对象或＜全部选择＞：

(3) 回车。　　　　　　　　　　　　　选择对象：

(4) 按步骤说明操作(7 种)。　　　　　　选择要延伸的对象，或按住"Shift"键
　　　　　　　　　　　　　　　　　　选择要修剪的对象，或[栏选(F)/窗
　　　　　　　　　　　　　　　　　　交(C)/投影(P)/边(E)/放弃(U)]：

(5) 回车，结束命令。　　　　　　　　 选择要延伸的对象，或按住"Shift"键
　　　　　　　　　　　　　　　　　　选择要修剪的对象：

"选择要延伸的对象，或按住'Shift'键选择要修剪的对象，或[栏选(F)/窗交(C)/投影(P)/边(E)/放弃(U)]"主要选项含义及操作如下：

① 选择要延伸的对象：该选项为缺省值。光标移至要延伸的线段，单击。

② 按住"Shift"键选择要修剪的对象：起到修剪线段的作用，但被修剪线段要符合修剪条件。按住"Shift"键的同时，选择框移到要修剪的线段上，单击。

③ 栏选(F)：创建一条直线，与这条线相交的所有符合延伸的线段同时被延伸。键入"F"，并回车，根据步骤说明操作。

④ 窗交(C):创建一个窗口,与窗口边相交的所有符合延伸的线段同时被延伸。键入"C",并回车,根据步骤说明操作。

3. 举例

【例 3-12】 使用"延伸"命令延长图线,如图 3-20 所示。

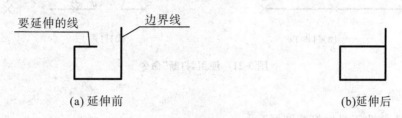

图 3-20 使用"延伸"命令

操作步骤:

(1) 单击修改工具栏延伸图标 ⊸╱。

(2) 光标移至边界线,单击。

(3) 回车。

(4) 光标移至延伸的线,单击,即完成图线的延伸,如图 3-20(b)所示。

(5) 回车或按"Esc"键,结束命令。

三、打断命令(Break)

1. 功能

将一条直线或曲线打断,多用于截断或删除多余的线条部分。

2. 操作步骤

(1) 启动"打断"命令,方法有 3 种:

① 菜单栏:"修改"→"打断";

② 工具栏:单击修改工具栏打断图标 ▯；

③ 命令行:键入"Break",回车。

(2) 利用点的输入方式,在线段上确定第 1 断点。

(3) 利用点的输入方式,在线段上确定第 2 断点,完成打断,结束命令。

步骤说明:

_Break

选择对象:

指定第 2 个打断点或[第 1 点(F)]:

说明:

① 确定第 2 断点时,如果键入"F",回车,则第 1 断点无效,需重新定义第 1 断点。

② 确定第 2 断点时,如果键入"@",回车,则表示同点切断,将对象在选择点处断开而不删除其中的任何部分。对打断于点的图标 ▯ 操作,其功能就是同点切断。

③ 如果要删除直线、圆弧的一端,则应将第 2 断点指定在要删除部分的端点或端点之外。

④ 由于 AutoCAD 系统按逆时针方向删除圆上第 1 断点到第 2 断点之间的部分,因此对圆或弧进行断开操作,一定要保证是按逆时针方向进行操作的。

3. 举例

【例 3-13】 使用"打断"命令,如图 3-21 所示。

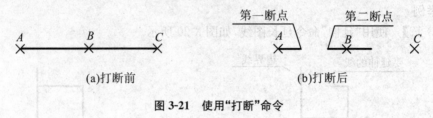

(a)打断前　　　　　　　　　　(b)打断后

图 3-21 使用"打断"命令

操作步骤:

(1) 单击修改工具栏打断图标 。

(2) 在 A 点之右,光标移至 AB 直线上,单击,确定第 1 断点。

(3) 在 B 点之左,光标移至 AB 直线上,单击,确定第 2 断点。此时 AB 断开,如图 3-21(b)所示。

(4) 回车。

(5) 在 B 点之右,光标移到 BC 直线上,单击,确定第 1 断点。

(6) 光标移至 C 点或 C 点之外,单击,确定第 2 断点,此时 BC 直线打断(缩短),如图 3-21(b)所示。

四、合并命令(Join)

1. 功能

将几条在同直线位置上的线段合并成一条线段,与打断命令的功能相反。

2. 操作步骤　　　　　　　　　　　　　　　　　步骤说明:

(1) 启动"合并"命令,方法有 3 种:　　　　　　_Join

① 菜单栏:"修改"→"合并";

② 工具栏:单击修改工具栏合并图标 ;

③ 命令行:键入"Join",回车。

(2) 光标移到源对象上单击。　　　　　　　　　_Join 选择源对象:

(3) 光标移到源对象延长方向上的其他线段单击(可连续)。　选择要合并到源的直线:

(4) 回车,即完成合并,结束命令。　　　　　　　选择要合并到源的直线:

说明:也可对同一圆周上的几段圆弧进行合并。合并两条或多条圆弧(或椭圆)时,将从源对象开始沿逆时针方向合并圆弧(或椭圆弧)

3. 举例

【例 3-14】 使用"合并"命令将两条直线 AB、CD 合并成一条直线 EF,如图 3-22 所示。

A　B　　C　　D　　　　　　　　　E　　　　　　F

(a)合并前　　　　　　　　　　(b)合并后

图 3-22 使用"合并"命令

操作步骤：

(1) 单击修改工具栏合并图标 ➜←。

(2) 光标移到直线 AB 上单击。

(3) 光标移到直线 CD 上单击。

(4) 回车，即合并成直线 EF，如图 3-22(b)所示，结束命令。

五、倒角命令(Chamfer)

1. 功能

在两条不平行的直线之间连接一条斜线，形成一个倒角，倒角的大小取决于它离角点的距离，如果一个倒角两个点的距离相等，则是 45°的倒角。

2. 操作步骤　　　　　　　　　　　　步骤说明：

(1) 启动"倒角"命令，方法有 3 种：　　_Chamfer("修剪"模式)

① 菜单栏："修改"→"倒角"；

② 工具栏：单击修改工具栏倒角图标 ⌒ ；

③ 命令行：键入"Chamfer"，回车。

(2) 按步骤说明，进行倒角设置(7 种)。　选择第 1 条直线或[放弃(U)/多段线(P)/距离(D)/角度(A)/修剪(T)/方式(E)/多个(M)]：

(3) 回车，启动倒角命令。

(4) 按缺省值方式操作，完成倒角命令。　选择第 1 条直线或[放弃(U)/多段线(P)]：

"选择第 1 条直线或[放弃(U)/多段线(P)/距离(D)/角度(A)/修剪(T)/方法(E)/多个(M)]"主要选项含义及操作如下：

① 选择第 1 条直线：该选项为缺省值，用户需要选择两条不平行的直线。

操作步骤：　　　　　　　　　　　　　步骤说明：

a. 单击第 1 条直线。　　　　　　　　　选择第 1 条直线或[放弃(U)]：

b. 单击第 2 条直线，即完成倒角命令。　选择第 2 条直线：

② 距离(D)：采用指定倒角两个边的距离进行倒角，确定倒角的大小，如图 3-23 所示。

图 3-23　设置"距离"方式

操作步骤：　　　　　　　　　　　　　步骤说明：

a. 键入"D"，回车。　　　　　　　　　选择第 1 条直线或[/距离(D)]：

b. 键入第 1 条直线的倒角距离，回车。　指定第 1 个倒角距离＜2.0000＞：

c. 键入第 2 条直线的倒角距离。　　　　指定第 2 个倒角距离＜4.0000＞：

d. 回车，即完成"距离"的设置。

③ 角度(A)：采用指定一条直线上的倒角距离和倒角线与该直线的倾角的方式进行倒角，可以确定倒角的大小，如图 3-24 所示。

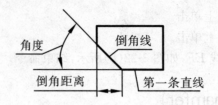

图 3-24 设置"角度"方式

操作步骤：　　　　　　　　　　　　步骤说明：
　a. 键入"A"，回车。　　　　　　　选择第 1 条直线或[角度(A)]：
　b. 键入第 1 条直线的倒角距离，回车。　指定第 1 条直线的倒角长度<20.0>：
　c. 键入倒角线与第 1 条直线之间的夹角。　指定第 1 条直线的倒角角度<0>：
　d. 回车，即完成"角度"的设置。

④ 修剪(T)：确定倒角处两种修剪状态。选择"修剪"，则倒角并修剪，如图 3-25(a)所示；选择"不修剪"，则倒角而不修剪，如图 3-25(b)所示。

图 3-25 设置"修剪"方式

操作步骤：　　　　　　　　　　　　步骤说明：
　a. 键入"T"，回车。　　　　　　　选择第 1 条直线或[修剪(T)]：
　b. 键入"T"，则修剪；　　　　　　输入修剪模式选项[修剪(T)/不修剪(N)]<修剪>：
键入"N"，则不修剪。
　c. 回车，则完成"修剪"的设置。

⑤ 方法(E)：选择用"距离"或"角度"生成倒角的方式。
操作步骤：　　　　　　　　　　　　步骤说明：
　a. 键入"E"，回车。　　　　　　　选择第 1 条直线或[方法(E)]：
　b. 若键入"D"，回车，则按"距离"倒角；　输入修剪方法[距离(D)/
若键入"A"，回车，则按"角度"倒角。　角度(A)]<角度>：

⑥ 多个(M)：能连续进行多次倒角。
操作步骤：　　　　　　　　　　　　步骤说明：
　a. 键入"M"，回车。　　　　　　　选择第 1 条直线或[多个(M)]：
　b. 按步骤说明连续进行倒角操作。　　选择第 1 条直线或[多个(M)]：
　c. 回车，结束命令。　　　　　　　选择第 1 条直线或[多个(M)]：

3. 举例

【例 3-15】 使用"倒角"命令完成倒角，如图 3-26 所示。

操作步骤：

(1) 单击修改工具栏倒角图标 。

(2) 键入"D"，回车。

(3) 键入倒角距离"5"，回车。

(4) 键入倒角距离"4"，回车。

(5) 回车。

(6) 光标移至 L_1，单击。

(7) 光标移至 L_2，单击，即完成倒角，如图 3-26(b)所示。

(8) 回车。

(9) 键入"A"，回车。

(10) 键入倒角距离"6"，回车。

(11) 键入倒角角度"30"，回车。

(12) 回车。

(13) 光标移至 L_3，单击。

(14) 光标移至 L_2，单击，即完成倒角，如图 3-26(c)所示。

      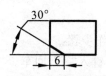

(a) 倒角前　　　　　　(b) 用"距离"倒角　　　　(c) 用"角度"倒角

图 3-26　使用"倒角"命令

六、圆角命令(Fillet)

1. 功能

用来把指定的两个对象按指定的半径光滑地连接起来，常用于直线、圆弧或圆之间的光滑连接，并调整两者的长度使其准确相连。

2. 操作步骤　　　　　　　　　　　　　　步骤说明：

(1) 启动"圆角"命令，方法有 3 种　　　　_Fillet

① 菜单栏："修改"→"圆角"；

② 工具栏：单击修改工具栏圆角图标 ；

③ 命令行：键入"Fillet"，回车。

(2) 按步骤说明，进行圆角设置(5 种)。　　选择第 1 个对象或[放弃(U)/多段线
　　　　　　　　　　　　　　　　　　　　(P)/半径(R)/修剪(T)/多个(M)]：

(3) 回车，启动圆角命令。

(4) 按缺省值方式操作，即完成圆角命令。　选择第 1 个对象：

"选择第 1 个对象或[放弃(U)/多段线(P)/半径(R)/修剪(T)/多个(M)]"主要选项含义及操作如下：

① 选择第 1 个对象：该选项为缺省值，选择第 1、第 2 个对象，即完成圆角命令。

操作步骤：	步骤说明：
a. 选择第 1 个对象。	选择第 1 个对象：
b. 选择第 2 个对象，即完成圆角命令。	选择第 2 个对象：

② 半径(R)：用于设置圆角的半径，缺省值为 0.5000。

操作步骤：	步骤说明：
a. 键入"R"，回车。	选择第 1 个对象或[多段线(P)/半径(R)/修剪(T)]：
b. 键入半径值。	指定圆角半径<10.0000>：
c. 回车，即完成圆角半径的设置。	

③ 修剪(T)：确定圆角处两种修剪状态。选择"修剪"，则圆角并修剪，如图 3-27(a)所示；选择"不修剪"，则圆角而不修剪，如图 3-27(b)所示。

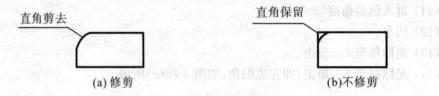

图 3-27 设置"修剪"方式

操作步骤：	步骤说明：
a. 键入"T"，回车。	选择第 1 个对象或[多段线(P)/半径(R)/修剪(T)]：
b. 键入"T"，则修剪；键入"N"，则不修剪。	输入修剪模式选项[修剪(T)/不修剪(N)]<修剪>：
c. 回车，即完成"修剪"的设置。	

④ 多个(M)：能连续进行多次倒圆。

操作步骤：	步骤说明：
a. 键入"M"，回车。	选择第 1 条直线或[多个(M)]：
b. 按步骤说明连续进行倒圆操作。	选择第 1 条直线或[多个(M)]：
c. 回车，结束命令。	选择第 1 条直线或[多个(M)]：

3. 举例

【例 3-16】 使用"圆角"命令完成圆角，如图 3-28 所示。

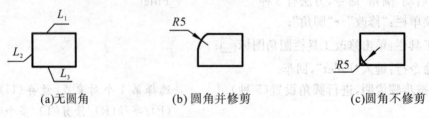

图 3-28 使用"圆角"命令

操作步骤：

(1) 单击修改工具栏圆角图标 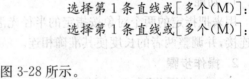。

(2) 键入"R",回车。

(3) 键入半径"5",回车。

(4) 回车,重新启动圆角命令。

(5) 光标移至直线 L_1,单击。

(6) 光标移至直线 L_2,单击,如图 3-28(b)所示。

(7) 回车,重新启动圆角命令。

(8) 键入"T",回车。

(9) 键入"N",回车。

(10) 光标移至直线 L_2,单击。

(11) 光标移至直线 L_3,单击,如图 3-28(c)所示。

第五节 其他修改命令

前面介绍了有关修改图形的命令,本节再介绍以下 3 种修改图形的命令。

一、分解命令(Explode)

1. 功能

将复合对象(图块)分解成各个小部分。通常在需要对复合对象(图块)中一个或几个部分单独处理时,可以利用该命令将对象分解。用"矩形"、"多边形"命令所画的图形或今后学到的"尺寸标注"、"图案填充"都是复合对象,对单独要素的操作,都要用到分解命令。

2. 操作步骤　　　　　　　　　　　　　　　　　步骤说明:

(1) 启动"分解"命令,方法有 3 种:　　　　　　_Explode

① 菜单栏:"修改"→"分解";

② 工具栏:单击修改工具栏分解图标 ;

③ 命令行:键入"Explode",回车。

(2) 利用单选或窗选方式选择被分解的对象。　　选择对象:

(3) 回车,即完成分解,结束命令。　　　　　　　选择对象:

请比较先选择对象后选择分解命令的效果。

3. 举例

【例 3-17】 使用"分解"命令分解用"矩形"命令所画的线框,如图 3-29 所示。

(a) "分解"前单击一边　　(b) "分解"后单击一边

图 3-29 使用"分解"命令

操作步骤：

（1）单击工具栏分解图标 。

（2）光标移至线框的一边单击，如图 3-29(a)所示。

（3）回车，即完成分解命令，如图 3-29(b)所示。

二、特性命令(Properties)

1. 功能

用对话框对各种单一对象的所有参数进行修改。编辑对象不同，对话框中名称也不同。

图 3-30 "特性"对话框

2. 操作步骤

（1）选择要修改的对象。

（2）启动"特性"命令，弹出"特性"对话框，如图 3-30 所示，方法有 3 种：

① 菜单栏："修改"→"特性"；

② 工具栏：单击标准工具栏特性图标 ；

③ 命令行：键入"Properties"，回车。

（3）对"特性"对话框按要求进行设置。

（4）单击左上角关闭按钮，对象已被修改。

"特性"对话框有关内容及操作说明如下：

① 对象名称 ：该项显示被选对象的名称。

选择多个对象时，通过单击黑三角 来选择一种对象。

② 按钮 ：该按钮用来切换 Pickadd 系统变量的值。

③ 选择对象按钮 ：该按钮用来重新选择对象。单击该按钮，光标变成选择框，移到对象上单击即可。

④ 快速选择按钮 ：该按钮也是用来重新选择对象。单击该按钮，弹出快速选择对话框，按对话框操作即可。

⑤ 选项 常规 ：该选项用来修改被选对象的图层内容，如图 3-30 所示。单击"常规"右边的黑三角 ，实现显示和关闭该项内容。如图 3-30 所示，单击颜色等名称右边的文本框，会出现一个黑三角 ，单击黑三角 出现下拉列表，从表中选择相应的内容。

⑥ 选项 几何图形 ：该选项用来修改被选对象的图形内容，如图 3-31 所示。单击"几何图形"右边的黑三角 ，实现显示和关闭该项内容。如图 3-31 所示，单击半径

图 3-31 "几何图形"内容

等名称右边的文本框,可直接在文本框中修改有关的参数值,同时会出现一个计算图标,必要时可用计算器进行计算。该选项还具有查询图形有关信息的功能,如图形的面积、周长等,但图形必须是一个块。

3. 举例

【例 3-18】 使用"特性"命令修改直线特性为:线宽 2,颜色为红色,如图 3-32 所示。

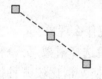
(a) 修改前

(b) 修改后

图 3-32 使用"特性"命令

操作步骤:

(1) 光标移至直线,单击。

(2) 单击标准工具栏特性图标,弹出"特性"对话框。

(3) 在"特性"对话框中,单击"常规"右边的黑三角,显示"常规"项中的内容。

(4) 单击颜色方框,单击黑三角,从列表中选择红色。

(5) 单击线宽右边的文本框,单击黑三角,从列表中选择线宽:2。

(6) 单击关闭按钮,即完成修改,如图 3-32(b)所示。

三、利用夹点模式快速编辑图形

夹点是选择对象后,在关键点上出现的实心小方框,如图 3-33 所示。

图 3-33 一些图形对象的夹点

1. 功能

利用夹点模式可以对对象进行快捷方便地拉伸、移动、旋转、缩放、镜像等编辑操作,而无需启动相应的命令。要选择多个夹点,请按住"Shift"键,然后选择适当的夹点。

2. 操作步骤

(1) 拉伸(Stretch)。

① 光标移至某一夹点单击,出现红色方框,并可移动。

② 利用点的输入方式,确立下一点,即完成拉伸。

(2) 移动(Move)。

① 光标移至某一夹点,单击,出现红色方框。

② 回车,对象动态显示。

③ 利用点的输入方式,确定下一点,即完成对象移动。

(3) 旋转(Rotate)。

① 光标移至某一夹点,单击,出现红色方框。

② 回车(移动)。
③ 回车,以红色点为中心转动。
④ 键入角度,回车;或光标移动到某处,单击,即完成对象旋转。

(4) 缩放(Scale)。
① 光标移至某一夹点,单击,出现红色方框。
② 回车(移动)。
③ 回车(旋转)。
④ 回车,对象自动缩放。
⑤ 键入比例因子,回车,即完成对象缩放。

(5) 镜像(Mirror)。
① 光标移至某一夹点,单击,出现红色方框。
② 回车(移动功能)。
③ 回车(旋转功能)。
④ 回车(缩放功能)。
⑤ 回车,以红色点为中心转动。
⑥ 利用点输入方式,确定镜像线上的另一点,即完成对象镜像。

习　　题

3-1　熟练掌握书中例题所述的操作步骤。

3-2　常用的选择对象方式有哪几种类？对象被选中后会出现什么现象？

3-3　编辑图形时,操作方法有两种,一种是先启动修改命令后选择对象,另一种是先选择对象后启动修改命令,使用什么命令可实现两种操作方法的转换？请比较哪种操作速度更快。

3-4　如何调整窗选区域的颜色？

3-5　如何调整夹点的大小及颜色？

3-6　选中对象后,请比较用"删除(Erase)"命令和在键盘上按"Delete"的速度哪个更快？

3-7　复制对象共有几种命令？画出相应的命令图标。

3-8　创建环形及矩形阵列时,阵列角度、行和列间距可以是负值吗？

3-9　利用复制命令,按题图 3-1 所示的尺寸绘制图形。

3-10　改变对象位置命令、改变对象形状命令分别有哪些？画出相应的命令图标。

3-11　将题图 3-1 中的圆和椭圆移动到六边形中,如题图 3-2 所示,其余内容删除。

3-12　在旋转对象时,旋转角度有正、负之分。如果输入的绝对旋转角度为正值,那么AutoCAD 将沿什么方向旋转实体对象？将题图 3-1 所示图形顺时针旋转 45°。

3-13 用哪些命令可将当前屏幕显示精确地放大2倍？将题图3-1所示图形放大2倍。

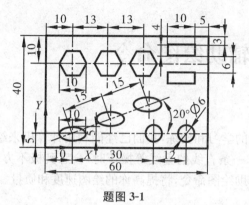

题图 3-1

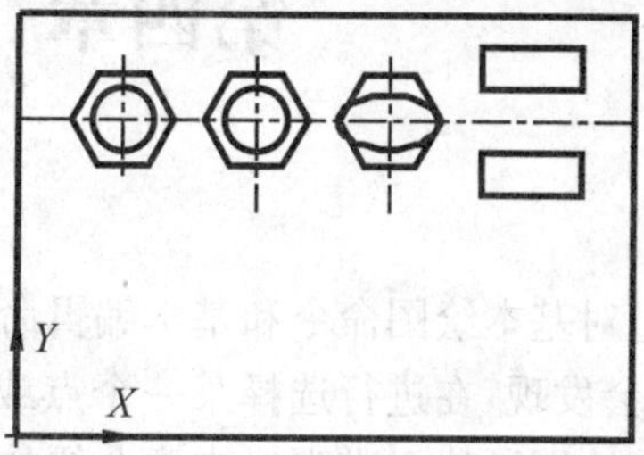

题图 3-2

3-14 按题图3-3所示的尺寸绘制图形。

3-15 按题图3-4所示的尺寸绘制图形。

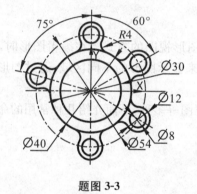

题图 3-3

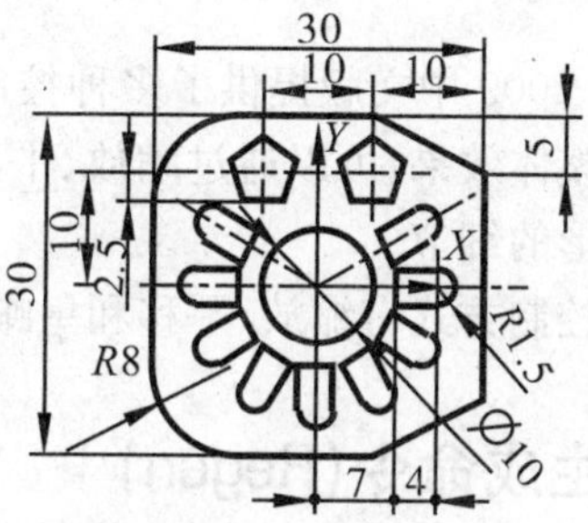

题图 3-4

3-16 怎样使用特性命令的功能？

3-17 夹点编辑模式提供了哪几种编辑方法？

3-18 请比较利用修剪命令、打断命令和夹点拉伸3种操作将一条直线缩短的优劣。

3-19 按题图3-5所示的尺寸绘制图形。

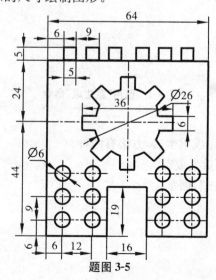

题图 3-5

第四章 辅助绘图命令

通过对基本绘图命令和基本编辑命令的学习和操练,我们已经能利用计算机来绘图了。但是,你会发现,在进行选择某一个点或作一条直线的垂线等操作时,会感到极不方便。如何才能使绘图既快又准呢?本章介绍的辅助绘图命令,将提高你的绘图速度和质量。

第一节 视图显示控制

AutoCAD 2009 中文版提供了多种控制图形视图的方式。在编辑图形时,如果希望查看所作修改的整体效果,可以通过缩放、平移来显示图形的不同区域,通过图形显示的缩放还可以显示图形的细节。

视图显示控制方式有缩放、平移和鸟瞰视图等多种,下面介绍几种常用的命令。

一、重生成命令(Regen)

1. 功能

重新计算当前视图窗口中的所有图形对象,进而刷新当前视图窗口中的显示内容。它将原来显示不太光滑的图形变得光滑,如图 4-1 所示。

(a)重生成前

(b)重生成后

图 4-1 使用"重生成"命令

2. 操作步骤

启动"重生成"命令,即完成重生成,方法有两种:

(1) 菜单栏:"视图"→"重生成";
(2) 命令行:键入"Regen",回车。

二、"实时"缩放命令

1. 功能

可以动态地缩小或放大当前的视图。缩放命令能改变显示在屏幕上的图形大小,但其实际图形的尺寸并没有改变,只是改变了观察点的高度,也就是"远看整体,近看局部"的效果。

2. 操作步骤

(1) 启动"实时"缩放命令,方法有 3 种:

① 菜单栏:"视图"→"缩放"→"实时(R)";

② 工具栏:单击标准工具栏实时图标 ;

③ 命令行:键入"Zoom",回车,再回车。

(2) 光标变为放大镜的形状 ,按住鼠标左健,将光标向上移动时,视图会放大,如图 4-2(b)所示;反之,光标向下移动时,视图会缩小,如图 4-2(c)所示。

(a)原图　　　　　　　　　(b)放大　　　　　　　　　(c)缩小

图 4-2　使用"实时"缩放命令

三、"窗口"缩放命令

1. 功能

可以通过指定一个区域的角点来快速地放大该区域,具有局部放大作用。

2. 操作步骤

(1) 启动"窗口"缩放命令,方法有 3 种:

① 菜单栏:"视图"→"缩放"→"窗口";

② 工具栏:单击标准工具栏窗口图标 ;

③ 命令行:键入"Zoom",回车,键入"W",再回车。

(2) 光标在视图的适当位置单击,并按住左键,移动光标到对角适当位置,此时出现了一个矩形框,释放左键,视图即被放大。

说明:单击窗口图标 下面的一个小三角形,出现下拉图标,按住左键移动光标至某个图标,释放即可改变图标,更换成其他缩放命令。

四、"缩放上一个"缩放命令

1. 功能
撤销对"窗口"缩放命令的操作。与"窗口"缩放命令配合使用。

2. 操作步骤
启动"缩放上一个"命令,即可实现撤销"窗口"缩放命令,方法有3种:
(1) 菜单栏:"视图"→"缩放"→"上一个";
(2) 工具栏:单击标准工具栏缩放上一个图标 ；
(3) 命令行:键入"Zoom",回车,键入"P",再回车。

五、"实时平移"视图命令

1. 功能
将图形移动到新的位置。被移动图形在坐标系统中的位置并没有改变,平移命令只是移动了窗口的位置。

2. 操作步骤
(1) 启动"实时平移"视图命令,方法有3种:
① 菜单栏:"视图"→"平移"→"实时(T)";
② 工具栏:单击标准工具栏实时平移 ；
③ 命令行:键入"Pan"或"P",回车。
(2) 光标变成手形,按下鼠标左键,同时移动光标,即可将图形平移,将图形移至适当位置后释放左键。

六、"鸟瞰视图"命令

1. 功能
一种定位工具,能将整个图形视图在另一个独立的窗口中显示,如图4-3所示,以便快速移动到目的区域或进行缩放。

视图框:在"鸟瞰视图"窗口内,用于显示当前视口中视图边界的粗线矩形。

2. 操作步骤
(1) 启动"鸟瞰视图"命令,弹出"鸟瞰视图"窗口,如图4-3所示,方法有两种:
① 菜单栏:"视图"→"鸟瞰视图";
② 命令行:键入"DSViewer",回车。
(2) 光标移到"鸟瞰视图"窗口内单击,出现一个

图4-3 "鸟瞰"视图窗口

"×",如图4-4所示,此时移动视图框可改变绘图区视图的位置;再单击一次,再现一个"——>",如图4-5所示,此时移动光标会使视图框放大或缩小,绘图区视图会跟着缩小或放大。

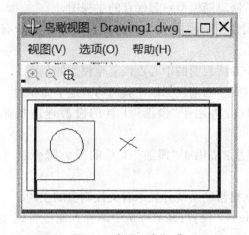

图4-4 出现一个"×"

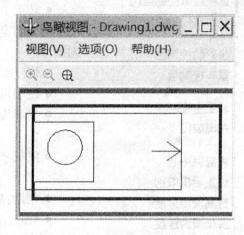

图4-5 出现一个"——>"

(3)当绘图区图形合适时,右击鼠标。
(4)单击右上角关闭图标,结束命令。

七、"SteeringWheels"控制盘命令

1. 功能

"SteeringWheels"是一个圆盘形控制菜单,如图4-6所示为默认的全导航控制盘,在绘图窗口中,控制盘随光标而悬停,通过控制盘中的菜单可以从单一界面中访问二维或三维导航工具。

"SteeringWheels"(即"控制盘")分为若干个按钮,每个按钮包含一个导航工具。可以通过单击按钮或单击并拖动悬停在按钮上的光标来启动导航工具。共有4个不同的控制盘可供使用。每个控制盘均拥有其独有的导航方式。

图4-6 全导航控制盘

单击全导航控制盘右上角的"×",可关闭控制盘。

单击全导航控制盘右下角的下箭头或在控制盘上单击鼠标右键弹出控制盘菜单,如图4-7所示,利用该菜单,用户可以在不同控制盘之间切换,也可以更改当前控制盘上一些导航工具的行为。使用控制盘菜单可以在可用的大控制盘与小控制盘之间切换、转至主视图、更改当前控制盘的首选项、控制"动态观察"、"环视"和"漫游"三维导航工具的行为。控制盘菜单上提供的菜单项取决于当前控制盘。

控制盘菜单包含以下选项:
- 查看对象控制盘(小):显示查看对象控制盘的小版本。
- 巡视建筑控制盘(小):显示巡视建筑控制盘的小版本。
- 全导航控制盘(小):显示全导航控制盘的小版本。
- 全导航控制盘:显示全导航控制盘的大版本。

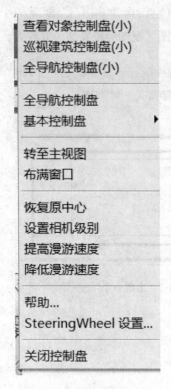

图 4-7 控制盘菜单

- 基本控制盘：显示查看对象控制盘或巡视建筑控制盘的大版本。
- 转至主视图：恢复随模型一起保存的主视图。
- 布满窗口：调整当前视图大小并将其居中以显示所有对象。
- 恢复原始中心：将视图的中心点恢复至模型的范围。
- 使相机水平：旋转当前视图以使其与 XY 地平面相对。
- 提高漫游速度：将用于"漫游"工具的漫游速度提高一倍。
- 降低漫游速度：将用于"漫游"工具的漫游降低减小一半。
- 帮助：启动联机帮助系统并显示有关控制盘的主题。
- "SteeringWheels"设置：显示可从中调整控制盘首选项的对话框。
- 关闭控制盘：关闭控制盘。

2. 操作步骤

（1）启动"SteeringWheels"命令，方法有 3 种：

① 菜单栏："视图"→ SteeringWheels(S)；

② 工具栏：单击应用程序状态栏控制盘图标 ；

③ 命令行：键入"Navswheel"，回车。

（2）绘图区光标处出现控制盘，单击按钮或单击并拖动悬停在按钮上进行相关的操作。

（3）关闭控制盘可用以下 4 种方法：按"Esc"键、按"Enter"键、单击"关闭"按钮或在控制盘上单击鼠标右键，然后单击菜单中"关闭控制盘"。

八、"ShowMotion"运动动画视图命令

1. 功能

用于创建和播放电影式相机动画的屏幕显示。这些动画可用于演示或在设计中导航。

用户可以录制多种类型的视图（称为快照），随后可对这些视图进行更改或按序列放置。每种类型都是唯一的。使用"ShowMotion"可以向捕捉到的相机位置添加移动和转场，这与在电视广告中所见到的相类似。这些动画视图称为快照，有 3 种快照类型，分别为：

静止画面：包含一个已存储的相机位置。

电影式：使用一个相机位置，并应用其他电影式相机移动。

录制的漫游：允许用户单击并沿所需动画的路径拖动。

2. 操作步骤

（1）启动"ShowMotion"命令，弹出操作面板，如图 4-8 所示，方法有 3 种：

① 菜单栏："视图"→ ShowMotion；

② 工具栏：单击应用程序状态栏控制盘图标 ；

③ 命令行：键入"Navsmotion"，回车。
(2) 单击新建快照按钮，弹出新建视图/快照特性对话框。
(3) 对新建视图/快照特性对话框进行相关操作，创建动画。
(4) 单击"确定"。
(5) 单击图 4-8 中所示的相关按钮，即可看到动画效果。

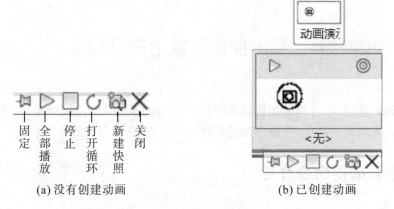

图 4-8　操作面板

九、"全屏显示"视图命令

1. 功能
关闭所有的工具栏，使绘图区最大化。

2. 操作步骤
(1) 启动"全屏显示"命令，如图 4-9 所示，方法有 4 种：

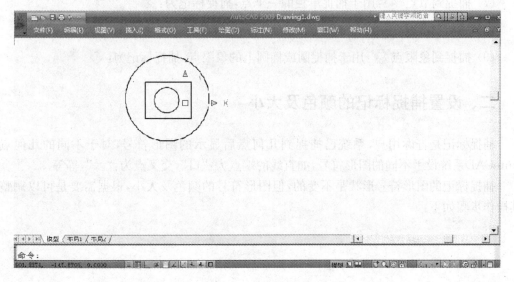

图 4-9　全屏显示效果

① 菜单栏:"工具"→"全屏显示";
② 工具栏:单击状态栏全屏显示图标 ▭;
③ 命令行:键入"Cleanscreenon",并回车;
④ 快捷键:按"Ctrl+O"
(2) 再执行一次全屏显示命令,即恢复原来状态。

第二节　捕捉对象上的几何点

为了让用户能迅速、准确地捕捉到某些特殊点,如端点、中点、圆心等,AutoCAD中设置了捕捉对象上几何点的功能,熟练应用捕捉技巧,使绘图真正做到既快又准。

一、主要捕捉命令介绍

(1) 捕捉到端点 ╱ :用于捕捉线段的端点,捕捉标记为:▫ 。

(2) 捕捉到中点 ╱ :用于捕捉线段的对称中心点,捕捉标记为:△ 。

(3) 捕捉到交点 ✕ :用于捕捉线段交叉的点,捕捉标记为:✕ 。

(4) 捕捉到圆心 ⊙ :用于捕捉圆或圆弧的圆心,捕捉标记为:○ 。

(5) 捕捉到切点 ⊙ :用于捕捉圆或圆弧上的切点,捕捉标记为:▽ 。

(6) 捕捉到垂足 ⊥ :用于捕捉直线段上的垂足点,捕捉标记为:⊥ 。

(7) 捕捉到节点 ∘ :用于捕捉单独的一个点,捕捉标记为:⊠ 。

(8) 捕捉到最近点 ╱ :用于捕捉线段上离光标最近的一点,捕捉标记为:⊠ 。

(9) 捕捉到象限点 ✦ :用于捕捉圆或椭圆上的象限点,捕捉标记为:◇ 。

二、设置捕捉标记的颜色及大小

捕捉标记是告诉用户,系统已捕捉到几何点后显示的图形符号,对于不同的几何点,AutoCAD系统设了不同的图形符号,如直线的端点为:"▫",交叉点为:"✕",等等。

捕捉标记的图形符号形状是不变的,但图形符号的颜色及大小,根据需要是可以调整,其操作步骤如下:

(1) 菜单栏:"工具"→"选项",弹出"选项"对话框,如图 4-10 所示。

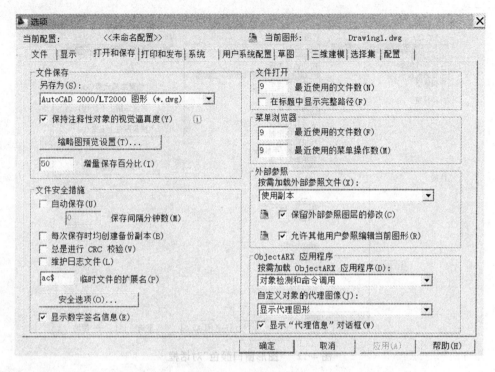

图 4-10　"选项"对话框

(2) 单击"草图"选项按钮,得到"草图"选项对话框,如图 4-11 所示。

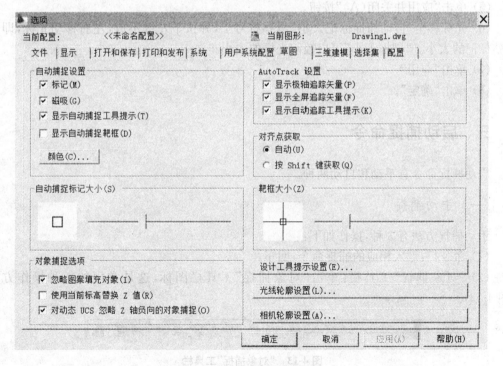

图 4-11　"草图"选项对话框

(3) 单击"颜色(C)…"按钮,得到"图形窗口颜色"对话框,如图 4-12 所示。

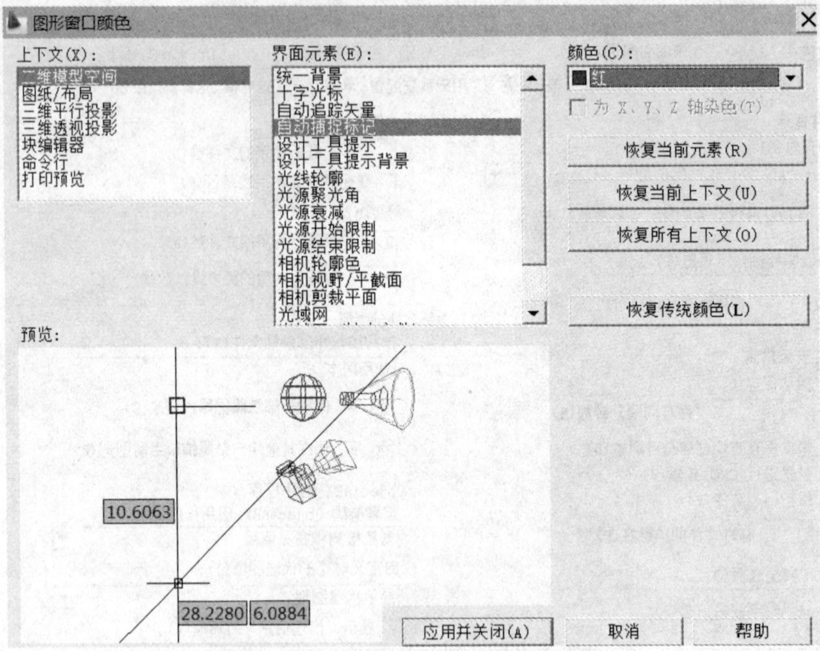

图 4-12 "图形窗口颜色"对话框

(4) 单击颜色右边的箭头,单击下拉列表中的颜色,即可改变标记的颜色。缺省值为红色。

(5) 单击"应用并关闭(A)"按钮。

(6) 光标移至"自动捕捉标记大小"滑移符号上,并按下左键不放,左右移动光标,即可调整标记的大小。"靶框大小"可以控制光标的大小。

(7) 单击"应用"。

(8) 单击"确定"。

三、启动捕捉命令

启动捕捉命令有手动和自动两种。

(一) 手动捕捉

手动捕捉方法有 3 种,操作如下:

(1) 命令行:键入相应的捕捉命令,回车。

(2) "对象捕捉"工具栏:单击"对象捕捉"工具栏图标,这是常用的一种操作方法(图 4-13)。

图 4-13 "对象捕捉"工具栏

打开"对象捕捉"工具栏的操作步骤：移动光标到任何一个工具栏上，然后单击鼠标右键，弹出光标菜单，最后光标移动到"对象捕捉"菜单上单击，名称前出现"√"标记，此时"对象捕捉"工具栏即被打开。

（3）按住"Shift"键并单击鼠标右键，将在光标位置显示对象捕捉菜单，如图 4-14 所示，单击所需的捕捉菜单名。

（二）自动捕捉

光标移至屏幕上即可对所设置的捕捉项目进行自动捕捉，而无需单击捕捉工具栏上有关的图标。

自动捕捉操作如下：

（1）设置自动捕捉对象。

① 启动"草图设置"对话框，如图 4-15 所示，方法有两种：

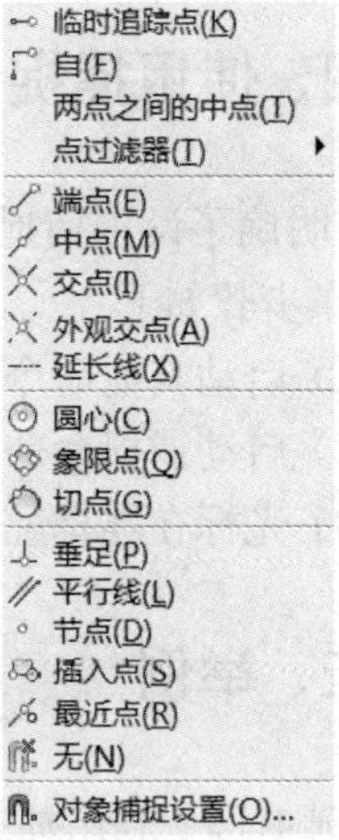

图 4-14 "对象捕捉"快捷菜单

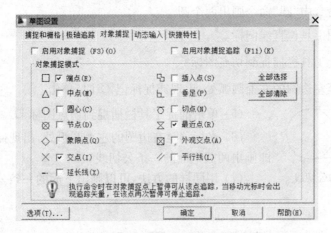

图 4-15 "草图设置"对话框

a. 菜单栏：

"工具"→"草图设置…"；

b. 右击状态栏"对象捕捉"，弹出浮动菜单，如图 4-16 所示，单击"设置"，弹出"草图设置"对话框。

② 单击"对象捕捉"选项。

③ 在"对象捕捉模式"框中，单击需要自动捕捉对象项目前面的复选框☑，或在图 4-16 中单击所需的捕捉菜单名。

④ 单击"确定"，即完成捕捉项目的设置。

（2）打开自动捕捉开关。在状态栏中，单击"对象捕捉"或单击"草图"对话框中的"启用对象捕捉"复选框☑。

注意：自动捕捉有一个缺点，即不需要捕捉的点，系统有时也会去捕捉，反而会不利于快速绘图。

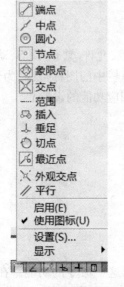

图 4-16 "对象捕捉"浮动菜单

四、使用捕捉命令

在明确了设置捕捉标记、启动捕捉命令方法后,我们就可以使用捕捉命令来精确绘图了,操作步骤如下:

(1) 启动其他命令,如绘图命令、编辑命令等。
(2) 启动捕捉命令。
(3) 光标在屏幕上先捕捉几何点,再执行其他命令的操作。

五、举例

【例 4-1】 利用捕捉功能画两圆的公切线,如图 4-17 所示。

操作步骤:
(1) 用绘图命令中"圆"命令画出两个圆。
(2) 单击绘图工具栏直线图标 。
(3) 单击捕捉工具栏捕捉到切点图标 。
(4) 光标移至左边圆的左上圆弧处,出现捕捉标记 时,单击。

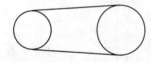

图 4-17 画圆的公切线

(5) 单击捕捉工具栏捕捉到切点图标 。
(6) 光标移至右边圆的左上圆弧处,出现捕捉标记时,单击,即画出两圆上面的一条公切线。
(7) 用同样的方法,可以画出下面的一条公切线。

第三节 绘图自动控制

绘图自动控制有:捕捉、栅格、正交、极轴、对象捕捉、对象追踪、允许/禁止 UCS、动态输入、线宽和快捷特性等 10 种,如图 4-18 所示。单击应用程序状态栏中的图标,发亮为开,灰色为关。右击状态栏中的图标,会出现相应的浮动菜单,可进行相应功能的设置。

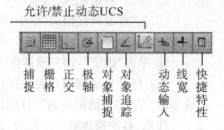

图 4-18 状态栏

绘图自动控制的特点是一旦启动某一命令,系统将自动实现这一命令的功能。在一般的绘图过程中,常用的自动控制命令有栅格、正交、对象捕捉、对象追踪、线宽等,"对象捕捉"

命令已在本章第二节中介绍,下面分别介绍其他的有关命令。

一、"栅格"命令

1. 功能

用栅格点覆盖设置的绘图区域,可以帮助你排列对象以及观察它们之间的距离,如图 4-19 所示。

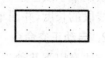

2. 设置栅格距离

操作步骤如下:

(1) 菜单栏:"工具"→"草图设置…",启动"草图设置"对话框,如图 4-15 所示。

图 4-19 打开栅格显示

(2) 单击"捕捉和栅格"选项,弹出"捕捉与栅格"对话框,如图 4-20 所示。

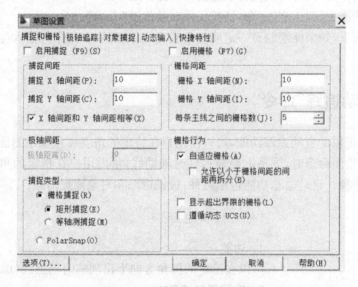

图 4-20 "捕捉与栅格"对话框

(3) 在栅格组 X 轴、Y 轴间距右边的文本框中键入间距值。

(4) 单击"确定"。

3. 启动栅格命令

方法有以下几种:

(1) 菜单栏:"工具"→"草图设置…"→单击"捕捉和栅格"中"启用栅格"复选框☑;

(2) 状态栏:单击"栅格"按钮;

(3) 功能键:按"F7";

(4) 命令行:键入"Grid",回车。

如果要关闭栅格,则可再次执行上述前 3 种操作之一。

"捕捉"的作用是光标按设置的 X、Y 间距进行跳跃式捕捉,操作方式与"栅格"类似,一般不打开,故不作详细介绍。

二、"正交"命令

1. 功能

用户通过鼠标在屏幕上定义的所有向量都与当前的 X 坐标轴或 Y 坐标轴平行，即能方便地绘制水平或垂直线。在"正交"状态下可快速绘制直线：在光标导航下，只需在命令行中输入线段的长度，并回车。此方法称为直接距离输入。

2. 启动正交命令

方法有以下几种：

(1) 状态栏：单击"正交"按钮；

(2) 功能键：按"F8"；

(3) 命令行：键入"Ortho"，回车。

如果要关闭正交，则可再次执行上述前两种操作之一。

要临时打开或关闭"正交"命令，请按住临时替代键"Shift"。

在正交状态下，如果要绘制有一定倾斜角的直线，则必须在命令行输入坐标以确定直线的起点和终点。

三、"自动追踪"命令

AutoCAD 提供的自动追踪功能，可以使用户在特定的角度和位置绘制图形。打开自动追踪功能，执行绘图命令时，屏幕上会显示临时辅助线，帮助用户在指定的角度和位置上精确地绘出图形对象。自动追踪功能包括两种：极轴追踪和对象捕捉追踪。

（一）极轴追踪

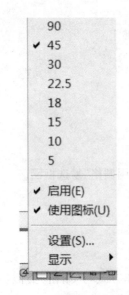

图 4-21 "极轴"浮动菜单

1. 功能

可以在给定的极角方向上出现临时辅助线（虚线）。

2. 设置极轴追踪

操作步骤如下：

(1) 启动"草图设置"对话框，如图 4-15 所示，方法有两种。

① 菜单栏："工具"→"草图设置"。

② 光标移至状态栏"极轴"，右击，弹出浮动菜单，如图 4-21 所示，单击"设置"。

(2) 单击"极轴追踪"选项，弹出"极轴追踪"对话框，如图 4-22 所示。

(3) 对极轴追踪的有关选项进行设置。

(4) 单击"确定"。

与极轴追踪有关的选项功能如下：

① 增量角：表示极轴角变化的增量值。单击文本框右边的箭头，从下拉列表中选取，或直接在文本框中输入新的增量值。

当设定极轴角增量为30°后,如果用户打开极轴追踪画线,则光标将自动沿0°、30°、60°、90°和120°等方向进行追踪,再输入线段长度值,AutoCAD就在该方向上画出直线。

② 附加角:除了根据极轴角增量进行追踪外,用户还能通过该选项添加其他的追踪角度。

③ 绝对:表示以当前坐标系的X轴作为计算极轴角的基准线。

④ 相对上一段:表示以最后创建的对象为基准线计算极轴角度。

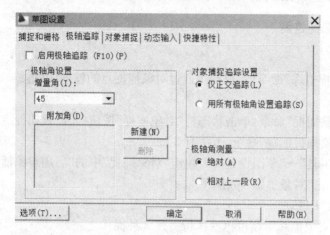

图 4-22 "极轴追踪"对话框

3. 启动"极轴追踪"命令

方法有以下几种:

(1) 菜单栏:"工具"→"草图设置…",单击"极轴追踪"中的"启用极轴追踪"复选框;

(2) 状态栏:单击"极轴"按钮;

(3) 功能键:按"F10"键;

(4) 命令行:键入"Dsettings",回车。

如果要关闭"极轴追踪",则可再次执行上述前3种操作之一。

4. 举例

【例 4-2】 利用极轴追踪完成如图4-23所示的图形。

操作步骤:

(1) 右击状态栏"极轴"按钮,弹出浮动菜单,单击"设置",弹出"极轴追踪"对话框,如图4-22所示,并设定增量角为30°。

(2) 单击图层,选择粗实线。

(3) 单击状态栏"极轴"按钮,打开极轴追踪。

(4) 单击绘图工具栏直线图标 ╱。

(5) 光标移至适当位置单击,确定点 A。

(6) 沿0°方向追踪,并键入 AB 线段长度:"20",回车。

(7) 沿30°方向追踪,并键入 BC 线段长度:"15",回车。

(8) 沿120°方向追踪,并键入 CD 线段长度:"10",回车。

(9) 键入:"C",并回车。

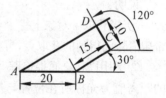

图 4-23 使用极轴追踪画线

注意：

① 利用"极轴追踪"绘图，可以通过移动光标指示方向，然后输入距离值，回车来确定有一定角度的直线，此时不需输入坐标值。

② 因为正交模式将限制光标只能沿水平方向和垂直方向移动，所以，不能同时打开正交模式和极轴追踪功能。当用户打开正交模式时，AutoCAD将自动关闭极轴追踪功能。如果用户打开了极轴追踪功能，AutoCAD将自动关闭正交模式。

（二）对象捕捉追踪

1. 功能

启动"对象捕捉追踪"命令后，可产生通过对象捕捉点的辅助线（虚线）。

2. 操作步骤

（1）启动"对象捕捉"命令：单击状态栏"对象捕捉"按钮（先设置捕捉点）。

（2）启动"对象捕捉追踪"命令，方法有3种：

① 菜单栏："工具"→"草图设置…"，单击"对象捕捉"中的"启用对象捕捉追踪"复选框；

② 状态栏：单击"对象追踪"按钮；

③ 功能键：按"F11"。

如果要关闭"对象追踪"，则可再次执行上述3种操作之一。

（3）执行一个要求输入点的绘图命令或编辑命令（如Copy、Line等），即利用点的输入方式确定一点A。

（4）光标移动到某个对象上的点B，停顿一会儿，即可自动捕捉获取该点（基点、切点、圆心等）。

（5）从获取点B移动光标，即可显示一条通过两点A、B的一条临时辅助线。

（6）光标沿显示的辅助线方向移动，图中可显示光标位置，即显示光标离点A的距离及与X轴的夹角。

（7）光标在辅助线方向上适当位置单击，或键入离点A的相对坐标值回车，即可追踪到所希望的点

说明：

① 当获取了对象上一个点后，获取的点显示为一个"＋"号。用户可以获取多个点。如果希望清除已得到的获取点，可将光标移回到获取标记上，则AutoCAD自动清除已获取的点。

② 利用"对象捕捉追踪"绘图，在确定下一点时，直接键入距离值，回车，此时，动态显示的距离值为光标所在位置与捕捉点间的距离。

③ 利用"对象捕捉追踪"绘图时，一定要同时打开"对象捕捉"和"对象捕捉追踪"。

3. 举例

【例4-3】 如图4-24所示，画一条从B点到C点的直线，要求线段BC的延长线与圆相切于D点，且B、C点间的准确距离为5个单位。

解： 由于只知道BC的长度及其延长线与圆相切，故其角度（方位）很难给定，这时可借助于对象捕捉追踪功能来确定C点的位置。

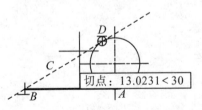

图4-24 对象捕捉追踪应用示例

操作步骤：
（1）启动圆命令，画一个圆。
（2）启动"对象捕捉"命令。
（3）启动"对象捕捉追踪"命令。
（4）启动直线命令。
（5）光标捕捉 A 点，并单击。
（6）光标水平移动至适当位置，单击，确定 B 点。
（7）光标移至 D 点（捕捉圆的切点），出现一个"＋"号。
（8）光标离开 D 点，屏幕上显示出一条通过 B 点和 D 点的虚线，即辅助线，光标沿虚线移动，即可显示光标离 B 点的距离及与水平线的夹角（图中显示 30°）。
（9）键入："@5＜30"，回车，或光标停留在 B 点的右上方，直接键入："5"，回车，即可以确定 C 点位置。

四、"动态输入"命令

（一）功能

在绘图过程中动态显示图形对象的定位、定形尺寸，或在尺寸标注时显示尺寸界线、尺寸线的端点位置尺寸。点的位置以直角坐标或极坐标的方式显示，如图 4-25 所示为画一条直线时起点和终点的坐标动态显示。

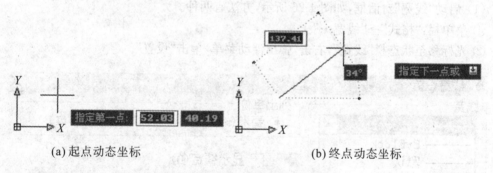

(a)起点动态坐标　　　　　　　(b)终点动态坐标

图 4-25　启动"动态输入"命令效果

当某命令处于活动状态时，工具提示将为用户提供输入的位置，可以在工具提示中输入坐标值，而不用在命令行中输入，此时第二个点和后续点的默认设置为相对极坐标，但不需要输入"@"符号。如果要使用绝对坐标，使用"♯"号前缀，如"♯x,y"。

（二）设置动态显示效果形式

"动态输入"有 3 个组件：指针输入、标注输入和动态提示，要控制在启用"动态输入"时每个部件所显示的内容，其操作步骤如下：
（1）菜单栏："工具"→"草图设置…"，启动"草图设置"对话框，如图 4-15 所示。
（2）单击"动态输入"选项，弹出"动态输入"对话框。

(3) 对对话框中的"指针输入、标注输入和动态提示"作相应的设置。
(4) 单击"确定"。

（三）启动动态输入命令

方法有以下几种：
(1) 菜单栏："工具"→"草图设置…"→单击"动态输入"中"启用指针输入"及"可能时启用标注输入"两个复选框☐；
(2) 状态栏：单击"动态输入"按钮；
(3) 功能键：按"F12"；
如果要关闭"动态输入"，则可再次执行上述 3 种操作之一。

五、线宽命令

（一）功能

根据线宽的设置，可以在屏幕上显示图线的相对宽度，增加视觉效果，而实际图线的粗细没有改变。

（二）设置显示相对宽度

操作步骤如下：
(1) 启动"线宽"对话框，如图 4-26 所示，方法有两种。
① 菜单栏："格式"→"线宽…"
② 光标移至状态栏"线宽"，右击，弹出浮动菜单，单击"设置"。

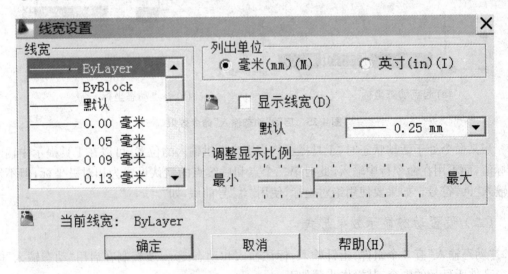

图 4-26 "线宽"对话框

(2) 在"调整显示比例"项中，光标移至滑移按钮上，按下左键，同时移动光标，即可调整线宽的相对大小。

（三）启动线宽命令的方法

启动线宽命令的方法有两种：
（1）状态栏：单击"线宽"按钮；
（2）在"线宽设置"对话框中选中"显示线宽"复选框。
如果要关闭"线宽"，则可再次执行上述两种操作之一。

第四节　查询图形信息

在 AutoCAD 中用户可以测量两点间的距离、某一区域的面积及周长，还能用内部计算器进行数值及几何计算，这些功能有助于用户了解图形信息，从而达到辅助绘图的目的。

打开"查询"工具栏的操作如下：光标移到某一工具栏上，右击，弹出快捷菜单，光标移到"查询"单击，弹出"查询"工具栏，如图 4-27 所示。

对所查询结果的精度，可通过菜单栏："格式"→"单位…"，对图形单位对话框中的精度作相应设置。

图 4-27　"查询"工具栏

一、"点坐标"命令（ID）

1. 功能

用于查询图形对象上某点的绝对坐标，坐标值以"X,Y,Z"形式显示出来。对于二维图形，Z 坐标值为零。

2. 操作步骤

步骤说明：

（1）设置数值精度：菜单栏："格式"→"单位…"，对图形单位对话框中的精度作相应设置。

_id

（2）启动"点坐标"的命令，方法有 3 种：
① 菜单栏："工具"→"查询"→"点坐标"，如图 4-28 所示；

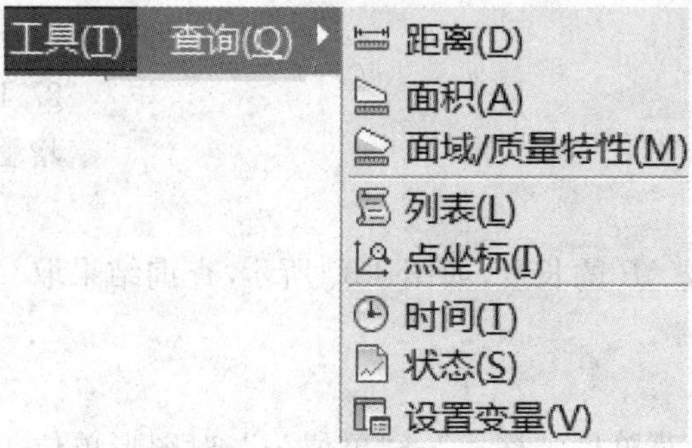

图 4-28　菜单栏启动"点坐标"

② 工具栏：单击查询工具栏图标 ；
③ 命令行：键入"ID"，回车。
(3) 光标变成"+"字。
(4) 光标捕捉需查询的点，单击。指定点：
命令行显示被查点的坐标值，结束命令。 $X=893.7980, Y=138.3296, Z=0.0000$

3. 举例

【例 4-4】 查询圆的圆心，如图 4-29 所示，查询结果的精度为小数点后两位。

操作步骤：

设置数值精度：菜单栏："格式"→"单位…"，对图形单位对话框中的精度设置为：0.00。

① 单击查询工具栏图标 。
② 光标捕捉圆心，单击，结束命令。

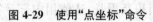

图 4-29 使用"点坐标"命令

二、"距离"命令(Dist)

1. 功能

用于测量两点之间的距离，同时，还计算出与两点连线相关的某些角度。

2. 操作步骤 步骤说明：

(1) 设置数值精度：菜单栏："格式"→"单位…"，对图形单位对话框中的精度作相应设置。

(2) 启动"距离"命令，方法有 3 种： _Dist
① 菜单栏："工具"→"查询"→"距离"；
② 工具栏：单击查询工具栏距离图标 ；
③ 命令行：键入"Dist"，回车。
(3) 光标捕捉直线的起点。 指定第 1 点：
(4) 光标捕捉直线的终点。 指定第 2 点：距离=27.1825，XY 平面中的倾角=4，与 XY 平面的夹角=0，X 增量=27.1145，Y 增量=1.9215，Z 增量=0.0000

3. 举例

【例4-5】 查询直线 AB 的长度，如图 4-30 所示，查询结果取整数。

操作步骤：

(1) 设置数值精度：菜单栏："格式"→"单位…"，对图形单位对话框中的精度文本框设置为"0"。

(2) 单击查询工具栏距离图标 。

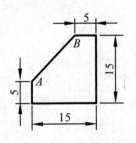

图 4-30 使用"距离"命令

(3) 光标捕捉 A 点,单击。

(4) 光标捕捉 B 点,单击,即 AB=14,结束命令。

三、"面积"命令(Area)

1. 功能

用于计算圆、面域、多边形或是一个指定区域的面积及周长,还可以进行面积的加、减运算。

2. 操作步骤

(1) 设置数值精度:菜单栏:"格式"→"单位…",对图形单位对话框中的精度作相应设置。

(2) 启动"面积"命令,方法有 3 种:

① 菜单栏:"工具"→"查询"→"面积";

② 工具栏:单击查询工具栏面积图标 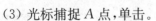;

③ 命令行:键入"Area",回车。

(3) 按步骤说明操作。

步骤说明:

_Area

指定第 1 个角点或[对象(O)/加(A)/减(S)]:

"指定第 1 个角点或[对象(O)/加(A)/减(S)]"各选项的含义如下,操作按步骤说明。

① 指定第 1 个角点:该选项为缺省项,通过捕捉多边形各顶点来计算多边形的面积及周长。如果多边形是非封闭的,则 AutoCAD 将假定有一条连线使其闭合,然后计算出闭合区域的面积及周长,实际周长应减去假定的连线长度。

② 对象(O):用来计算成"块"闭合的图形,如用圆、椭圆、正多边形或矩形命令所画的闭合图形,还有由封闭图形创建的面域。

③ 加(A):进入"加"模式后,一边能计算各个图形的面积,同时又能将各个图形的面积累加起来,在命令行中增加了"总面积"一项。在命令行中增加了"加"(模式)予以提示。

④ 减(S):进入"减"模式后,一边能计算各个图形的面积,同时又能将各个图形的面积相减,在命令行中增加了"总面积"一项。在命令行中增加了"减"(模式)予以提示。启用该选项时,通常应先启用"加(A)"选项。

3. 举例

【例 4-6】 查询如图 4-31 所示图形的面积,查询结果取整数。

操作步骤:

(1) 设置数值精度:菜单栏:"格式"→"单位…",对图形单位对话框中的精度文本框设置为:0。

(2) 单击查询工具栏面积图标 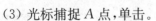。

(3) 光标捕捉 A 点,单击。

(4) 光标捕捉 B 点,单击。

(5) 光标捕捉 C 点,单击。

(6) 光标捕捉 D 点,单击。

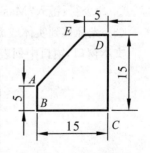

图 4-31 使用"面积"命令

(7) 光标捕捉 E 点,单击。

(8) 回车,得面积 184,结束命令。

【例 4-7】 利用"对象(O)"选项查询如图 4-31 所示图形的面积,查询结果取整数。

分析:

要利用"对象(O)"选项查询,图形必须是"块"或面域,这里将图形先转换成面域。

操作步骤:

(1) 设置数值精度:菜单栏:"格式"→"单位…",对图形单位对话框中的精度文本框设置为"0"。

(2) 单击绘图工具栏面域图标 ▢。

(3) 窗选图 4-31 所示的图形。

(4) 回车。

(5) 单击查询工具栏面积图标 ▱。

(6) 键入"O",回车。

(7) 光标移到面域的边上,单击,得面积"184",结束命令。

四、"面域/质量特性"命令(Massprop)

1. 功能

用于显示面域的面积、周长、边界框、质心、惯性矩、惯性积、旋转半径、主力矩与质心的 X、Y 方向等。

2. 操作步骤   步骤说明:

(1) 设置数值精度:菜单栏:"格式"→"单位…",对图形单位
对话框中的精度作相应设置。

(2) 启动"面域/质量特性"命令,方法有 3 种: _Massprop

① 菜单栏:"工具"→"查询"→"面域/质量特性";

② 工具栏:单击查询工具栏面域/质量特性图标 ▱;

③ 命令行:键入"Massprop",回车。

(3) 光标移到实体或面域的边上,并单击,弹出 AutoCAD   选择对象:
文本窗口,窗口中列表显示了面域的有关内容,如图 4-32 所示。

图 4-32 列表显示面域内容

五、"计算器"命令(Quickcalc)

1. 功能

执行各种算术、科学和几何计算,创建和使用变量,并转换测量单位。该计算器的功能很强,不仅能计算一般的数值,还能计算点、矢量。此外,它还包含一组专门用于几何计算的函数。

2. 操作步骤

(1) 启动"计算器"命令,弹出计算器对话框,如图 4-33 所示,方法有 4 种:

步骤说明:
_Quickcalc

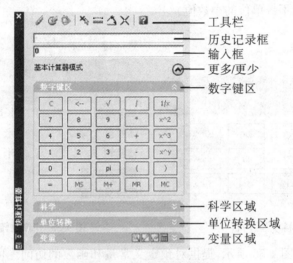

图 4-33 "计算器"对话框

① 菜单栏:"工具"→"选项板"→"快速计算器";

② 工具栏:单击标准工具栏计算器图标 ;

③ 命令行:键入"Quickcalc"回车,或键入"Cal"回车,此时在命令行中进行计算;

④ 命令行:"Ctrl+8",回车。

(2) 按要求作相应的操作。

(3) 计算结束,单击关闭按钮 。

下面对"快速计算"计算器包含几个区域作说明。

① 工具栏:执行常用函数的快速计算,由清除 、清除历史记录 、将值粘贴到命令行 、获取坐标 、两点之间的距离 、由两点定义的直线的角度 、由四点定义的两条直线的交点 、帮助 等 8 项内容组成。

② 历史记录区域:显示以前计算的表达式列表。历史记录区域的快捷菜单提供了几个选项,包括将选定表达式复制到剪贴板上的选项。

③ 输入框:为用户提供了一个可以输入和检索表达式的框。如果单击=(等号)按钮或按"Enter"键,"快速计算"计算器将计算表达式并显示计算结果。

运算符号及含义：指数运算(^)；加、减运算(＋、－)；乘、除运算(＊、/)。

典型的算术表达式如下：

$$(4＋5)*4＋3^2$$

④"更多"/"更少"按钮：隐藏或显示所有"快速计算"函数区域，即数字键、科学、单位转换、变量4个区域。也可以在按钮上单击鼠标右键，选择要隐藏或显示的各个函数区域。

⑤ 数字键区：提供可供用户输入算术表达式的数字和符号的标准计算器键盘。输入值和表达式后，单击等号（＝）将计算表达式的值。

⑥ 科学区域：如图4-34所示，计算通常与科学和工程应用相关的三角、对数、指数和其他表达式。

⑦ 单位转换区域：如图4-35所示，将测量单位从一种单位类型转换为另一种单位类型。单位转换区域只接受不带单位的小数值。

图4-34 "科学"区内容　　　　　图4-35 "单位转换"区内容

⑧ 变量区域：如图4-36所示，提供对预定义常量和函数的访问。可以使用变量区域定义并存储其他常量和函数。

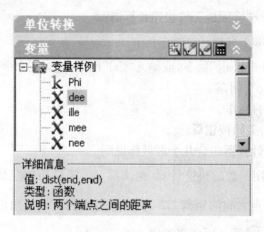

图4-36 "变量"区内容

习　题

4-1　熟练掌握书中的例题所述的操作步骤。

4-2　利用复制、删除和捕捉功能完成题图 4-1 所示的图形，尺寸自定，并以“L-4-2”为名存盘。

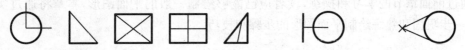

（中心点）（端点）（交点）（中点）（最近点）（中心点、垂足点）（节点、切点）

题图 4-1

4-3　打开文件“L-4-2”，运用“缩放”、“平移”等命令，熟悉显示控制命令的使用。

4-4　画出“实时缩放”、“窗口缩放”、“缩放上一个”、“实时平移”的图标。

4-5　已知线段的长度，如何快速地水平及竖直绘制该线段？如何按指定角度快速地绘制线段？

4-6　利用绘图自动控制中的哪个命令能画一条不到图形上的直线，而该直线的延长线过图形中的某个点？

4-7　启动交点、端点捕捉模式，然后绘制如题图 4-2 所示的图形。

30
20

题图 4-2

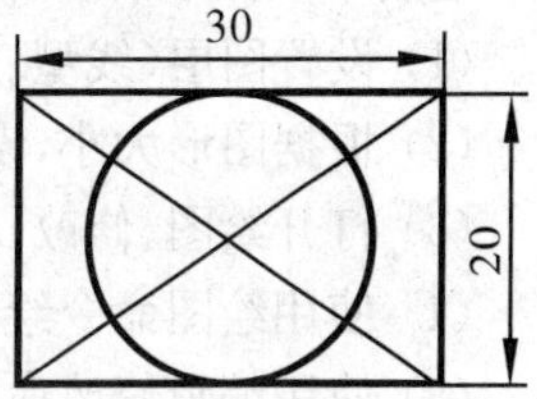

4-8　按 1∶1 绘制题图 4-3 所示图形，并计算六边形、阴影部分的面积、周长，计算大圆弧的周长。

4-9　按 1∶1 绘制题图 4-4 所示图形，并计算小圆的面积、周长。

45

题图 4-3

50

题图 4-4

4-10　按 1∶1 绘制题图 4-5 所示图形，并计算两小圆的面积、周长。

Φ30
40°

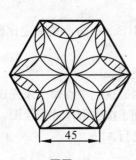

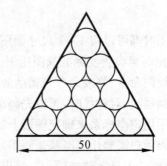

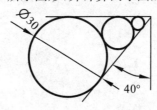

题图 4-5

第五章　用 AutoCAD 2009 绘制平面图形

通过前面章节的学习和操练，读者应已能够绘制一般的平面图形，本章将通过实例操作，进一步巩固和熟练绘制平面图形的步骤和技巧。

第一节　绘制平面图形的步骤

绘制平面图形的步骤如下：
(1) 设置图层（线型、颜色、线宽）。
(2) 根据图形大小，设置绘图区域，即图幅大小。
(3) 打开绘图、修改、捕捉工具栏。
(4) 使用绘图命令绘图。
(5) 使用编辑修改命令修改，完成平面图形。

第二节　绘制平面图形的技巧

(1) 绘图时都可以按 1∶1 尺寸画图，然后利用比例（Scale）命令按一定比例进行缩放，或在打印输出时再设置实际的画图比例。
(2) 将绘图命令、修改命令与辅助命令结合在一起使用。
(3) 绘制轴线、对称线时，可以先画出图形，然后利用捕捉到中点命令来完成。
(4) 利用用户坐标系来确定图形上的坐标原点，有利于按图形尺寸来绘图。
(5) 如果用户需要用黑屏幕来画图，可按如下操作进行。
① 菜单栏："工具"→"选项…"，弹出"选项"对话框。

② 单击"显示"选项，弹出"显示"对话框，如图 5-1 所示。

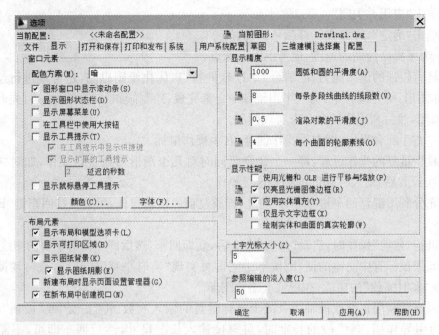

图 5-1 "显示"对话框

③ 单击"颜色"，弹出"图形窗口颜色"对话框，如图 5-2 所示。

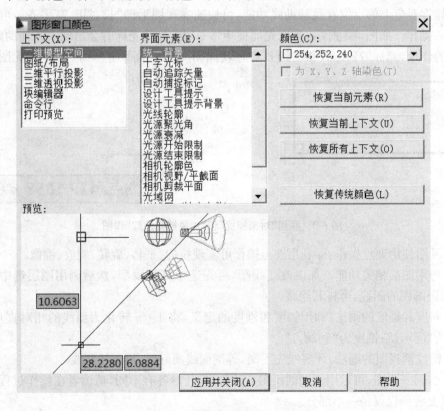

图 5-2 "图形窗口颜色"对话框

101

④ 单击"颜色"右边的下拉列表或箭头,从下拉列表中选"黑色"。
⑤ 单击"应用并关闭"。
⑥ 单击"确定",即完成屏幕颜色的设置。

(6) 为了提高绘图的速度,应考虑以下几点:

① 具有较强的读图能力,能结合 CAD 软件特点,优化绘图思路,超常规进行绘图。如绘制对称图形,可先画一半,另一半用镜像命令来完成;绘制倾斜结构的画法,可先利用正交命令来画图,然后利用旋转命令来实现倾斜。

② 左右手配合操作:即左手操作键盘,右手操作鼠标。

③ 减少重复的操作过程:即一个命令要同时对几个图形对象进行操作,如对"倒角"的操作,一次设置后,对尺寸相同的倒角连续操作。

④ 充分利用键盘回车键"Enter"功能:即重复前一次的操作,可直接按回车键"Enter"来启动命令。

⑤ 进行"修剪"操作时,启动"修剪"命令后,立即回车,然后即可修剪不要的图线。

⑥ 如果鼠标有中间键的话,则按下中间键可实现"实时平移"的功能,或转动鼠标中间键可实现"实时缩放"的功能,在视觉上缩放图形。

⑦ 画直线利用正交或极轴命令减少坐标键盘的输入次数:将"正交"或"极轴"打开,通过光标的引导作用,画线段的长度时,可直接输入长度尺寸,然后回车即可,不需输入坐标值。

⑧ 对象捕捉与对象追踪命令的联合使用:同时打开"对象捕捉"和"对象捕捉追踪",通过利用捕捉对象上的点位置及辅助线功能,可快速实现图形的"长对正、高平齐",可减少删除图线的操作。如图 5-3 所示,光标先捕捉矩形 A 点,移动光标时会出现一条辅助虚线,起到导航的作用,光标沿辅助线移动到 B 点,然后单击,实现"高平齐",而 AB 之间无图线。

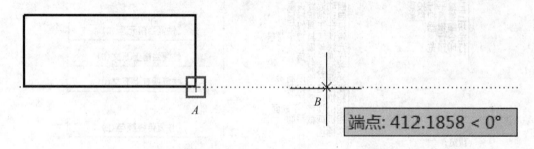

图 5-3　利用"对象捕捉"和"对象捕捉追踪"作图

⑨ 灵活使用夹点操作:即利用夹点操作可实现拉伸、平移、旋转、缩放、镜像。

⑩ 巧用图层相关功能。如要改变线型,可先选中某种线型,然后调用图层选中相应的线型;妨碍画图的图线,可将其隐藏。

⑪ 斜度和锥度的画法:利用斜度和锥度的定义,将 $1:n$ 转化为斜线的相对直角坐标,即斜度为"@n,1";锥度为"@$2n$,1"。

⑫ 螺纹剖视图的画法:牙底线先不画,等剖面线画好后,再画牙底线。

总之,同一张图,可以用不同的绘图方法画出,巧妙各有不同,请读者在操作过程中自己体会,以上所列仅仅是一小部分。

第三节　绘制平面图形举例

【例 5-1】　绘制平面图形,如图 5-4 所示。图线要求:
层名:粗实线;颜色:黑色;线宽:0.6;线型:连续线。
层名:细点画线;颜色:红色;线宽:0.3;线型:中心线。
操作步骤:
(1) 设置绘图区域。

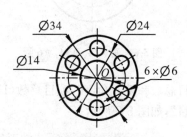

图 5-4　平面图形

① 在"创建新图形"对话框中选择"缺省设置"按钮,单位选择"公制",然后单击"确定"按钮。
② 菜单栏:"格式"→"图形界限"。
③ 回车。
④ 键入"50,50",回车。将界限设置为"50×50",即稍大于实际绘图区域 $\phi 34$。
⑤ 单击状态栏"栅格",显示绘图界限。
⑥ 菜单栏:"视图"→"缩放"→"全部"。
⑦ 单击状态栏"线宽",显示线型相对宽度。
(2) 设置图层。
步骤请参考第一章第四节:
层名:粗实线;颜色:黑色;线宽:0.6;线型:连续线。
层名:细点画线;颜色:红色;线宽:0.3;线型:中心线。线型比例为 0.6。
(3) 打开绘图、修改、捕捉工具栏。
步骤请参考第一章第一节。

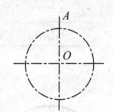

图 5-5　画中心线及 $\phi 24$ 圆

(4) 当前层置为"细点画线",绘制中心线及 $\phi 24$ 的圆,如图 5-5 所示。
① 单击"直线"命令图标 ；
② 键入"5,25",回车;
③ 键入"45,25",回车;
④ 回车;
⑤ 回车(重新启动直线命令);
⑥ 键入"25,5",回车;
⑦ 键入"25,45",回车;
⑧ 单击"圆"命令图标 ，同时捕捉中心线交点 O,单击;
⑨ 键入半径"12",回车,如图 5-5 所示。
(5) 当前层置为:粗实线,绘制 $\phi 14$, $\phi 34$, $\phi 6$ 圆,如图 5-6 所示。
① 单击"圆"命令图标 ，同时捕捉中心线交点 O,单击;

103

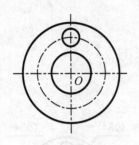

② 键入半径"7",回车;
③ 回车,捕捉交点 O,单击;
④ 键入半径"17",回车;
⑤ 回车,捕捉交点 A,单击;
⑥ 键入半径"3",回车,如图 5-6 所示。

图 5-6　画 $\phi14, \phi34, \phi6$ 圆

(6) 利用"阵列"复制 6 个 $\phi6$ 圆。

① 单击"阵列"命令图标,弹出"阵列"对话框;
② 设置对话框:选中"环形阵列",方法(M)中选"项目总数和填充角度",项目总数(I)中填"6",项目间角度(B)中填"360",选中"复制时旋转项目",如图 5-7 所示。

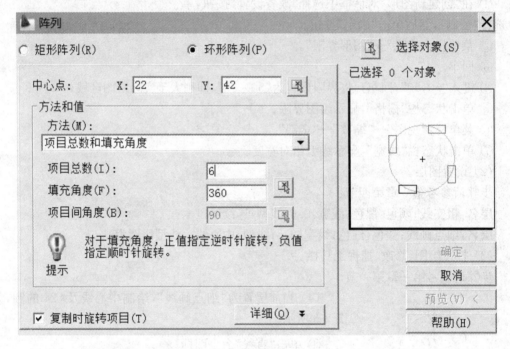

图 5-7　设置"阵列"对话框

③ 单击"中心点"右边的按钮,对话框消失;
④ 光标捕捉 O 点,单击,对话框重现;
⑤ 单击"选择对象"左边的按钮,对话框消失;
⑥ 单击 $\phi6$ 圆周及其一条中心线;
⑦ 回车,对话框重现;
⑧ 单击"确定",即完成阵列复制;
⑨ 依次单击 3 个 $\phi6$ 圆的中心线;
⑩ 单击"删除"图标,如图 5-8 所示;
⑪ 单击"打断"图标;

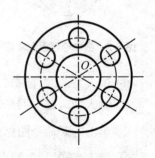

图 5-8　复制 6 个 $\phi6$ 圆

⑫ 在 6 个 ϕ6 圆之间的中心线适当位置单击两次,使中心线中间断开,需重复 3 次如图 5-4 所示。

【例 5-2】 绘制三视图,如图 5-9 所示。图线要求如下:
层名:粗实线;颜色:黑色;线宽:0.6;线型:连续线。
层名:细点画线;颜色:红色;线宽:0.3;线型:中心线。
层名:虚线;颜色:蓝色;线宽:0.3;线型:虚线。

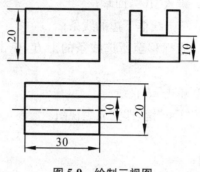

图 5-9　绘制三视图

操作步骤:
(1) 设置绘图区域。

在"创建新图形"对话框中,选择"缺省设置"按钮,单位选择"公制",然后单击"确定"按钮。本题将利用"缺省绘图区域(0,0),(420,297)来绘图。

(2) 设置图层。

步骤请参考第一章第四节:
层名:粗实线;颜色:黑色;线宽:0.6;线型:连续线。
层名:细点画线;颜色:红色;线宽:0.3;线型:中心线。
层名:虚线;颜色:蓝色;线宽:0.3;线型:虚线,线型比例为 0.6。

(3) 打开绘图、修改、捕捉工具栏。

步骤请参考第一章第一节。

(4) 画主视图。

① 设置当前层为:粗实线;
② 单击绘图工具栏"矩形"图标 ▭;
③ 光标移至适当位置单击,确定第 1 角点;
④ 键入"@30,20",回车,确定第 2 角点,得到矩形线框,如图 5-10 所示;
⑤ 单击标准标准栏"窗口缩放"按钮;
⑥ 用"窗选"方式选中矩形线框,图形即被放大,如图 5-11 所示;

图 5-10　主视图之一　　　图 5-11　用"窗口缩放"放大图形

⑦ 单击修改工具栏"分解"图标；

⑧ 单击矩形线框；

⑨ 回车，线框即被分解为独立的 4 条线；

⑩ 利用"偏移"命令画"虚线"：

a. 单击修改工具栏"偏移"图标；

b. 键入"10"，回车；

c. 单击线框下边的线条；

d. 光标移至所选线条的上方，单击，即得 ab 直线，如图 5-12 所示；

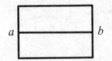

图 5-12　"偏移"得 ab

⑪ 单击 ab 直线；

⑫ 设置当前层为：虚线，按"Esc"键，即完成主视图。

(5) 画俯视图。

① 设置当前图层：粗实线；

② 单击绘图工具栏"直线"图标；

③ 打开"正交"；

④ 光标捕捉主视图右下角 c，单击；

⑤ 光标下移适当位置，单击，画出直线 cd，如图 5-13 所示；

⑥ 单击绘图工具栏"矩形"图标；

⑦ 光标捕捉 d 点，单击；

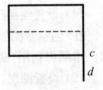

图 5-13　画直线 cd

⑧ 键入"@-30，-20"；

⑨ 回车，即得俯视图线框，如图 5-14 所示；

⑩ 绘制中心线；

a. 单击绘图工具栏"直线"图标；

b. 光标捕捉俯视图线框左边线条的中点，单击；

c. 光标向右移至适当位置，单击。

d. 回车；

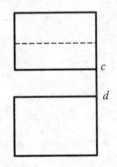

图 5-14　俯视图线框

e. 单击刚刚所画直线，并按住左边夹点向左拖放一小段；

f. 设置当前图层为：细点画线；

g. 按"Esc"键，即完成对称中心线，如图 5-15 所示。

⑪ 绘制宽度为 10 的槽。

a. 设置用户坐标系。

● 菜单栏："工具"→"新建"→"原点"；

● 光标捕捉 e 点，单击，得到新的坐标原点，如图 5-16 所示。

b. 单击绘图工具栏"矩形"图标(请注意图层的变化)。

c. 键入"0，-5"。

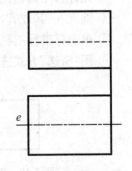

图 5-15　绘制中心线

d. 回车。
e. 键入"30,5"。
f. 回车,即完成俯视图,如图 5-17 所示。

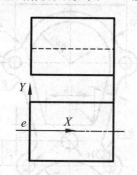

图 5-16 建立"用户"坐标系

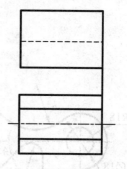

图 5-17 完成俯视图

(6) 绘制左视图。

绘制左视图可以参考俯视图画出 20×20 的线框及中心线,绘制主、左视图"高平齐"时,可将"对象捕捉"和"对象追踪"同时打开,利用辅助线来实现,可省去画俯视图所画的 cd 直线,然后利用"分解"、"偏移"、"修剪"、"擦除"命令完成全图,请读者画完。

习 题

5-1 绘制平面图形的步骤是什么?

5-2 打开文件"L-1-14",利用矩形命令 1∶1 绘制 A4(297 mm×210 mm)图纸,包括图框(277 mm×190 mm),图纸边用细实线,图框用粗实线,并以"L-5-2"为名存盘。

5-3 打开文件"L-5-2",根据题图 5-1 所示的尺寸,按 1∶1 绘制标题栏,并以"L-5-3"为名存盘。

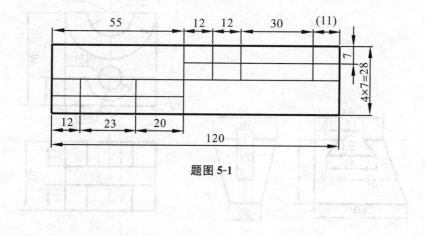

题图 5-1

5-4　打开文件"L-5-3",按 1∶1 绘制题图 5-2 所示的平面图形,并以"L-5-4"为名存盘。

5-5　打开文件"L-5-3",按 1∶2 绘制题图 5-3 所示的平面图形,并以"L-5-5"为名存盘。

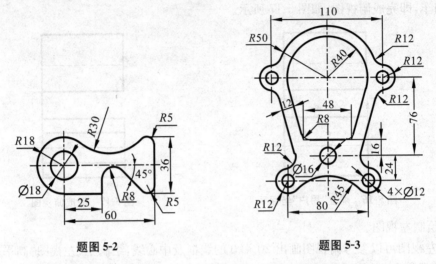

题图 5-2　　　　　　　　　　　　题图 5-3

5-6　打开文件"L-5-3",根据尺寸按 1∶1 绘制题图 5-4 所示的图形,并以"件 2"为名存盘。

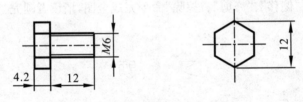

题图 5-4

5-7　打开文件"L-5-3",按标注尺寸 1∶1 抄画题图 5-5 所示主、左视图,并补画俯视图,并以"L-5-7"为名存盘。

5-8　打开文件"L-5-3",按标注尺寸 1∶1 抄画题图 5-6 所示主、俯视图,并补画左视图,并以"L-5-8"为名存盘。

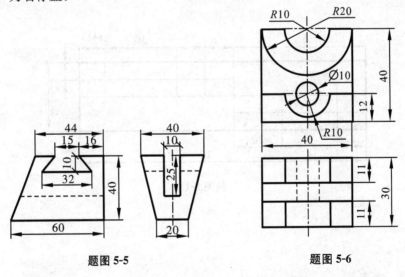

题图 5-5　　　　　　　　　　　　题图 5-6

5-9 打开文件"L-5-3",按标注尺寸1∶2抄画题图5-7所示复杂平面图形,并以"L-5-9"为名存盘。

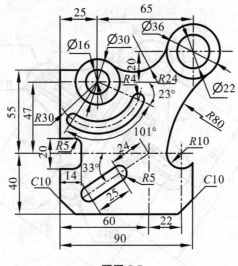

题图 **5-7**

5-10 打开文件"L-5-3",按标注尺寸1∶2抄画题图5-8所示复杂平面图形,并以"L-5-10"为名存盘。

5-11 打开文件"L-5-3",按标注尺寸1∶2抄画题图5-9所示复杂平面图形,并以"L-5-11"名存盘。提示:可先按水平位置画图,然后利用旋转命令。

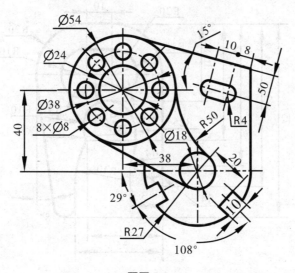

题图 **5-8**

5-12 打开文件"L-5-3",按标注尺寸 1∶1 抄画题图 5-10 所示复杂平面图形,并以"L-5-12"为名存盘。

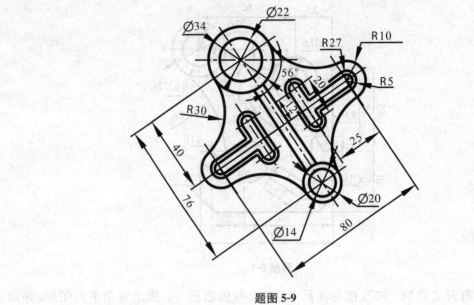

题图 5-9

5-13 熟练掌握书中的例题操作步骤,在操作过程中要认真体会有关操作技巧的应用,总结新的技巧。

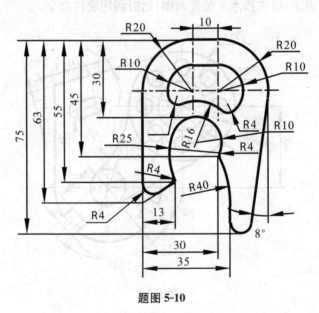

题图 5-10

第六章 用 AutoCAD 2009 标注文字

我们知道,一张完整的零件图有 4 个内容,即标题栏、一组图形、齐全的尺寸和必要的技术要求,技术要求的标注涉及文字、符号和代号等,如表面结构代号、形位公差符号等。如何利用 AutoCAD 来标注文字、尺寸、符号及代号？通过本章的学习和操作,我们将掌握标注和编辑文字的方法。

第一节 建立文字样式

一、建立文字样式操作步骤

在输入文字之前,首先要建立新的文字样式。文字样式是指文字的字体、大小等参数。
操作步骤：
(1) 启动"文字样式"对话框,如图 6-1 所示,方法有 3 种：

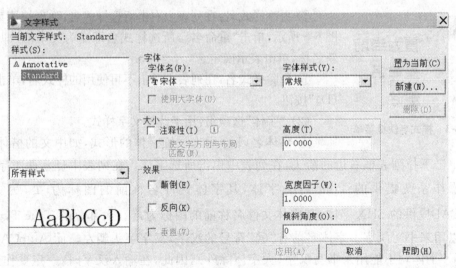

图 6-1 "文字样式"对话框

① 菜单栏："格式"→"文字样式"。

② 工具栏：单击样式工具栏文字样式图标 。

③ 命令行：键入"Style"，回车。
(2) 对"文字样式"对话框作相应的设置。
(3) 单击"应用"。此时，新建的文字样式将成为当前文字样式。
(4) 单击"关闭"。

二、"文字样式"对话框的设置

"文字样式"对话框各选项的含义及操作如下：

(1) "样式(S)"选项组：用于显示样式名、预览设置样式、置为当前、新建样式、更改样式名和删除样式等。

① 显示样式名：在列表中显示所有样式名或正在使用的样式名。

② 预览区：即显示用户对字体设置的效果。

③ 置为当前：将样式名设置为当前使用状态。在列表中单击所选样式名，单击"置为当前(C)"按钮。

④ 新建样式名：可单击"新建(N)"按钮，弹出"新建文字样式"对话框，如图6-2所示。在"样式名"一栏键入新文字样式的名称，然后单击"确定"。文字样式名称要便于使用。

图 6-2 "新建文字样式"对话框

图 6-3 样式名快捷菜单

⑤ 更改样式名：在列表中右击所选样式名，弹出快捷菜单，如图 6-3 所示，单击"重命名"，所选样式名即变为文本框，即可输入新名称，单击表示确定。

⑥ 删除样式名：在列表中单击不再使用的样式名，单击"删除(D)"按钮。

(2) "字体"选项组：用于改变文字样式。

① 字体名(F)：用来设置字体的形式，如中文的楷体、宋体等。单击下拉列表框右边的箭头，在列表中单击所选字体。在列表中显示两类字体：一类是操作系统提供的 True Type 字体，其字体文件名称前的图标为 ，另一类是 AutoCAD提供的 SHX 字体，其字体文件名称前的图标为 。大部分的 True Type 字体都可以用来书写汉字。字体名前有"@"符号的汉字，汉字字头朝左。而 AutoCAD 提供的 SHX 字体均不能用来书写汉字(大字体除外)，因此，在输入汉字时，一定要作适当的选择，否则将不能输入汉字，将会出现空白( )或"?"( )，这一点切切记住。另外，在输入"ø"等符号时，会出现方框"□"，这也与所选字体有关。

(2) 字体样式(Y)：仅对 True Type 字体有效，主要用于指定字体的字符格式。

(3) 使用大字体：供用户设置大字体字型。只有在"字体名(F)"中选择了". shx"字体时，AutoCAD才允许使用大字体。此时单击复选框☑，"字体样式(Y)"变成"大字体(B)"，"字体名(F)"变成"SHX字体(X)"，如图6-4所示。

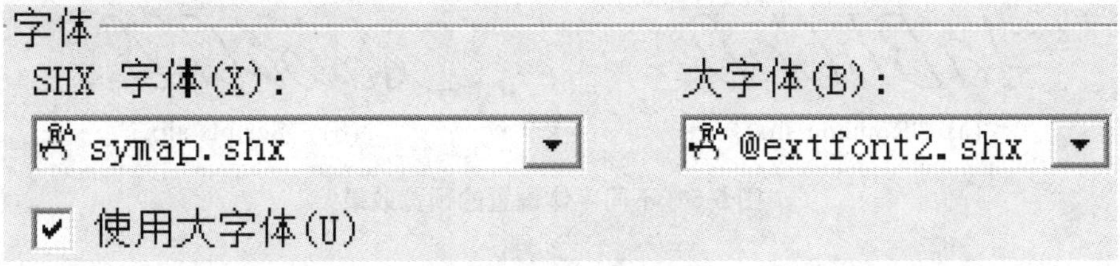

图 6-4 "使用大字体"设置

大字体通常是指亚洲文字字体，如中文、日文等。AutoCAD 2009中文版提供了符合中国国标的大字体工程汉字字体(gbcbig.shx)。

(3) "大小"选项组：用于改变文字的大小。

① 注释性(I)：将注释性对象定义为图纸高度，并在布局视口和模型空间中，按照由这些空间的注释比例设置确定的尺寸显示。一般不需设置。

② 高度(T)：用于设置字体的高度尺寸。单击文本框，键入数值。如果设置的高度为零，则每次使用时，在"在位文字编辑器"中可改变高度。

(4) "效果"选项组：用于设置文字的特征。系统默认的字体效果是：字头向上、从左到右水平书写。

① 颠倒(E)：即字头向下。单击复选框。

② 反向(K)：即从右到左书写。单击复选框。

③ 垂直(V)：即从上向下垂直书写。单击复选框。

④ 宽度因子(W)：即设置字符的宽度和高度之比。如机械制图中长仿宋体的宽度比例为0.707。单击文本框，键入数值。

⑤ 倾斜角度(O)：即设置字体与垂直线之间的倾斜角度，逆时针为负(向左倾斜)，顺时针为正(向右倾斜)。单击文本框，键入角度数值。

三、举例

【例6-1】 分别建立"A"、"B"两种新文字样式名，字体名称选择为"Romanc.shx"和"Scripts.shx"，宽度比例均为0.7，文字倾斜角均为30°，然后书写字符串"AaBbCcD"，对比两种文字样式的效果。

操作步骤：

(1) 建立"A"新文字样式：

① 启动"文字样式"对话框："格式"→"文字样式(S)…"。

② 单击"新建"，弹出"新建文字样式"对话框，键入"A"。

③ 在"字体名"中点击下拉列表右边的箭头▼，在列表中单击"Romanc.shx"。

④ 在效果选项中将宽度比例改为0.7，文字倾斜角度为30°，显示文字效果如图6-5(a)所示。

(2) 建立"B"新文字样式：

重复建立字型"A"的步骤,将"字体名称"选择为"Scripts.shx",显示文字效果如图 6-5(b)所示。

(a) "Romanc.shx"　　　　　　　　(b) "Scripts.shx"

图 6-5　不同字体设置的预览效果

第二节　输入文字

在 AutoCAD 中,文字的基本输入方法有两种,即单行文字和多行文字,单行文字每一行是独立的,在文本框中输入文字;而多行文字是利用"在位文字编辑器",在文本框中输入文字,所有的字是一个整体,这两种文字输入方法,各有特点,请读者自己比较。另外,还可以将其他文本文件输入或拖放到 AutoCAD 中。

一、单行文字

1. 功能

在指定的位置创建单行或多行文字,按"Enter"键结束每行。每行文字都是独立的对象,可以重新定位、调整格式或进行其他修改。

2. 操作步骤　　　　　　　　　　　　　　　　步骤说明:
(1) 单击图层,选择适当线型(一般为细实线)。
(2) 建立文字样式。
(3) 启动单行文字命令,方法有 3 种:　　　　　_Dtext
① 菜单栏:"绘图"→"文字"→"单行文字";　　当前文字样式:样式 2;当前文字高度:5.0

② 工具栏:单击文字工具栏单行文字图标 A;
③ 命令行:键入"Dtext"或"Text",回车。
(4) 光标停留在适当位置,单击,确定文字位置。　指定文字的起点或[对正(J)/样式(S)]:
(5) 键入高度数值,回车。　　　　　　　　　　指定高度<5.0>:
(6) 键入角度数值,回车。　　　　　　　　　　指定文字的旋转角度<0>:
(7) 在文字起点处出现文本框,光标其中闪烁。
(8) 确定文字输入法种类。在任务栏中,单击输入法图标 En,弹出一个菜单,在其中选择一种。输入汉字必须在中文输入法下进行,输入数字、标点符号和字母必须在英文输入法下进行,中、英快速切换的方法是:将"Ctrl"键与空格键同时按下。

(9) 键入文字,若回车,则另起一行输入文字。

(10) 回车。

(11) 光标在文本框外单击,或按"Esc"键,或同时按下"Ctrl"键与"Enter"键,结束命令。

说明:

(1) 命令行"指定文字的起点或[对正(J)/样式(S)]"含义:

① 指定文字的起点:将起点定于字符串基准线的左下角。常用此种定位方式输入文字。

② 对正(J):用于确定字符串位置的方式。选择该选项后,命令行继续提示,然后按提示选择一种方式。具体定位方式请读者操练一下。

③ 样式(S):用于改变当前文字样式。选择该选项后,按步骤说明操作。

(2) 指定文字的旋转角度:指字符串行与水平线的夹角,逆时针为正,顺时针为负。

(3) 在输入特殊字符:角度"°"、直径"φ"、正负号"±"时,AutoCAD 提供了相应的代码,在英文输入法下从键盘输入即可。代码"％％D"表示"°",代码"％％C"表示"φ",代码"％％P"表示"±"。在输入"％"时,需同时按下"Shift"键和上挡键。如"45°"的输入代码为"45％％D","10±0.02"的输入代码为"10％％P0.02","φ60"的输入代码为"％％C60"。

(4) 文字样式设置为中文时,有的 AutoCAD 版本不能输入"φ"。

(5) 采用不同的中文输入法,有时会出现不能输入标点符号或确定,此时进行中英文切换,即可解决此问题。

3. 举例

【例 6-2】 用单行文字命令书写字符串:机械制图。

要求:字高 20,旋转角度 15°,如图 6-6 所示。

操作步骤:

(1) 单击图层,选择线型:细实线。

(2) 建立文字样式并置为当前。文字样式名为:宋体。字体设置:宋体。

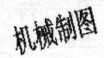

图 6-6　用单行文字命令书写

(3) 菜单栏:"绘图"→"文字"→"单行文字"。

(4) 光标在指定位置单击。

(5) 键入"20",回车。

(6) 键入"15",回车。

(7) 设置汉字输入法。

(8) 键入"机械制图"。

(9) 回车。

(10) 回车,结束命令。

二、多行文字

1. 功能

在一个虚拟的文本框内生成一段文字,用户可以定义文字边界,指定边界内文字的段落、宽度以及文字的对齐方式等。

"在位文字编辑器"包含虚拟的文本框、"文字格式"对话框和"选项"对话框。由于"在位文字编辑器"可以自带"文字格式"对话框,其功能远远比单行文字强大灵活。用 Mtext 创建的多行文字其总体高度取决于文字的总量,不是由屏幕上选择的边界框的相对角点的高度来确定的,文字的左右宽度可以由屏幕上选择的边界框的相对角点确定。

2. 操作步骤　　　　　　　　　　　　　　　步骤说明:

(1) 单击图层,选择适当线型(一般为细实线)。

(2) 设置文字样式。

(3) 启动"多行文字"命令,方法有3种:　　　_Mtext

① 菜单栏:"绘图"→"文字"→"多行文字";　　当前文字样式:"宋体";当前文字高度:7

② 工具栏:单击绘图或文字工具栏文字图标 **A**;

③ 命令行:键入"Mtext",回车。

(4) 光标变成 ╈abc,移到适当位置,单击。　　指定第1角点:

(5) 光标移到右上角适当位置,单击,　　　　指定对角点或[高度(H)/对正(J)/行即出现文本框,光标在其中闪烁。　　　　　　距(L)/旋转(R)/样式(S)/宽度(W)]:

(6) 弹出"文字格式"对话框,如图6-7所示,按要求进行设置。

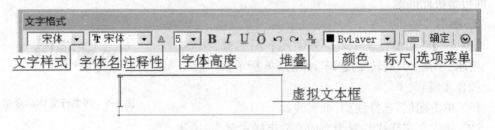

图6-7　"文字格式"对话框

(7) 设置文字输入方法,在中文输入法下输入汉字,在英文输入法下输入数字、标点符号和字母。

(8) 在虚拟文本框中输入文字。

(9) 回车,光标在文本框外单击,或单击"确定",或按"Ctrl+Enter"组合键,结束命令。

说明:

在第四步操作中,步骤说明"高度(H)/对正(J)/行距(L)/旋转(R)/样式(S)/宽度(W)"中的"高度(H)/对正(J)/旋转(R)/样式(S)/宽度(W)"设置都可以在"文字格式"对话框中完成。

行距(L):用来设置行与行之间的距离。

宽度(W):用来设置虚拟文本框的宽度。也可用标尺来完成。

3. "文字格式"对话框的设置

要显示"文字格式"对话框,其操作方法如下:光标移动到虚拟文本框内,单击右键,弹出快捷菜单,如图6-8所示,光标移到"编辑器设置",在级联式菜单中单击"显示工具栏",即可显示"文字格式"对话框。

"文字格式"对话框中有"文字样式"等 15 个内容,其含义及操作如下:

(1) 文字样式 [样式 1]:用于选择文字样式名。单击下拉列表右边的箭头,从列表中单击所选文字样式名。

(2) 字体名称 [T 宋体]:用于选择字体名称。单击下拉列表右边的箭头,从列表中单击所选字体名称。

(3) 文字高度 [5]:用于设置文字高度。操作同"字体名称",或者光标移至文本框,单击,键入数值。

(4) 注释性:用于设置图纸单位与图形单位的比例,使用户可以自动完成注释缩放过程。单击:。

(5) 粗体 B:用于设置文字书写是否采用粗体(黑体)格式,SHX 字体无效。单击:B。

(6) 斜体 I:用于设置文字是否采用斜体格式,SHX 字体无效。单击:I。

(7) 下划线 U:用于设置文字书写是否需要下划线。单击:U。

(8) 上划线 O:用于设置文字书写是否需要上划线。单击:O。

(9) 撤销:撤销上一次的操作。单击:。

(10) 重做:恢复上一次的操作。单击:。

图 6-8 文本框快捷菜单

(11) 堆叠:用于将两部分文字以上下放置的形式堆叠在一起,如 $\frac{H7}{f6}$。先在需要堆叠的两部分文字之间输入斜杠"/"或插入符"∧"或井号"♯"符号隔开,再选中两部分堆叠的文字,再单击"堆叠"图标。

采用斜杠"/"隔开文字,堆叠后两部分文字中间有水平线分隔,如图 6-9(a)所示。

采用插入符"∧"隔开文字,堆叠后两部分文字中间无水平线,可用来标注公差,如图 6-8(b)所示。

采用井号"♯"隔开文字,堆叠后两部分文字中间有斜线分隔,如图 6-9(c)所示。

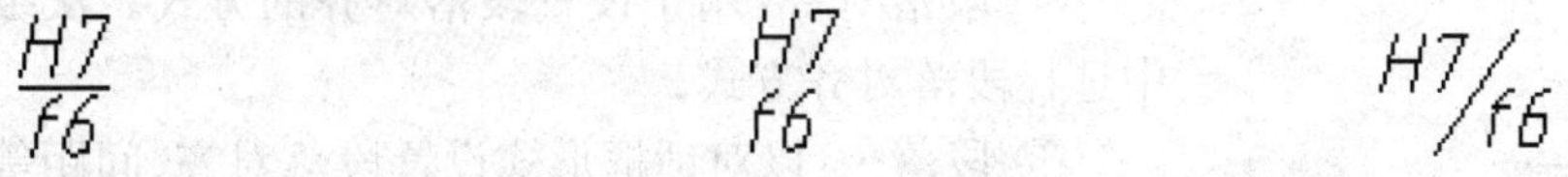

(a) "/" 效果   (b) "∧" 效果   (c) "♯" 效果

图 6-9 堆叠"/"、"∧"、"♯"的效果

通过堆叠文字的方法也可创建文字的上标或下标,输入方式为"上标∧"、"∧下标"。例如,输入"53∧",选中"3∧",单击 按钮,结果为"5³"。

117

(12) 字体颜色 ■:▼:用于设置字体颜色。操作同"字体名称"。

(13) 标尺 ▭:用于设置在文本框顶部带一个标尺的边框,具有首行缩进、段落缩进和设置文本框宽度、高度等功能,如图 6-10 所示,要对每个段落的首行缩进,拖动标尺上的第一行缩进滑块。要对每个段落的其他行缩进,拖动段落滑块。单击:▭ 。光标单击 ◁▷ 并按住左键,鼠标左右或上下移动可调节文本的宽度或高度。

图 6-10 标尺内容

(14) 确定 确定:在文本框中输入文字结束后,用于保存修改并退出编辑器。单击:确定 。

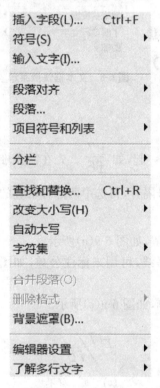

图 6-11 "选项"菜单

(15) 选项菜单 ▼:使"在位文字编辑器"具有更多的功能,比使用文本框快捷菜单来得方便。单击选项,弹出选项菜单,如图 6-11 所示。选项菜单的内容都在文本框的快捷菜单中。选项菜单各项内容主要介绍如下:

① 插入字段(L)…:在多行文字中插入字段。字段是设置为显示可能会修改的数据文字。字段更新时,将显示最新的字段值。

② 符号:与 @ 相同,具体内容在下面介绍。

③ 输入文字(I)…:用于将其他纯文本文件或 RTE 格式的文件输入到文本框中,使文件中的文字内容按"多行文字"指定的虚拟文本框规格排列,并方便用户进行修改。单击"输入文字(I)…",弹出"选择文件"对话框,选择要输入的文本文件后,可以替换选定的文字或全部文字,或在文字边界内将插入的文字附加到选定的文字中。输入文字的文件必须小于32 kB。

④ 段落对齐:用于设置段落对齐的方式。从级联式菜单中选择段落对齐方式。

⑤ 段落…:以对话框形式设置段落对齐、间距等内容。单击"段落…",弹出对话框。

⑥ 项目符号和列表:用于创建列表的选项。从级联式菜单中选择项目符号和列表的形式。

⑦ 分栏:用于设置文本的栏数。从级联式菜单中选择分栏情况。

⑧ 查找和替换…：用于查找用户指定的字符串，并且用新的文字替换查找到的字符串。单击"查找和替换…"，弹出"查找和替换"对话框，如图 6-12 所示。在对话框中，被替换的字符串输入"查找内容(N)"文本框中，替换的字符串输入"替换为(P)"文本框中，然后单击"全部替换(A)"，即完成替换的操作。区分大小写：表示按区分字母大小写来进行替换。全字匹配：用于查找和替换一个词，条件是被查找的字之间必须留有空格，否则无效。

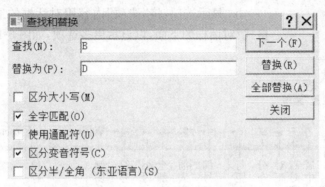

图 6-12 "查找和替换"对话框

⑨ 改变大小写(H)：用来改变文本框内选定文字的大小写。选中字母，光标移到"改变大小写(H)"，显示"大写"和"小写"菜单，光标移到"大写"或"小写"菜单上单击。

⑩ 自动大写：将所有新建文字和输入的文字转换为大写，实现键盘上"Caps Lock"大写的功能。自动大写不影响已有的文字。

⑪ 字符集：显示代码页菜单。选择一个代码页并将其应用到选定的文字。

⑫ 合并段落：将选定的段落合并为一段并用空格替换每段的回车。

⑬ 删除格式：将选定文字的字符属性重置为当前文字样式，并将颜色重置为多行文字对象的颜色。

⑭ 背景遮罩(B)…：用于设置文本的背景色，表格单元不能使用此选项。单击"背景遮罩…"，弹出"背景遮罩"对话框，如图 6-13 所示。在对话框中，选中"使用背景遮罩(M)"复选框，在"填充颜色(C)"区中单击右下角的箭头，从列表中选择一种颜色，如选中"使用图形背景颜色(B)"复选框，则列表不能使用，单击"确定"，背景效果如图 6-14 所示。

图 6-13 背景遮罩

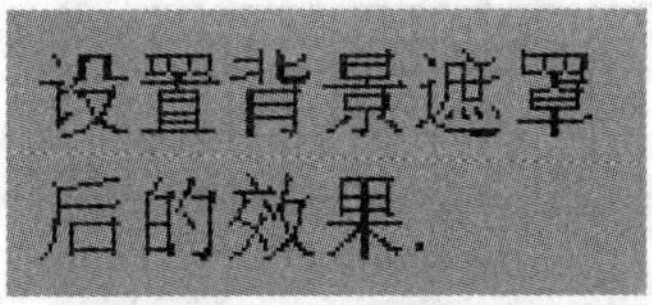

图 6-14 "背景遮罩"效果

⑮ 了解多行文字：用来学习多行文字有关内容的操作。选项菜单中各项的操作，都能在这一选项中学到。

⑯ 编辑器设置：用于设置是否显示文字格式、选项、标尺等内容，光标移到"编辑器设置"弹出级联式菜单，如图 6-15 所示。

    a. 显示工具栏：用来显示"文字格式"对话框。

    b. 显示选项：将"选项"内容用对话框的形式紧贴在"文字格式"对话框的下面，以显示更多选项，如图 6-16 所示。

图 6-15 "编辑器设置"菜单

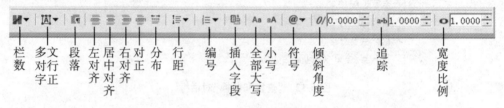

图 6-16 "显示选项"内容

"显示选项"大部分内容与 Word 操作相同，"倾斜角度"与"宽度比例"设置与"文字样式（S）"相同，这里主要介绍"符号"的操作。

符号 @：用于在文本中插入各种符号。单击：@，弹出符号菜单，如图 6-17 所示，在符号菜单中单击所需的符号，即可将符号插入到文本中的光标处。

如果在符号菜单中没有所要的符号，则单击"其他(O)…"，将弹出"字符映射表"，如图 6-18 所示。

度数(D)	%%d
正/负(P)	%%p
直径(I)	%%c
约等于	\U+2248
角度	\U+2220
边界线	\U+E100
中心线	\U+2104
差值	\U+0394
电相角	\U+0278
流线	\U+E101
恒等于	\U+2261
初始长度	\U+E200
界碑线	\U+E102
不相等	\U+2260
欧姆	\U+2126
欧米加	\U+03A9
地界线	\U+214A
下标 2	\U+2082
平方	\U+00B2
立方	\U+00B3
不间断空格(S)	Ctrl+Shift+Space
其他(O)...	

图 6-17 符号菜单

图 6-18 字符映射表

字符映射表的操作如下：

- 单击“字体(F)”右边的箭头，从列表中选择一种字体名称。
- 单击字符映射表中的某个字符。
- 单击“选定(S)”按钮，被选定的字符进入到“复制字符(A)”右边的文本框中。
- 单击“复制(C)”按钮。
- 光标回到“文本框”中，启动粘贴命令，即可将所选字符插入到光标处。

c. 显示标尺：在文本框顶部显示带一个标尺的边框，如图 6-10所示。

d. 不透明背景：默认情况下，文本框是透明的，当选择该项后，文本框变为灰色，不透明，如图 6-19 所示(表格单元不能使用此选项)。

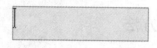

图 6-19　不透明背景

4. 举例

【例 6-3】 用多行文字命令按要求书写以下字符串：

技术要求：

1. 倒角 45°；

2. 配合尺寸ϕ25 $\frac{H8}{F7}$。

要求：文字水平，宋体，字高 10，虚拟文本框宽度为 150，“倒角”下面加下划线。

操作步骤：

(1) 设置“文字样式”，单击“文字样式”图标，在文字样式对话框中设置：样式名、文字水平、宋体，并置为当前样式。

(2) 工具栏：单击绘图工具栏文字图标。

(3) 光标移到适当位置，单击。

(4) 光标移到右上角适当位置，单击。

(5) 对“在位文字编辑器”，按要求进行设置：

字高设置为 10；光标移到标尺的右边，单击并按住左键移动，将宽度调整为 150。

(6) 设置文字输入方法：拼音输入法。

(7) 在文本框中输入文字。输入直径时将字体名称改为：Txt；使用：特殊字符(%%C)、堆叠($\frac{a}{b}$)及下划线(U)。

(8) 单击“文字格式”中的“确定”，即完成文字输入，如图 6-20 所示。

技术要求：

1. 倒角45°；

2. 配合尺寸ϕ25$\frac{H8}{F7}$。

图 6-20　用多行文字命令书写

第三节 编辑文字

一、编辑文字的功能

编辑文字的功能是对文字或文字特性进行更改或删除等编辑。

二、常用编辑文字的方法

编辑文字的方法有多种,常用的编辑操作方法有 3 种。

（一）利用"文字编辑"命令

操作步骤如下：
(1) 选取被编辑的文字：单选或窗选。
(2) 启动文字编辑命令,方法有 3 种：
① 菜单栏："修改"→"对象"→"文字"→"编辑(E)…"；
② 工具栏：单击文字工具栏文字编辑图标 A̲/ ；
③ 命令行：键入"Ed"(Ddedit 的缩写),回车。
如果是单行文字,则弹出如图 6-21 所示的文本框,利用文本框对文字进行修改。如果是多行文字,则出现如图 6-22 所示的在位文字编辑器。

图 6-21　单行文字文本框

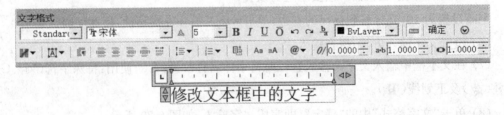

图 6-22　"在位文字编辑器"对话框

(3) 对图 6-21 或图 6-22 按要求作相应编辑。
(4) 光标在文本框外单击或单击按钮"确定"。
(5) 按"Esc"键,即完成编辑。

（二）利用"特性"命令修改文字

操作步骤如下：

（1）选取被编辑的文字：单选或窗选。

（2）启动"特性"命令，弹出如图 6-23 所示的"特性"对话框，方法有 3 种：

① 菜单栏："修改"→"特性"；

② 工具栏：单击标准工具栏特性图标 ；

③ 命令行：键入"Properties"，回车。

（3）单击文字中的"内容"。

（4）单击"内容"右边的按钮 ，弹出编辑文本框，如图 6-21 或图 6-22 所示。

图 6-23　"特性"对话框

（5）利用编辑文本框修改文字。

（6）光标在文本框外单击或单击按钮"确定"，文本框消失。

（7）按"Esc"键，即完成编辑

（三）利用鼠标左右键的操作

操作步骤如下：

（1）选取被编辑的文字：单选或窗选。

（2）光标停留在夹点内，单击鼠标右键，弹出快捷菜单，如图 6-24（单行文字）或图 6-25（多行文字）所示。

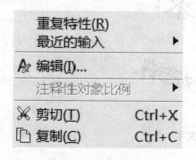

图 6-24　单行文字快捷菜单

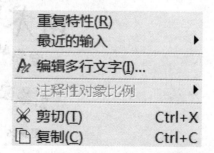

图 6-25　多行文字快捷菜单

(3) 单击"编辑(I)…"或"编辑多行文字(I)…",弹出编辑文本框,如图 6-21 或图 6-22 所示。

(4) 利用编辑文本框修改文字。

(5) 光标在文本框外单击,即完成编辑。

利用单行或多行文字快捷菜单中的"重复编辑多行文字…(R)"或"最近的输入"也可对文字进行修改。

另外,可以用夹点移动或旋转文字对象。

三、举例

【例 6-4】 将例 6-3 中的文字进行修改,要求如下:(1)"技术要求"字高改为 20;(2)去掉下划线;(3)"配合"改为"装配";(4) 文字行旋转 15°,虚拟文本框宽度减小 20。

操作步骤:

(1) 窗选图 6-20 中的文字,出现 4 个夹点。

(2) 利用"旋转"命令将文字旋转 15°。

(3) 单击文字工具栏编辑图标 ,弹出"在位文字编辑器"对话框。

(4) 光标移到标尺右边的调节宽度按钮上 ,出现符号↔,按住左键将宽度拖到 130。

(5) 在文本框中,选中"技术要求"后,将字高改为 20,选中"倒角",单击 。

(6) 单击文字格式中"选项"按钮,从弹出的菜单中选中"查找和替换…",弹出对话框。在"查找内容"中输入"配合",在"替换为"中输入"装配",单击"全部替换"按钮,弹出一个"AutoCAD"框,单击"确定",单击"取消"。

(7) 单击"确定"。

(8) 按"Esc"键,即完成修改,如图 6-26 所示。

利用 AtuoCAD 所输入的文字是一个整体,我们称为"块",可作为一个对象来处理,此时可对文字进行复制、移动、旋转、分解等编辑处理。

【例 6-5】 将例 6-4 中的字体作适当移动。

操作步骤:

(1) 选中图 6-26 中的文字:窗选。

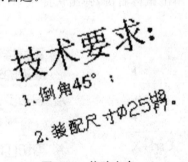

图 6-26 修改文字

(2) 单击修改工具栏移动图标 。

(3) 光标在任意位置单击。

(4) 将字体拖放到指定位置,单击。

请读者思考,还可以怎样操作也能实现上述要求。

习 题

6-1 启动文字样式对话框的方法有哪些?

6-2 输入文字的方式有哪 2 种?

6-3 编辑文字的操作有哪 3 种?

6-4 打开文件"L-5-3",建立当前字样为"HZ",字体为"宋体",宽度比例因子为 0.7,按题图 6-1 所示输入文字,并以"L-6-4"为名存盘(注:校名字高为 7,其余字高为 5)。

零件名称		比例	数量	材 料	图号
制图	(姓名)	月 日		技 师 学 院	
审核	(姓名)	月 日			

题图 6-1

6-5 熟练掌握书中有关文字输入的例题所述的操作步骤。

6-6 在文字样式中,宽度比例因子起何作用?

6-7 如何创建分数、公差及上(下)标形式的文字?

6-8 如何修改文字内容及文字属性?

第七章 用 AutoCAD 2009 标注尺寸

一个典型的 AutoCAD 尺寸标注通常由尺寸界线、尺寸线和尺寸数字等要素组成。通常，有些尺寸标注还有旁引线、中心线和中心标记等要素，这些要素在 AutoCAD 中一般作为一个整体进行处理。本章主要介绍尺寸要素的设置、标注及其编辑的方法。

第一节 设置尺寸标注样式

一、设置尺寸标注样式

1. 功能

设置尺寸要素的样式。在尺寸标注之前，首先要设置新的尺寸标注样式。

2. 操作步骤

(1) 启动"标注样式管理器"对话框，如图 7-1 所示，方法有 3 种：

① 菜单栏："格式"→"标注样式…"；

② 工具栏：单击标注或样式工具栏标注样式图标 ；

③ 命令行：键入"D"或"Ddim"，回车。

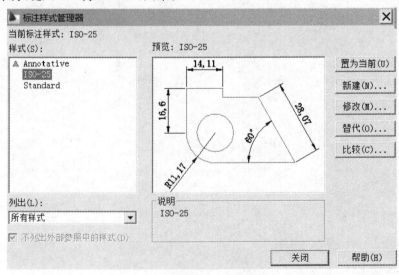

图 7-1 "标注样式管理器"对话框

(2) 单击"新建",弹出"创建新标注样式"对话框,如图 7-2 所示。

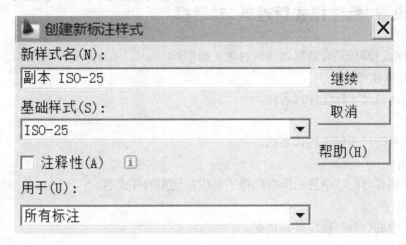

图 7-2 "创建新标注样式"对话框

(3) 在"创建新标注样式"对话框中输入新文字样式名,并单击"继续","创建新标注样式"对话框自动消失,弹出"新建标注样式"对话框,如图 7-3 所示。此时,新建的标注样式名将成为当前标注样式名。

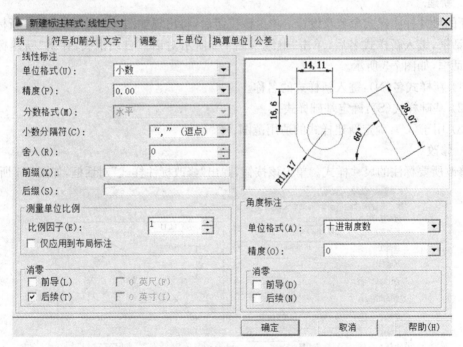

图 7-3 "新建标注样式"对话框

(4) 在"新建标注样式"对话框中,对各选项按要求进行设置。
(5) 单击"新建标注样式"对话框中的"确定"。
(6) 单击"标注样式管理器"对话框中的"关闭"。
至此,尺寸要素样式设置结束。

二、设置"标注样式管理器"对话框

"标注样式管理器"对话框各选项的含义如下：

1. 当前标注样式

显示当前的尺寸标注样式名称。

2. 样式

显示已有的尺寸标注样式名称。

3. 列出

用于控制在"样式"中显示所有的样式名或在使用的样式名。

4. 预览

显示选中的（当前）标注样式情况。

5. 说明

显示所选尺寸标注样式的简短说明。

6. 置为当前

将所选尺寸标注样式设置为当前尺寸标注样式。

7. 新建

新的尺寸标注样式命名及设置。单击该按钮后，将出现如图 7-2 所示的"创建新标注样式"对话框，键入新样式名后，单击"继续"，图 7-2 所示对话框自动消失，弹出"新建标注样式"对话框，如图 7-3 所示。

（1）新样式名(N)：键入新样式的名称。

（2）基础样式(S)：确定基础样式。

（3）用于(U)：确定新建样式的适用范围。

8. 修改

修改所要标注的尺寸样式。单击该按钮，弹出"修改标注样式"对话框，如图 7-4 所示。

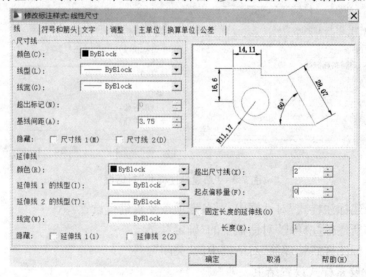

图 7-4 "修改标注样式"对话框

9. 替代

用一种标注样式代替另一种标注样式。单击该按钮,将弹出"替代当前样式"对话框,如图 7-5 所示。

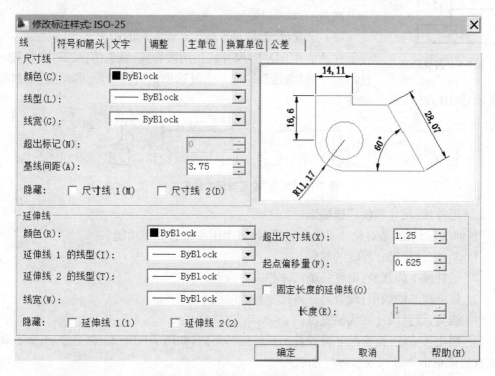

图 7-5 "替代当前样式"对话框

10. 比较

比较尺寸样式。

三、设置"新建标注样式"对话框

"新建标注样式"对话框中有"线"(为缺省项)、"符号和箭头"、"文字"、"调整"、"主单位"、"换算单位"、"公差"等 7 个选项卡,它们的功能如下:

(一)"线"选项卡

"线"选项卡,如图 7-3 所示,主要有"尺寸线"和"延伸线(尺寸界线)"两组选项。

1. "尺寸线"选项组

"尺寸线"选项组是对尺寸线的设置,该项主要有 6 个功能:

(1) 颜色:设置尺寸线的颜色。单击下拉列表右边的箭头▼,在下拉列表中选取一种。

(2) 线型:设置尺寸线的线型。单击下拉列表右边的箭头▼,在下拉列表中选取一种。

(3) 线宽:设置尺寸线的宽度。单击下拉列表右边的箭头▼,在下拉列表中选取一种。

(4) 超出标记:设置尺寸线伸出尺寸界线的距离。通常设置为 0,即尺寸线指到尺寸界线。

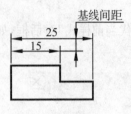

图 7-6　基线间距

(5) 基线间距:设置各尺寸线之间的距离,如图 7-6 所示。缺省值的间距为 3.75。当采用"基线标注"方式标注并联的尺寸时,需要对间距作适当调整,有利于书写尺寸数字。键入适当数值或单击 ▬(减数)、▬(加数)。

(6) 隐藏:设置是否省略尺寸线左右的箭头。

在 AutoCAD 中,尺寸线由两段合成,缺省值:<开>时,显示完整的尺寸线(含箭头),当单击复选框出现符号☑,即<关>时,箭头不显示,如图 7-7 所示。

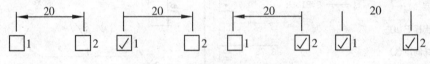

图 7-7　"隐藏"设置与尺寸线的关系

2. "延伸线(尺寸界线)"选项组

"延伸线"选项组是对尺寸界线的设置,该选项组主要有 8 个功能。

(1) 颜色:设置尺寸界线的颜色。

(2) 延伸线 1 的线型:设置一条尺寸界线的线型。

(3) 延伸线 2 的线型:设置另一条尺寸界线的线型。

(4) 线宽:设置尺寸界线的宽度。

(5) 超出尺寸线:设置尺寸界线伸出尺寸线的距离,如图 7-8 所示。缺省值:1.25。键入适当数值或单击 ▬(减数)、▬(加数)。

(6) 起点偏移量:设置尺寸界线的实际起始点相对于其定义点的距离,如图 7-9 所示。缺省值:0.625,通常应设置为:0。键入适当数值或单击 ▬(减数)、▬(加数)。

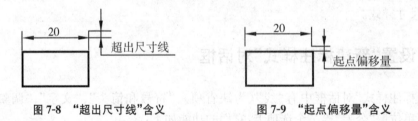

图 7-8　"超出尺寸线"含义　　　　图 7-9　"起点偏移量"含义

(7) 隐藏:设置是否省略第 1 条、第 2 条尺寸界线。尺寸界线通常从轮廓线处引出两条,缺省值:<开>时,显示两条尺寸界线,当单击复选框出现符号☑,即<关>时,尺寸界线显示一条或两条都不显示,如图 7-10 所示。

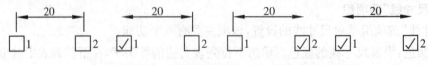

图 7-10　"隐藏"设置与尺寸界线的关系

(8) 固定长度的延伸线:设置固定长度的尺寸界线数值。若选中该复选框,则在长度文本框中键入适当数值或单击 ▬(减数)、▬(加数)。若不选中该复选框,则长度大小由光标拖放决定。

（二）"符号和箭头"选项卡

"符号和箭头"选项卡，如图 7-11 所示，主要有"箭头"、"圆心标记"、"折断标注"、"弧长符号"、"半径折弯标注"和"线性折弯标注"6 个选项组。

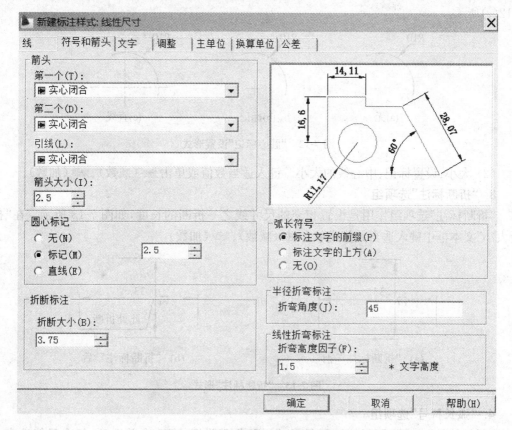

图 7-11 "符号和箭头"选项卡对话框

1."箭头"选项组

"箭头"选项组是对箭头的设置，该选项组主要有 4 个功能。AutoCAD 中存储了多种箭头样式，尺寸箭头的样式有多种，单击下拉列表右边的箭头▼，在列表中选择所需的箭头样式，也可以自己定义。系统采用的缺省箭头为"实心闭合"。

（1）第 1 个：设置尺寸线第 1 端点的箭头形式。

（2）第 2 个：设置尺寸线第 2 端点的箭头形式。

（3）引线：设置引线标注时引线起点的样式。

（4）箭头大小：设置箭头大小。缺省值：2.5。键入适当数值或单击▲、▼。

2."圆心标记"选项组

"圆心标记"选项组作用是用于设置圆或圆弧中心的小"＋"字是否需要显示，有两个功能。

（1）设置圆心标记的形式。AutoCAD 中存储 3 种形式，即"无"、"标记"、"直线"。缺省值：标记。

① 无：表示对圆心不作任何标记(Dimcen=0)，如图 7-12(a)所示。

② 标记：在圆或圆弧外标注尺寸时，圆心绘制成十字标记(Dimcen>0)，如图 7-12(b)所示。

③ 直线：在圆或圆弧外标注尺寸时，圆心绘制成过圆弧的中心线(Dimcen<0)，如图 7-12(c)所示。

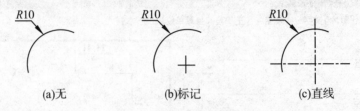

图 7-12 "圆心标记"设置形式

(2) 大小：设置标记、中心线的大小。键入适当数值或单击 ▼（减数）、▲（加数）。

3. "折断标注"选项组

"折断标注"选项组作用是设置相交的尺寸线之一折断的长度，如图 7-13 所示。在"折断大小"文本框中键入适当数值或单击 ▼（减数）、▲（加数）。

图 7-13 "折断标注"形式

4. "弧长符号"选项组

"弧长符号"选项组用于标注弧长尺寸时所作的设置，有 3 个单选项，每次只能选中一项，单击小圆圈 ⊙，圆圈中有小黑点。

(1) 标注文字的前缀：将弧长符号"⌒"标在文字的前面，如图 7-14(a)所示。

(2) 标注文字的上方：将弧长符号"⌒"标在文字的上面，如图 7-14(b)所示。

(3) 无：将弧长符号"⌒"省略，如图 7-14(c)所示。

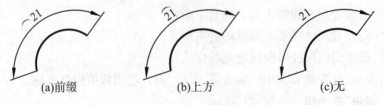

图 7-14 "弧长符号"设置形式

5. "半径折弯标注"选项组

"半径折弯标注"选项组用于标注大圆弧尺寸时将尺寸线折弯，如图 7-15 所示。

折弯角度：设置尺寸线与折线之间的夹角。在文本框中输入两折线之间的角度数值。

6. "线性折弯标注"选项组

"线性折弯标注"选项组用于标注线性尺寸时将尺寸线折弯,如图7-16所示。

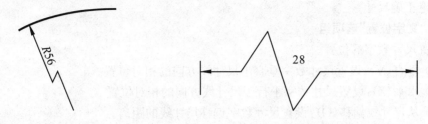

图7-15 "半径折弯标注"形式　　　图7-16 "线性折弯标注"形式

折弯高度因子:设置尺寸线折线总高或总宽,将高度因子与尺寸数字的高度相乘。在"折弯高度因子"文本框中键入适当数值或单击 ▼(减数)、▲(加数)。

(三)"文字"选项卡

单击"文字"选项卡,弹出"文字"选项卡对话框,如图7-17所示。该对话框中有"文字外观"、"文字位置"、"文字对齐"3个选项组。

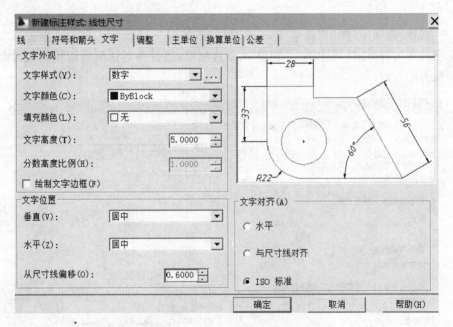

图7-17 "文字"选项卡对话框

1. "文字外观"选项组

设置尺寸数字的样式和大小。

(1) 文字样式(Y):设置字体种类,建议尺寸标注的字体采用 gbeitc.shx。单击按钮 ⋯ 可添加字体种类。如果所选字体不当,在标注直径"φ"等符号时,会出现方框"□",而无"φ"。

(2) 文字颜色(C):设置字体的颜色。

(3) 填充颜色(L):设置字体的底色,用于突出显示。

(3) 文字高度(T):设置字体的高度。

(4)分数高度比例(H):设置尺寸数字中的分数相对于其他尺寸数字的缩放比例。

(5)绘制文字边框(F):设置是否为尺寸数字设置边框。单击复选框,出现符号,所标尺寸为理论正确尺寸。

2."文字位置"选项组

设置尺寸数字的位置。

(1)垂直(V):设置尺寸数字垂直于尺寸线方向的相对位置。

(2)水平(Z):设置尺寸数字平行于尺寸线方向的相对位置。

(3)从尺寸线偏移(O):设置尺寸数字偏移尺寸线的距离。

3."文字对齐(A)"选项组

设置尺寸数字对齐方式,该选项组有 3 个单选项,每次只能选中一项,单击小圆圈,圆圈中有小黑点。

(1)水平:设置尺寸数字一律水平书写,如标注角度尺寸。

(2)与尺寸线对齐:设置尺寸数字一律沿尺寸线方向书写。

(3)ISO 标准:设置 ISO 标准的尺寸数字书写方式。

(四)"调整"选项卡

单击"调整"选项卡,弹出"调整"选项卡对话框,如图 7-18 所示。该对话框中有"调整选项"、"文字位置"、"标注特征比例"、"调整"4 个选项组,通过该对话框可以设置尺寸数字、尺寸线、箭头等的位置。

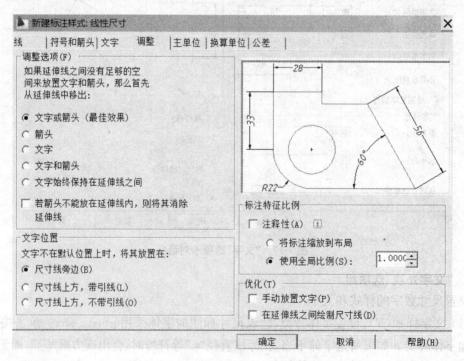

图 7-18 "调整"选项卡对话框

1. "调整选项(F)"选项组

设置当尺寸界线之间没有足够空间而需要同时放置尺寸数字和箭头时,应首先从尺寸界线之间移出哪一个。该选项组有 5 个单选项和 1 个复选项。

(1) 文字或箭头(最佳效果):一般选取该项,其含义如下:

① 若尺寸界线间的空间能够同时放下文字和箭头,则将两者都放在尺寸界线之间;

② 若尺寸界线间的空间只够文字用,则箭头放在尺寸界线外边;

③ 若尺寸界线间的空间不够放下文字,则将箭头放在尺寸界线之间,而文字放在尺寸界线外面;

④ 若尺寸界线间的空间都放不下文字或箭头中的任一种,则将两者都放在外面。

(2) 箭头:箭头优先。

(3) 文字:尺寸数字优先。

(4) 文字和箭头:保持文字和箭头和最佳效果。

(5) 文字始终保持在尺寸界线之间:总是将文字放在尺寸界线之间。

(6) 若不能放在尺寸界线内,则消除箭头:若选中该复选框,则尺寸标注时,无箭头。

2. "文字位置"选项组

设置当文字不在缺省位置时放置的位置。该组有 3 个单选项。

(1) 尺寸线旁边(B):将尺寸数字放在尺寸线的一边。

(2) 尺寸线上方,带引线(L):用引线将尺寸数字放在尺寸线的上方。

(3) 尺寸线上方,不带引线(O):不用引线直接将尺寸数字放在尺寸线的上方。

3. "标注特征比例"选项组

设置整个尺寸标注的比例。该选项组有两个单选项。

(1) 将标注缩放到布局:表示根据模型空间相对于当前视窗的图纸空间的比例系数来设置缩放比例因子。

(2) 使用全局比例(S):指尺寸标注中的实际标注参数与设置参数的大小之比。缺省值为:1。例如,设置箭头大小为 3,尺寸界线超出尺寸线长度为 2,当全局比例设为 2 时,则实际箭头大小为 3×2=6,尺寸界线超出尺寸线长度为 2×2=4。

4. "优化(T)"选项组

标注尺寸时进行附加调整。该区有两个复选框。

(1) 手动放置文字(P):忽略缺省的放置,而放在用户指定的位置。

(2) 在延伸线之间绘制尺寸线(D):即使在 AutoCAD 将箭头放在尺寸界线外面,但尺寸线仍放在尺寸界线的里面。

(五) "主单位"选项卡

单击"主单位"选项卡,弹出"主单位"选项卡对话框,如图 7-19 所示。该对话框中有"线性标注"、"角度标注"两个选项组,通过该对话框可以设置主单位的格式与精度以及尺寸数字的前缀和后缀。

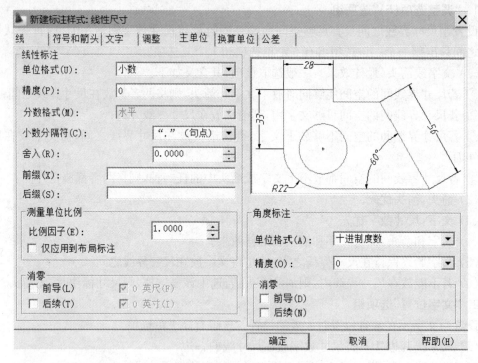

图 7-19 "主单位"选项卡对话框

1."线性标注"选项组

设置线性标注的格式和精度。

(1) 单位格式(U):设置长度单位制度。包括:建筑、小数、工程、分数和科学等。

(2) 精度(F):设置基本尺寸的精度,即用多少位小数来显示基本尺寸。缺省值为:0.00,表示显示两位小数。

(3) 分数格式(M):设置分数标注格式。

(4) 小数分隔符(C):设置小数点的形式,有句点、逗号、空格。

(5) 舍入(R):设置数字的取舍。缺省值:0(表示不进行舍入)。

(6) 前缀(X):设置尺寸数字前的其他内容,如直径符号。在文本框中键入。

(7) 后缀(S):设置尺寸数字后的其他内容,如度数符号。在文本框中键入。

(8) 测量单位比例

① 比例因子(E):控制标注尺寸与图形尺寸的比例,利用这一功能,可以方便地标注用不同比例画出的图形。例如,图形中绘制某直线的长度为 25,当比例因子取 2 时,标注尺寸显示为"50"。键入适当数值或单击 ▼(减数)、▲(加数)。

② 仅应用到布局标注:控制比例设置是否只在图纸空间起作用。选择该选项后,模型空间的比例不可设置。

(9) 消零:控制基本尺寸小数点前面或后面的零是否要标注出来。单击复选框。

选择"前导":表示忽略小数点前面的"0",例如,实际尺寸为 0.020,标注时则显示".020"。

选择"后续",表示忽略小数点后面的"0",例如,实际尺寸为 0.020,标注时则显示

"0.02"。

2."角度标注"选项组

设置标注角度的单位、精度及消零否。

(1) 单位格式(A):设置角度单位制度。包括十进制、度/分/秒、梯度、弧度等。

(2) 精度(O):设置角度标注的精度。单击下拉列表右边的箭头▼,在下拉列表中选取一种。

(3) 消零:控制角度标注中小数点前面或后面的零是否要标注出来。单击复选框。

(六)"换算单位"选项卡

单击"换算单位"选项卡,弹出"换算单位"选项卡对话框,如图 7-20 所示。用于设置换算单位的格式。缺省值为:显示换算单位。单击"显示换算单位"复选框,"换算单位"选项卡才起作用。

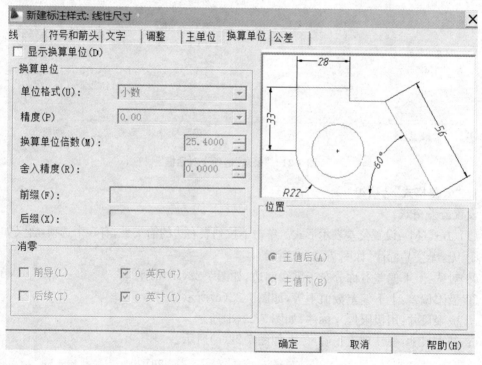

图 7-20 "换算单位"选项卡对话框

(七)"公差"选项卡

单击"公差"选项卡,弹出"公差"选项卡对话框,如图 7-21 所示。用于设置尺寸公差标注方式。缺省值为:无。

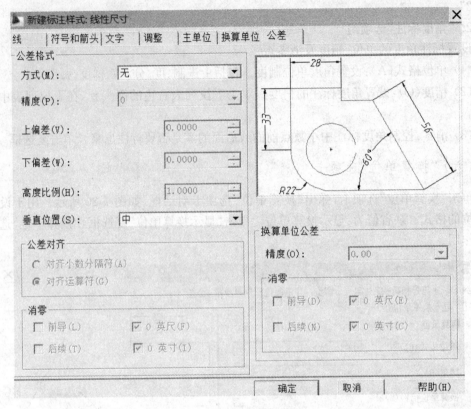

图 7-21 "公差"选项卡对话框

1. "公差格式"选项组

设置公差格式。

(1) 方式(M)：设置公差表示形式。单击下拉列表右边的箭头▼，有 5 个选项，含义如下：

① 无：无公差标注，如图 7-22(a)所示。
② 对称：上下偏差对称分布于零线两边，如图 7-22(b)所示。
③ 极限偏差：上下偏差数值不等，如图 7-22(c)所示。
④ 极限尺寸：用极限尺寸标注，如图 7-22(d)所示。
⑤ 基本尺寸：标注理论正确尺寸，如图 7-22(e)所示。

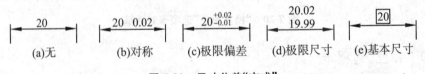

图 7-22 尺寸公差"方式"

(2) 精度(P)：设置偏差的精度，即用多少位小数来显示上、下偏差。图 7-22(b)精度为 0.00。单击下拉列表或右边的箭头▼，从列表中选择。注意：修改其他内容时，该项会自动回零。

(3) 上偏差(V)：设置上偏差值，系统默认为正值。键入指定上偏差值或单击▬（减数）、▬（加数）。图 7-22(c)中的+0.02，键入"0.02"即可。

(4) 下偏差(V)：设置下偏差值，系统默认为负值。键入指定下偏差值或单击▬（减数）、▬（加数）。图 7-22(c)中的－0.01，键入"0.01"即可。

(5) 高度比例(H)：设置上下偏差数字的字高比例。上下偏差字高一般比基本尺寸字高小一号，即比例为 0.7，对称偏差字高与基本尺寸字高相同。图 7-22(b)比例为 1，图 7-22(c)比例为 0.7。

(6) 垂直位置(S)：设置上下偏差与基本尺寸数字相对位置。单击下拉列表右边箭头▼，列表中有 3 个选项，含义如下：

① 上：上偏差与基本尺寸数字的字头在同一水平线上。

② 中：上、下偏差的中间与基本尺寸数字的中间在同一水平线上，一般用来标注"对称方式"。

③ 下：下偏差与基本尺寸数字在同一底线上。一般用来标注"极限偏差方式"。

(7) 消零：设置如何显示公差中小数点前面的零和尾数后面的零。

2．"换算单位公差"选项组

在图 7-3 所示"新建标注样式"对话框中选择了"换算单位"，单击"显示换算单位"复选框，"换算单位公差"选项组才可操作。

(1) 精度(O)：设置替换单位的精度。

(2) 消零：设置如何显示替换单位公差中的小数点前后的零。

第二节　尺寸标注命令及其操作

对尺寸标注样式设置结束后，我们来学习和掌握尺寸标注的命令型式及其操作方法。常用的尺寸标注命令有：线性、对齐、弧长、坐标、基线、连续、半径、折弯、直径、角度标注等，启动命令有 3 种方法：

(1) 命令行键入标注命令，回车。

(2) 单击尺寸标注工具栏图标，如图 7-23 所示。

图 7-23　尺寸标注工具栏

(3) 单击菜单栏(标注→标注子菜单)，如图 7-24 所示。

下面我们学习常用尺寸标注命令的功能及其操作步骤。标注尺寸时应先选择图层，调用细实线。

图 7-24　尺寸标注菜单

一、线性标注

1. 功能

用于标注水平、垂直、旋转的线性尺寸,如图 7-25 所示。

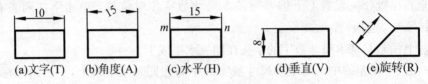

图 7-25　线性标注

2. 操作步骤

(1) 启动线性标注命令,方法有 3 种:　　　　　　　步骤说明:
① 菜单栏:"标注"→"线性";　　　　　　　　　　　_Dimlinear
② 工具栏:单击标注工具栏线性图标 ;
③ 命令行:键入"DLI"或"Dimlin",回车。

(2) 光标捕捉所标线段的第 1 个端点,如图 7-25(c)　指定第 1 条延伸线原点
中的 m 点,并单击。　　　　　　　　　　　　　　或(选择对象):

(3) 光标捕捉所标线段的第 2 个端点,如图 7-25(c)　指定第 2 条延伸线原点:指定
中的 n 点,并单击。此时,屏幕以拖动方式显示尺寸的　尺寸
三要素。　　　　　　　　　　　　　　　　　　　　线位置或[多行文字(M)/
　　　　　　　　　　　　　　　　　　　　　　　　文字(T)/角度(A)/水平(H)/
　　　　　　　　　　　　　　　　　　　　　　　　垂直(V)/旋转(R)]:

(4) 按步骤说明,选 7 种操作方法之一:键入"H",　指定尺寸线位置或[多行文字
并回车(水平标注尺寸)。　　　　　　　　　　　　　(M)/文字(T)/角度(A)/水
　　　　　　　　　　　　　　　　　　　　　　　　平(H)/垂直(V)/旋转(R)]:

(5) 光标移到适当位置,并单击,即完成尺寸标注,　标注文字=15
如图 7-25(c)所示。同时,标注命令结束。

根据需要,选择"指定尺寸线位置或[多行文字(M)/文字(T)/角度(A)/水平(H)/垂直(V)/旋转(R)]"7 个选项,各选项含义及操作如下:

① 指定尺寸线位置:确定尺寸线位置。该选项为缺省值。光标移到适当位置,并单击。

② 多行文字(M):利用在位文字编辑器(多行文字)输入尺寸数字。利用这一功能可以很方便地更改尺寸数值大小。键入"M",回车,在尖括号内编辑或覆盖尖括号,即可修改或删除原来的标注数值。

③ 文字(T):在单行文本中输入尺寸数字,如图 7-25(a)所示。键入"T",回车。

④ 角度(A):改变尺寸数字的角度,角度为字头与水平线的夹角,如图 7-25(b)所示。键入 A,回车。

⑤ 水平(H):标注水平型尺寸,如图 7-25(c)所示。键入"H",回车。

⑥ 垂直(V):标注垂直型尺寸,如图 7-25(d)所示。键入"V",回车。

⑦ 旋转(R)：标注指定角度型线性尺寸，即进行斜线标注。角度指尺寸线与水平线的夹角，如图7-25(e)所示。键入"R"，回车。

二、对齐标注

1. 功能
用于对斜线和斜面进行线性尺寸标注，如图7-26所示。

2. 操作步骤
(1) 启动对齐标注命令，方法有3种：
① 菜单栏："标注"→"对齐"；
② 工具栏：单击标注工具栏对齐图标 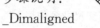 ；
③ 命令行：键入"Dimali"，回车。

(2) 光标捕捉所标线段的第1个端点，如图7-26中的 m 点，并单击。

(3) 光标捕捉所标线段的第2个端点，如图7-26中的 n 点，单击。此时，屏幕以拖动方式显示尺寸的三要素。

(4) 按步骤说明，选3种操作方法之一：键入"T"，回车。

(5) 键入尺寸数字："11"，回车。

(6) 光标移到适当位置，并单击，即完成尺寸标注，如图7-26所示。同时，标注命令结束。

图7-26 对齐标注

步骤说明：
_Dimaligned

指定第1条延伸线原点或(选择对象)：
指定第2条延伸线原点：
指定尺寸线位置或
[多行文字(M)/文字(T)/角度(A)]：指定尺寸线位置或
[多行文字(M)/文字(T)/角度(A)]：
输入标注文字<11.23>：
标注文字＝11

根据需要，选择"指定尺寸线位置或[多行文字(M)/文字(T)/角度(A)]"3个选项，各选项含义及操作与"线性标注"相同。

三、弧长标注

图7-27 弧长标注

1. 功能
用于标注圆弧的弧长尺寸，如图7-27所示。为区别是线性标注还是角度标注，默认情况下，弧长标注将显示一个圆弧符号。圆弧符号可以通过"标注样式管理器"来指定标在文字的上文或前方。

2. 操作步骤
(1) 启动弧长标注命令，方法有3种：
① 菜单栏："标注"→"弧长"；
② 工具栏：单击标注工具栏弧长图标 ；
③ 命令行：键入"Dimarc"，回车。

(2) 光标变成选择框，移到圆弧上单击。

步骤说明：
_Dimarc

选择弧线段或多段线弧线段：

(3) 按步骤说明操作。　　　　　　　　指定弧长标注位置或[多行文字(M)/文字(T)/角度(A)/部分(P)/引线(L)]：

弧长标注的尺寸延伸线(尺寸界线)可以正交或径向,当圆弧的包含角度小于90时,才显示正交尺寸延伸线,如图7-28所示。

(a) 正交尺寸延伸线　　　　　　　　(b) 径向尺寸延伸线

图 7-28　尺寸延伸线

四、坐标标注

1. 功能

用于原点(称为基准)到特征点(例如部件上的一个孔)的垂直距离,如图7-29所示。这种标注保持特征点与基准点的精确偏移量,从而避免增大误差。坐标标注由 X 或 Y 值和引线组成。X 基准坐标标注沿 X 轴测量特征点与基准点的距离。Y 基准坐标标注沿 Y 轴测量距离。在创建坐标标注之前,通常要设置 UCS 原点与基准相符。默认情况下,指定的引线端点将自动确定是创建 X 基准坐标标注还是 Y 基准坐标标注。

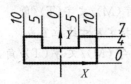

图 7-29　坐标标注

创建坐标标注后,可以使用夹点编辑轻松地重新定位标注引线和文字。标注文字始终与坐标引线对齐。

2. 操作步骤

(1) 设置用户坐标系,使坐标原点与基准点一致。

(2) 启动坐标标注命令,方法有3种：

① 菜单栏："标注"→"坐标"；

② 工具栏：单击标注工具栏坐标图标

③ 命令行：键入"Dimordinate",回车。　　　_Dimordinate

(2) 光标捕捉图形对象上的标注点,并单击。　指定点坐标：

(3) 按步骤说明操作。　　　　　　　　指定引线端点或[X 基准(X)/Y 基准(Y)/多行文字(M)/文字(T)/角度(A)]：标注文字＝10

根据需要,选择"指定引线端点或[X 基准(X)/Y 基准(Y)/多行文字(M)/文字(T)/角度(A)]"5个选项,各选项含义及操作如下：

① 指定引线端点：确定引线端点的位置。该选项为缺省值。

操作步骤：　　　　　　　　　　　　步骤说明：

a. 光标移到适当位置单击,如图7-29所示。　指定引线端点或[X 基准(X)/Y 基准(Y)/
b. 如果需要直线坐标引线,请打开正交模式。　多行文字(M)/文字(T)/角度(A)]：

② X基准(X)/Y基准(Y)/:输入x(X基准)或y(Y基准)表示测量方向必须沿X轴或Y轴。在确保坐标引线端点与X基准近似垂直或与Y基准近似水平的情况下,可以跳过此步骤。

③ 多行文字(M)/文字(T)/角度(A):3项内容含义及操作与"线性标注"相同。

五、基线标注

1. 功能

用于对从同一基准引出多个线性尺寸的标注,即用于标注平行尺寸,如图7-30所示。注意:使用该命令标注尺寸时必须先进行线性尺寸的标注,并把先选取的尺寸界线作为基线。

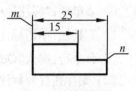

图7-30 基线标注

2. 操作步骤

(1) 启动基线标注命令,方法有3种:

① 菜单栏:"标注"→"基线";

② 工具栏:单击标注工具栏基线图标 ；

③ 命令行:键入"Dimbase",回车。

(2) 按步骤说明操作。

步骤说明:

_Dimbaseline

指定第二条延伸线原点或[放弃(U)/选择(S)]<选择>:标注文字=25

六、连续标注

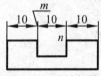

图7-31 连续标注

1. 功能

用于标注一系列首尾相连的线性尺寸,如图7-31所示。注意:使用该命令标注尺寸时必须先进行线性尺寸的标注,并把先选取的尺寸界线作为基线。

2. 操作步骤

(1) 启动连续标注命令,方法有3种:

① 菜单栏:"标注"→"连续";

② 工具栏:单击标注工具栏连续图标 ；

③ 命令行:键入"Dimcint"或"Dimcontinue",回车。

(2) 此时,屏幕以拖动方式显示尺寸的三要素。光标捕捉所标线段的第2个端点,如图7-31中的n点,单击,即完成基线标注,如图7-31所示。

(3) 重复第二步操作标注下一个尺寸,或单击"Esc"键结束标注。

步骤说明:

_Dimcontinue

指定第二条延伸线原点或[放弃(U)/选择(S)]<选择>:标注文字=10

指定第二条延伸线原点或[放弃(U)/选择(S)]<选择>:

七、快速标注

1. 功能

快速标注是交互式的、动态的和自动化的尺寸标注生成器,能实现9种不同的尺寸标注。

2. 操作步骤

步骤说明:

(1) 启动快速标注命令,方法有3种:

① 菜单栏:"标注"→"快速标注";

② 工具栏:单击标注工具栏快速标注图标 ;

③ 命令行:键入"Qdim",回车。　　　　_Qdim

(2) 光标捕捉要标注的几何图形:单选或窗选。　选择要标注的几何图形:

(3) 选取结束后,回车。此时,屏幕以拖动方式显示尺寸的三要素。
指定尺寸线位置或[连续(C)/并列(S)/基线(B)/坐标(O)/半径(R)/直径(D)/基准点(P)/编辑(E)/设置(T)]<连续>:

(4) 按第五步操作或按步骤说明,选9种操作方法之一:键入相应字母,回车。

(5) 光标移到适当位置,单击,即完成尺寸标注,同时,标注命令结束。

根据需要,选择"指定尺寸线位置或[连续(C)/并列(S)/基线(B)/坐标(O)/半径(R)/直径(D)/基准点(P)/编辑(E) /设置(T)]"10个选项,各选项含义及操作如下:

① 指定尺寸线位置:确定尺寸线位置。该选项为缺省值。光标移到适当位置,单击。

② 连续(C):创建一系列的连续标注。键入"C",回车,按步骤说明操作。

③ 并列(S):创建一系列的交错标注。键入"S",回车,按步骤说明操作。

④ 基线(B):创建一系列的基线标注。键入"B",回车,按步骤说明操作。

⑤ 坐标(O):创建一系列的坐标标注。键入"O",回车,按步骤说明操作。

⑥ 半径(R):创建一系列的半径标注。键入"R",回车,按步骤说明操作。

⑦ 直径(D):创建一系列的直径标注。键入"D",回车,按步骤说明操作。

⑧ 基准点(P):设置新的零点。用户可以在不改变用户坐标系的条件下改变坐标标注的零点。键入"P",回车。

⑨ 编辑(E):设置标注点的删除或添加。键入"E",回车,按步骤说明操作。

⑩ 设置(T):设置图形上的端点或交点为关联标注优先级。键入"T",回车,按步骤说明选"端点"或"交点"为优先标注。

3. 举例

【例7-1】 如图7-32中,用快速标注命令中的基线标注尺寸:10、20;用快速标注命令中的连续标注尺寸:15、20、15。

操作步骤:

(1) 调用"ISO-25"系统默认的尺寸标注样式。

(2) 启动快速标注命令:单击图标 。

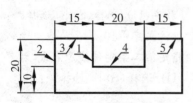

图7-32 用"快速标注"标注尺寸

(3) 光标移至线段 1,单击。
(4) 光标移至线段 2,单击。
(5) 回车。
(6) 键入"B",回车。
(7) 光标向左移至适当位置,单击,即完成 10、20 的标注。
(8) 启动快速标注命令:单击图标 。
(9) 光标移至线段 3,单击。
(10) 光标移至线段 4,单击。
(11) 光标移至线段 5,单击。
(12) 回车。
(13) 键入"C",回车。
(14) 光标向上移至适当位置,单击,即完成 15、20、15 的标注,如图7-32所示。

八、半径标注

1. 功能

标注圆或圆弧的半径尺寸,如图 7-33 所示。

图 7-33 半径标注

2. 操作步骤

(1) 启动半径标注命令,方法有 3 种:

① 菜单栏:"标注"→"半径";

② 工具栏:单击标注工具栏半径图标 ；

③ 命令行:键入"Dimradius",回车。

(2) 光标移至圆或圆弧,单击。

(3) 此时,屏幕以拖动方式显示尺寸的三要素。按第五步操作或按步骤说明,选 3 种操作方法之一:如键入字母"T",回车。

(4) 键入"R10",回车。

(5) 光标移动到适当位置,单击,即完成半径标注,结束命令。

步骤说明:

_Dimradius

选择圆弧或圆:标注文字＝10.31

指定尺寸线位置或[多行文字(M)/文字(T)/角度(A)]：

输入标注文字<10.31>：

指定尺寸线位置或[多行文字(M)/文字(T)/角度(A)]：

说明:当使用"多行文字(M)/文字(T)"输入新的半径值时,应在新半径前加"R",才能标出半径符号。

九、折弯标注

1. 功能

用于未知圆心的大圆弧半径尺寸的标注,如图 7-34 所示。

图 7-34　折弯标注

2. 操作步骤

	步骤说明:
(1) 启动折弯标注命令,方法有 3 种:	_Dimjogged
① 菜单栏:"标注"→"折弯";	
② 工具栏:单击标注工具栏折弯图标 ;	
③ 命令行:键入"Dimjogged",回车。	
(2) 光标移至大圆弧,单击。	选择圆弧或圆:
(3) 光标移到大圆弧内适当位置,单击,确定尺寸线的位置。	指定中心位置替代: 标注文字＝52
(4) 此时,屏幕以拖动方式显示尺寸的三要素。按第六步操作或按步骤说明,选 3 种操作方法之一:如键入字母"T",回车。	指定尺寸线位置或[多行文字(M)/文字(T)/角度(A)]:
(5) 键入"R52",回车。	输入标注文字＜52＞:
(6) 光标移动到适当位置,单击,确定数字位置。	指定尺寸线位置或[多行文字(M)/文字(T)/角度(A)]:
(7) 光标移动到适当位置,单击,确定折弯位置,即完成折弯标注,结束命令。	指定折弯位置:

说明:当使用"多行文字(M)/文字(T)"输入新的直径或半径值时,应在新直径前加"%%C"、半径值前加"R",才能标出相应的符号。

十、直径标注

1. 功能

标注圆或圆弧的直径尺寸,如图 7-35 所示。

图 7-35　直径标注

2. 操作步骤

(1) 启动直径标注命令,方法有 3 种:　　步骤说明:
① 菜单栏:"标注"→"直径";　　_Dimdiameter
② 工具栏:单击标注工具栏直径图标◯;
③ 命令行:键入"Dimdiameter",回车。

(2) 光标移至圆或圆弧,单击。　　选择圆弧或圆:标注文字=12

(3) 此时,屏幕以拖动方式显示尺寸的三要素。指定尺寸线位置或[多行文字(M)/文字按第五步操作或按步骤说明,选 3 种操作方法之(T)/角度(A)]:
一:如键入字母"T",回车。

(4) 键入"%%C12",回车。　　输入标注文字<12>:

(5) 光标移动到适当位置,单击,即完成直径　　指定尺寸线位置或[多行文字(M)/文字标注,结束命令。(T)/角度(A)]:

说明:当使用"多行文字(M)/文字(T)"输入新的直径值时,应在新直径前加"%%C",才能标出直径符号。

十一、角度标注

1. 功能

标注角度型尺寸,如图 7-36 所示。

2. 操作步骤

(1) 启动角度标注命令,方法有 3 种　　步骤说明:
① 菜单栏:"标注"→"角度";　　_Dimangular
② 工具栏:单击标注工具栏角度图标;

图 7-36　角度标注

③ 命令行:键入"Dam"或"Dimangular",回车。

(2) 光标移至第 1 条直线,并单击。　　选择圆弧、圆、直线或<指定顶点>:

(3) 光标移至第 2 条直线,并单击。　　选择第 2 条直线:

(4) 此时,屏幕以拖动方式显示尺寸的三要素。指定标注弧线位置或[多行文字(M)/文按第六步操作或按步骤说明,选 3 种操作方法之字(T)/角度(A)]:
一:如键入字母:"T",回车。

(5) 键入:"45%%D",回车。　　输入标注文字<45>:

(6) 光标移动到适当位置,单击,即完成角度　　指定标注弧线位置或[多行文字(M)/文标注,结束命令。字(T)/角度(A)]:

说明:
(1) 当使用"多行文字(M)/文字(T)"输入新的角度值时,应在新角度后加"%%D",才能标出角度符号。

(2) 在标注前,应对标注样式中的文字进行设置,使角度数字一律水平、外侧。

(3) 在启动"角度"标注命令后,步骤说明"选择圆弧、圆、直线或<指定顶点>:",4 个选项的含义如下,操作步骤可按步骤说明进行。

① 圆弧：选择圆弧后，系统将以圆弧的圆心及端点作为角度标注的顶点和两条尺寸界线起点生成角度标注，如图 7-37 所示。

② 圆：选择圆后，系统将以圆心作为角度标注的顶点，以选择圆时指定的点作为一条尺寸界线起点，步骤说明用户在圆上指定另一点作为另一条尺寸界线的起点，如图 7-38 所示。

图 7-37　选择圆弧

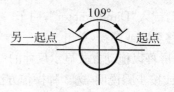
图 7-38　选择圆

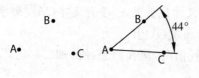
图 7-39　指定顶点

③ 直线：在两相交直线之间标注角度，用户选择一条直线后，步骤说明用户选择第 2 条直线并以两直线的交点为角度的顶点，两条直线为边生成角度标注，如图 7-39 所示。说明：标注两直线夹角的角度应小于 180°。

④ 指定顶点：标注由不在同一直线上三点所确定的夹角，如图 7-39 所示的∠BAC。

十二、多重引线标注

（一）功能

实现引出标注尺寸，如图 7-40 所示。多重引线是具有多个选项的引线对象。对于多重引线，先放置引线对象的头部、尾部或内容均可。

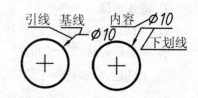
图 7-40　多重引线标注

（二）设置多重引线样式

设置引线格式、引线结构和文字内容等。在使用引线标注之前，首先要设置新的引线标注样式。

1. 操作步骤

（1）启动"多重引线样式管理器"对话框，如图 7-41 所示。方法有 3 种：

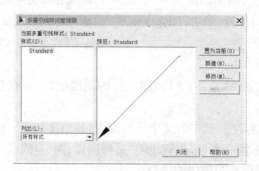
图 7-41　"多重引线样式"对话框

① 菜单栏:"格式"→"多重引线样式";
② 工具栏:单击多重引线或样式工具栏多重引线样式图标 ;
③ 命令行:键入"Mleaderstyle",回车。
(2) 单击"新建",弹出"创建新多重引线样式"对话框,如图 7-42 所示。

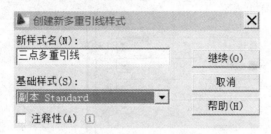

图 7-42 "创建新多重引线样式"对话框

(3) 在"创建新多重引线样式"对话框中输入新多重引线样式名,并单击"继续","创建新多重引线样式"对话框自动消失,弹出"修改多重引线样式"对话框,如图 7-43 所示。此时,新建的多重引线样式名将成为当前的样式名。

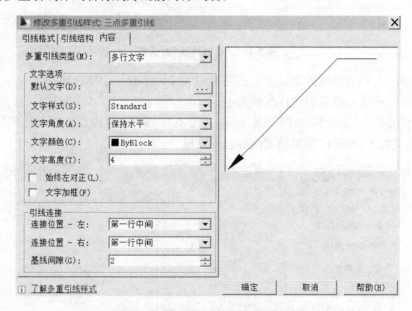

图 7-43 "修改多重引线样式"对话框

(4) 在"修改多重引线样式"对话框中,对各选项按要求进行设置。
(5) 单击"修改多重引线样式"对话框中的"确定"。
(6) 单击"多重引线样式管理器"对话框中的"关闭"。至此,多重引线样式设置结束。

2. 设置"多重引线样式管理器"对话框

"多重引线样式管理器"对话框与"标注样式管理器"对话框各选项的含义及操作有相似之处,请读者自行操作。

3. 设置"修改多重引线样式"对话框

"修改多重引线样式"对话框中有"引线格式"、"引线结构"和"内容"(为缺省项)3 个选项卡，它们的功能如下：

（1）"引线格式"选项卡：如图 7-44 所示，主要有"常规"、"箭头"和"引线打断"3 组选项，具体含义较为简单，操作可参照前面内容自学完成。

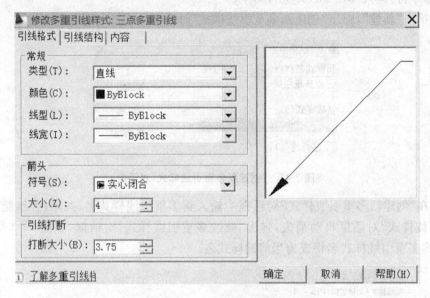

图 7-44 "引线格式"对话框

① 类型(T)：设置引线的形式是直线还是曲线或无。有 3 个单选项。

② 引线打断(B)：设置引线打断的大小。

（2）"引线结构"选项卡：如图 7-45 所示，主要有"约束"、"基线设置"和"比例"3 组选项，有关内容含义如下，操作可参照前面内容自学完成。

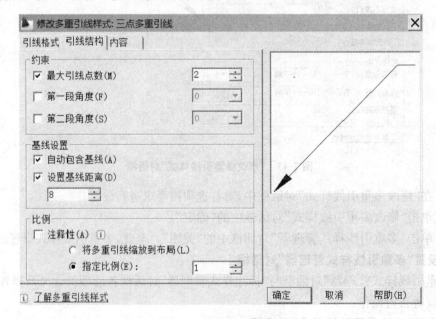

图 7-45 "引线格式"对话框

① 最大引线点数(M)：设置构成引线的端点数，从而确定引线的数目。
② 第 1 段角度(F)：设置第 1 段引线的倾斜角度。
③ 第 2 段角度(S)：设置第 2 段引线的倾斜角度。
④ 自动包含基线(A)：在引线的端点自动带上基线。当不选"设置基线距离(D)"时，引线长度由用户自己确定。
⑤ 设置基线距离(D)：设置基线的长度。当选中"设置基线距离(D)"时，引线长度由设置长度确定。
⑥ 指定比例(E)：设置标注内容的比例大小。
(3) "内容"选项卡：如图 7-46 所示，主要有"多重引线类型"、"文字选项"和"引线连接"3 组选项，有关内容含义如下，操作可参照前面内容自学完成。

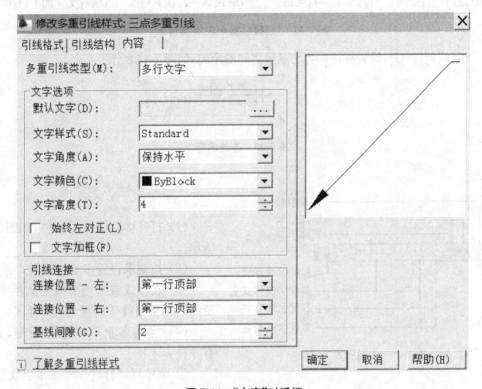

图 7-46 "内容"对话框

① 多重引线类型(M)：设置引线标注的注释类型。有 3 个单选项，即多行文字、块、无。
② 默认文字(D)：设置引线标注的内容，单击文本框右边的按钮，会弹出多行文字在位编辑器，从而可输入注释文字。
③ 连接位置－左：设置基线在标注内容的左边时，文字与基线的相对位置，有 9 种情况，如图 7-47 所示。
④ 连接位置－右：设置基线在标注内容的右边时，文字与基线的相对位置，有 9 种情况，与"连接位置－左"相同。

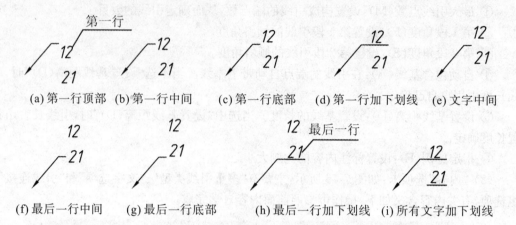

图 7-47 "连接位置—左"9 种情况

⑤ 基线间隙(G):设置标注内容与基线之间的距离,如图 7-48 所示。

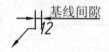

图 7-48 基线间隙

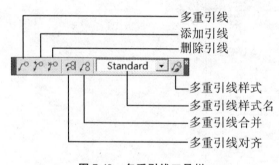

图 7-49 多重引线工具栏

（三）标注多重引线

(1) 打开多重引线工具栏,如图 7-49 所示。

(2) 按要求设置多重引线样式。

(3) 在样式或多重引线工具栏中,将所需的多重引线样式置为当前样式。

(4) 启动多重引线标注命令,方法有3种：

① 菜单栏："标注"→"多重引线"；

② 工具栏:单击多重引线工具栏多重引线图标 。

③ 命令行:键入"Mleader",回车。

(5) 光标捕捉图形上的某一点,如图 7-40 中所示的圆周线,并单击。

(6) 光标移动到适当位置,如图 7-40 所示,并单击,弹出在位文字编辑器。

(7) 在文本框中输入相应内容,单击"确定",即完成多重引线的标注。

步骤说明"指定引线箭头的位置或[引线基线优先(L)/内容优先(C)/选项(O)]",4 个选项的含义如下,操作步骤可按步骤说明进行。

步骤说明：

_Mleader

指定引线箭头的位置或[引线基线优先(L)/内容优先(C)/选项(O)]<选项>：

指定引线基线的位置：

① 指定引线箭头的位置：用于确定引线箭头的起始位置点，箭头优先画出。
② 引线基线优先(L)：用于设置基线优先画出。
③ 内容优先(C)：用于设置内容优先画出。
④ 选项(O)：用于设置引线格式、引线结构、内容等。
另外可通过 QLeader 命令进行引线标注，具体操作步骤如下：

步骤说明：
(1) 启动引线标注命令，命令行：键入"QLeader"，回车。 _Qleader
(2) 光标捕捉图形上的某一点，如图 7-40 中所示的圆周线，并单击。 指定第 1 个引线点或[设置(S)]<设置>：
(3) 光标移动到适当位置，如图 7-40 所示，并单击。 指定下一点：
(4) 光标水平移动到适当位置，如图 7-40 所示，并单击。 指定下一点：
(5) 键入数值或回车，指定多行文字间距宽度。 指定文字宽度<0>：
(6) 键入文字或尺寸数字。键入"%%C10"。 输入注释文字的第 1 行<多行文字(M)>：
(7) 回车，即完成引线标注，如图 7-40(a)所示。 输入注释文字的下一行：
命令结束。
(8) 光标移至引线上，并单击。
(9) 单击"分解"图标，将引线块分解。 _Explode 找到 1 个
(10) 单击"移动"图标， _Move
(11) 单击ϕ10， 选择对象：找到 1 个选择对象：
(12) 回车。
(13) 光标在适当位置单击。 指定基点或[位移(D)]<位移>：
(14) 将ϕ10拖放到指定位置，如图 7-40(b)所示。 指定第 2 个点或<使用第 1 个点作为位移>：

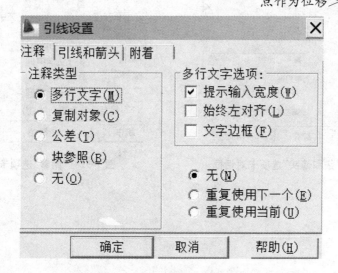

图 7-50　"引线设置"对话框

在第一步操作之后,按[设置(S)]提示在命令行键入"S",回车,则弹出"引线设置"对话框,如图 7-50 所示,其中有"注释"、"引线和箭头"、"附着"3 个选项卡,缺省值为"注释",3 个选项卡含义如下。

(1)"注释"选项卡:设置注释的格式,如图 7-50 所示。

①"注释类型"选项组:设置引线标注的注释类型。有以下 5 个单选项:

　　a. 多行文字(M):调用多行文字编辑器输入注释文字。
　　b. 复制对象(C):从图形的其他部分拷贝文字至当前旁注指引线的终止端。
　　c. 公差(T):标注尺寸公差。
　　d. 块参照(B):把块以参照形式插入。
　　e. 无(N):在该引出标注中只画指引线,不采用注释文字。

②"多行文字选项"选项组:设置多行文字格式。有 3 个复选项。

　　a. 提示输入宽度(W):设置多行文字行间距。
　　b. 始终左对齐(L):设置多行文字始终左对齐。
　　c. 文字边框(F):设置文字边框。

③"重复使用注释"选项组:设置确定是否重复使用注释。有"无"、"重复使用下一个"、"重复使用当前"3 个单选项。

(2)"引线和箭头"选项卡:设置引线和箭头的格式,如图 7-51 所示。

①"引线"选项组:设置引线的形式是直线还是曲线。有两个单选项。
②"箭头"选项组:设置引线的箭头类型。
③"点数"选项组:设置构成引线的端点数,从而确定引线的数目。有两个选项。
④"角度约束"选项组:设置引线的倾斜角度。有两个选项。

(3)"附着"选项卡:设置多行文字注释相对于引线终点的位置,如图 7-52 所示。

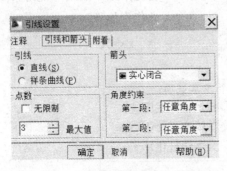 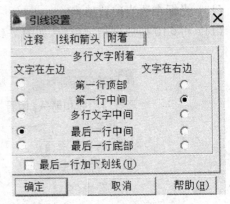

图 7-51　"引线和箭头"选项卡对话框　　　图 7-52　"附着"选项卡对话框

第三节 尺寸标注步骤及其编辑修改

在熟悉了尺寸标注样式设置和尺寸标注命令后,我们就可以在图形上标注尺寸了。

一、尺寸标注步骤

尺寸标注步骤如下:
(1) 设置当前图层:细实线。
(2) 在状态栏中打开"对象捕捉"命令,并对"对象捕捉"内容作相应设置。
(3) 打开尺寸标注工具栏:光标移到工具栏右击,在快捷菜单中选中"标注",弹出标注工具栏,并移至绘图区,如图7-23所示。
(4) 启动"标注样式管理器"对话框,如图7-1所示,方法有3种:
① 菜单栏:"格式"→"标注样式";
② 工具栏:单击标注或样式工具栏标注样式图标；
③ 命令行:键入"D"或"Ddim",回车。
(5) 单击图7-1中所示的"新建",弹出"创建新标注样式"对话框,如图7-2所示。
(6) 在图7-2中键入新的样式名,单击"继续",弹出"新建标注样式"对话框,如图7-3所示。
(7) 按尺寸要素的要求,对图7-3所示内容进行设置,包括"文字样式"的设置,并单击"确定"。
(8) 单击图7-1中所示的"关闭"。
(9) 根据所标尺寸形式,先将标注样式置为当前:在尺寸标注工具栏中,单击下拉列表框右边的箭头 ,在列表中单击相应的标注样式名称。
(10) 启动尺寸标注形式的相应命令:简单的方法就从尺寸标注工具栏中,单击相应的命令图标。
(11) 按各命令的操作步骤进行操作(注意命令行的提示),即可完成尺寸标注。

二、尺寸标注举例

【例7-2】 标注图7-53所示图形的尺寸。要求:(1) 延伸线(尺寸界线)为红色,超出尺寸线:2,起点偏移量:0;(2) 尺寸线为蓝色,箭头大小:3,间距:5;(3) 尺寸数字为绿色,基本尺寸字高:3.5,偏差字高:2.5,字体为 gbeitc.shx。

标注过程：
（1）设置无公差的标注样式，样式名："例7-2"。
① 打开尺寸标注工具栏，如图7-23所示。

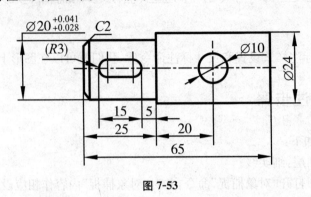

图 7-53

② 启动"标注样式管理器"对话框，如图7-1所示。工具栏：单击标注样式图标 。

③ 单击图7-1中的"新建"，弹出"创建新标注样式"对话框，如图7-2所示。

④ 在图7-2所示对话框中键入新的样式名："例7-2"，单击"继续"，弹出"线"对话框，如图7-54所示。按尺寸要素的要求，对图7-54所示对话框内容进行设置：尺寸线"颜色"设置为"蓝色"，"基线间距"为"5"，延伸线（尺寸界线）"颜色"设置为"红色"，"超出尺寸线"设置为"2"，"起点偏移量"设置为"0"。

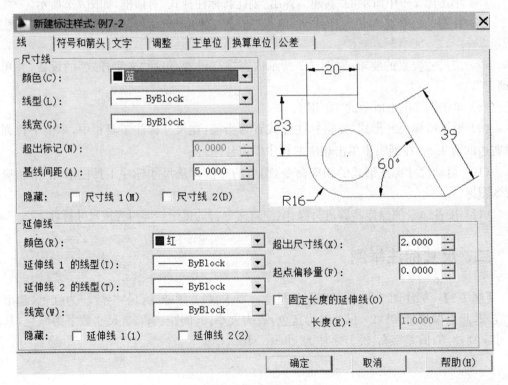

图 7-54 "线"选项对话框

⑤ 单击"符号和箭头"按钮,出现"符号和箭头"选项对话框,如图 7-55 所示,将"箭头大小(I)"设置为"3"。

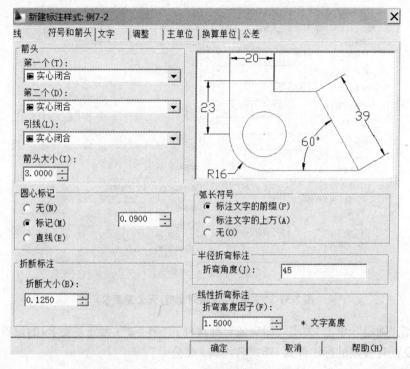

图 7-55 "符号和箭头"选项对话框

⑥ 单击"文字"按钮,出现"文字"选项对话框,如图 7-56 所示,将文字高度设置为"3.5"。单击"文字样式"右边的按钮,弹出如图 6-1 所示的"文字样式"对话框,将字体设置为"gbeitc.shx",单击"确定"。将"文字颜色"设置为"绿色"。

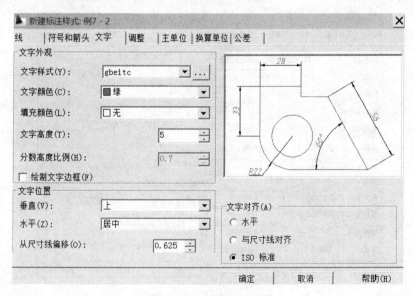

图 7-56 "文字"选项对话框

⑦ 单击图 7-56 所示对话框中的"主单位",弹出"主单位"对话框,如图 7-57 所示,将精度调整为"0"。

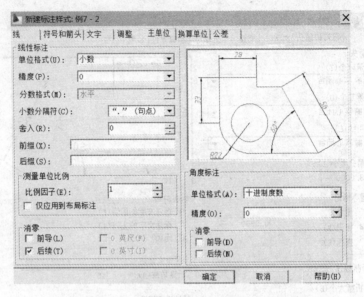

图 7-57 "主单位"选项对话框(无公差要求)

⑧ 单击"确定",单击"关闭",即完成对标注样式"例 7-2"(无公差要求)的设置。

(2) 设置有公差的标注样式,样式名:"例 7-2 公差"。

① 启动"尺寸样式管理器"对话框,如图 7-1 所示。工具栏:单击标注样式图标 。

② 在"尺寸样式管理器"对话框中,将样式名"例 7-2"置为当前,单击"新建",在"创建新标注样式"对话框中,将样式名改为"例 7-2 公差",单击"继续",弹出"新建标注样式"对话框,如图 7-58 所示。

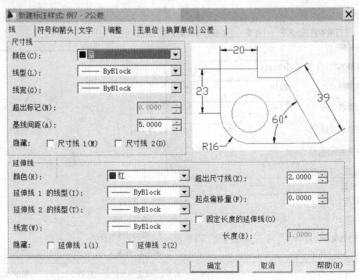

图 7-58 "线"选项对话框

③ 单击图7-58所示对话框中的"主单位",弹出"主单位"选项对话框,作如下设置:将精度调整为"0",前缀键入"％％C",设置直径符号,如图7-59所示。

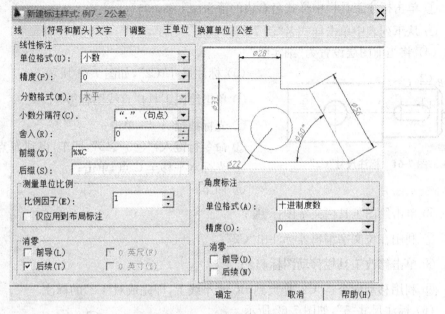

图7-59 "主单位"选项对话框(设置直径符号)

④ 单击图7-59所示对话框中的"公差",弹出"公差"选项对话框,作如下设置:方式选"极限偏差",精度选"0.000",上偏差键入"0.041",下偏差键入"-0.028"(请注意为何要键入负号"-"),高度比例键入"0.7",垂直位置选"下",如图7-60所示。

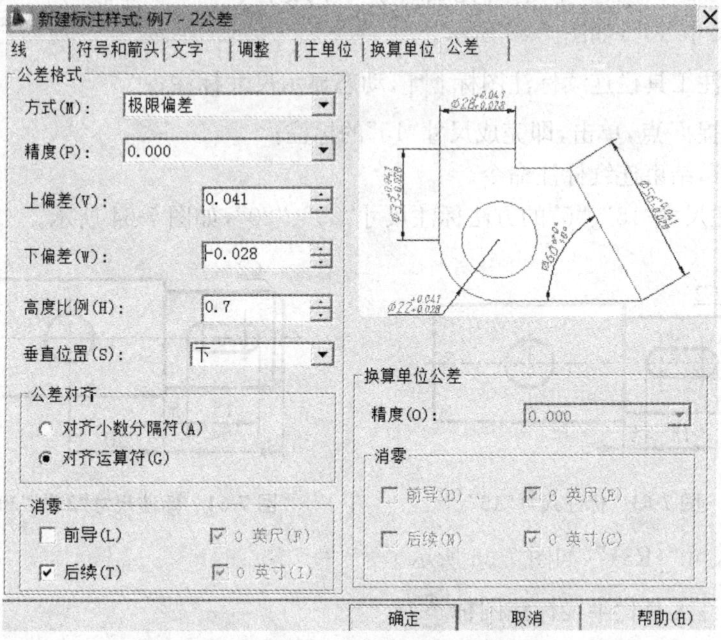

图7-60 "公差"选项对话框(有公差要求)

⑤ 单击"确定",单击"关闭",即完成对标注样式"例 7-2 公差"(有公差要求)的设置。

(3) 在尺寸标注工具栏中,将样式名"例 7-2"设置为当前,用于标注无公差的尺寸。

① 单击标注工具栏中样式名右边的箭头 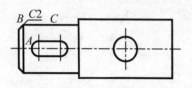;

② 从下列表中单击样式名"例 7-2"。

(4) 将当前图层设置为"细实线"。

(5) 标注尺寸"C2",如图 7-61 所示。

① 单击绘图工具栏直线图标 ╱ ;

② 光标捕捉 A 点,单击;

③ 命令行键入:"@3＜45",回车,得到 B 点;

④ 光标水平移至 C 点,单击;

⑤ 回车;

图 7-61 标注尺寸"C2"

⑥ 单击绘图工具栏文字图标 **A** ;

⑦ 利用在位文字编辑器标注出"C2";

⑧ 单击修改工具栏移动图标 ✥ ;

⑨ 利用移动命令将"C2"拖放到 BC 水平线上,即完成对"C2"的标注。

(6) 标注尺寸"5",如图 7-62 所示。

① 单击标注工具栏线性标注图标 ┝┥ ;

② 光标捕捉 D 点,单击;

③ 光标捕捉 E 点,单击,动态显示尺寸标注;

④ 光标移至适当位置,单击,即完成尺寸"5"的标注。

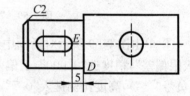

图 7-62 标注尺寸"5"

(7) 标注尺寸"15",如图 7-63 所示。

① 单击标注工具栏连续标注图标 ┝┥┥ ,动态显示尺寸标注;

② 光标捕捉 F 点,单击,即完成尺寸"15"的标注;

③ 按"Esc",结束连续标注命令。

(8) 用标注尺寸"15"、"5"的方法标注尺寸"25"、"20",如图 7-64 所示。

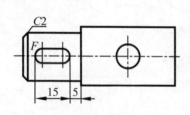

图 7-63 标注尺寸"15"

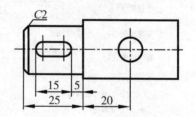

图 7-64 标注尺寸"25"、"20"

(9) 标注尺寸"(R3)",如图 7-65 所示。

① 单击标注工具栏半径标注图标 ⌀ ;

② 光标移至半圆弧,单击,动态显示尺寸标注;

③ 命令行键入:"T",回车;

④ 命令行键入:"(R3)",回车,动态显示尺寸标注;
⑤ 光标移至适当位置,单击,即完成对尺寸"(R3)"的标注。

(10) 标注尺寸"$\phi 10$",如图 7-66 所示。

① 单击标注工具栏直径标注图标 ⊘;
② 光标移至圆弧,单击,动态显示尺寸标注;
③ 光标移至适当位置,单击,即完成尺寸"$\phi 10$"的标注。

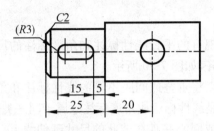

图 7-65 标注"(R3)"

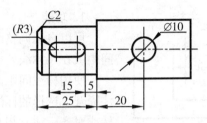

图 7-66 标注"$\phi 10$"

(11) 标注尺寸"$\phi 24$",如图 7-67 所示。

① 单击标注工具栏线性标注图标 ⊢⊣;
② 光标捕捉 G 点,单击;
③ 光标捕捉 H 点,单击,动态显示尺寸标注;
④ 命令行键入"T",并回车;
⑤ 命令行键入"％％C24",回车;
⑥ 光标移至适当位置,单击,即完成尺寸"$\phi 24$"的标注。

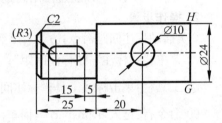

图 7-67 标注尺寸"$\phi 24$"

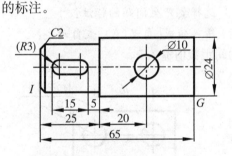

图 7-68 标注尺寸"65"

(12) 标注尺寸"65",如图 7-68 所示。

① 单击标注工具栏线性标注图标 ⊢⊣;
② 光标捕捉 G 点,单击;
③ 光标捕捉 I 点,单击,动态显示尺寸标注;
④ 光标移至适当位置,单击,即完成对尺寸"65"的标注。

(13) 标注尺寸"$\phi 20^{+0.041}_{+0.028}$",如图 7-69 所示。

① 在尺寸标注工具栏中,将样式名"例 7-2 公差"设置为当前,用于标注有公差的尺寸;
② 单击标注工具栏线性标注图标 ⊢⊣;
③ 光标捕捉 J 点,单击;
④ 光标捕捉 B 点,单击,动态显示尺寸标注;
⑤ 光标移至适当位置,单击,即完成对尺寸"$\phi 20^{+0.041}_{+0.028}$"的标注;

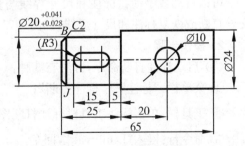

图 7-69 标注尺寸"$\phi 20^{+0.041}_{+0.028}$"

三、编辑修改尺寸标注

对尺寸的样式设置后,有时发现所标尺寸并不理想,如字体太大或太小、位置太偏、尺寸线与尺寸界线相交等,此时如何来编辑修改呢?根据具体情况,可选用以下方法来进行调整。

(一)标注间距

1. 功能

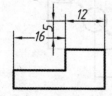

图 7-70 标注间距"5"

可以自动调整图形中现有的平行线性标注和角度标注的尺寸线间距或在尺寸线处相互对齐,如图 7-70 所示。

使用标注间距命令可以将重叠或间距不等的线性标注和角度标注隔开。选择的标注必须是线性标注或角度标注并属于同一类型(旋转或对齐标注)、相互平行或同心并且在彼此的尺寸延伸线上。也可以通过使用间距值"0"对齐线性标注和角度标注。

2. 操作步骤   步骤说明:

(1) 启动标注间距命令,方法有 3 种:

① 菜单栏:"标注"→"标注间距";

② 工具栏:单击标注工具栏标注间距图标 ;

③ 命令行:键入"Dimspace",回车。   _Dimspace

(2) 光标移到基准尺寸线上单击。   选择基准标注:

(3) 光标移到另一个尺寸线上单击。   选择要产生间距的标注:

(4) 不需要选择其他尺寸时回车。   选择要产生间距的标注:

(5) 输入尺寸线之间的间距数值,回车。   输入值或[自动(A)]<自动>:

对齐平行线性标注和角度标注时,尺寸线之间的间距数值输入 0。

自动使平行线性标注和角度标注等间距时,输入"A"(自动),然后按"Enter"键。

(二)标注打断

1. 功能

可以自动或手动在标注和尺寸界线与其他对象的相交处打断或恢复标注和尺寸界线,如图 7-71 所示。

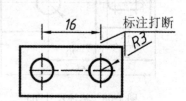

图 7-71 标注打断

2. 操作步骤   步骤说明:

(1) 启动标注打断命令,方法有 3 种:

① 菜单栏:"标注"→"标注打断";

② 工具栏:单击标注工具栏标注打断图标 ;

③ 命令行:键入"Dimbreak",回车。   _Dimbreak

(2) 光标移到尺寸标注上单击。   选择要添加/删除折断的标注
                                              或[多个(M)]:

(3) 光标移到与尺寸界线相交的线段上单击。

选择要折断标注的对象或[自动(A)/手动(M)/删除(R)]＜自动＞：

(4) 回车，结束命令。

选择要折断标注的对象：

命令行中的"多个(M)/自动(A)/手动(M)/删除(R)"含义如下：

① 多个(M)：一次为多个标注或多重引线创建折断标注。键入"M"，回车。

② 自动(A)：自动将折断标注放置在与选定标注相交的对象的所有交点处。键入"A"，回车。

③ 手动(M)：折断位置通过手动指定标注或尺寸界线上的两点。键入"M"，回车。

④ 删除(R)：从标注或多重引线中删除所有折断标注。键入"R"，回车。

(三) 抽验

1. 功能

使用户可以有效地传达检查所制造的部件的频率，以确保标注值和部件公差位于指定范围内。抽验由边框和文字值组成。抽验的边框由两条平行线组成，末端呈圆形或方形。文字值用垂直线隔开。抽验最多可以包含 3 种不同的信息字段：检验标签、标注值和检验率，如图 7-72 所示。

2. 操作步骤

步骤说明：

(1) 启动抽验命令，方法有 3 种：

① 菜单栏："标注"→"检验"；

② 工具栏：单击标注工具栏抽验图标 ；

③ 命令行：键入"Diminpect"，回车。　　　　　　　_Diminspect

(2) 弹出检验标注对话框，如图 7-73 所示。

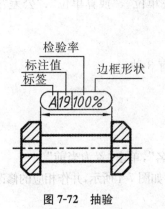

图 7-72 抽验

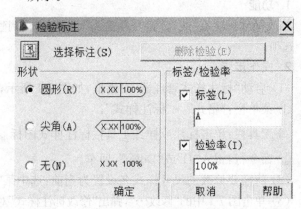

图 7-73 检验标注对话框

(3) 对"形状"、"标签/检验率"作相应设置后，单击选择标注按钮 ，对话框消失。

(4) 光标移到需抽验的尺寸上单击，对话框重新出现。

(5) 单击"确定"，即完成抽验标志。

（四）折弯线性

1. 功能

可以将折弯线添加到线性标注。折弯线用于表示不显示实际测量值的标注值，如图7-74所示。通常，标注的实际测量值小于显示的值。

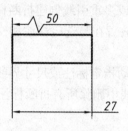

图7-74　折弯线性标注

2. 操作步骤　　　　　　　　　　　　　　　步骤说明：

（1）启动折弯线性命令，方法有3种：
① 菜单栏："标注"→"折弯线性"；
② 工具栏：单击标注工具栏折弯线性图标 ；
③ 命令行：键入"Dimjogline"，回车。　　　　_Dimjogline

（2）光标移到需折弯的线性尺寸上单击。　　　选择要添加折弯的标注或[删除(R)]：

（3）光标移到适当位置单击，即完成线性尺寸的折弯。　指定折弯位置(或按Enter键)：

（五）利用"修改标注样式"对话框

1. 功能

修改尺寸标注有"线"、"符号和箭头"、"文字"、"调整"、"主单位"、"换算单位"、"公差"等7个选项。

2. 操作步骤

（1）启动"标注样式管理器"对话框，如图7-1所示，方法有3种：
① 菜单栏："格式"→"标注样式"；
② 工具栏：单击标注或样式工具栏标注样式图标 ；
③ 命令行：键入"D"或"Ddim"，回车。

（2）将需要修改的尺寸样式名设置为当前：选中某"样式名"，单击"置为当前"。

（3）单击图7-1中的"修改…"，弹出"修改标注样式"对话框，如图7-4所示，并作相应的修改。

（4）修改结束后，单击"确定"。

（5）单击"关闭"，即完成对标注样式的修改。

（六）利用"特性"对话框

1. 功能

用来查看对象的各种特性，并作相应的修改。

2. 操作步骤

(1) 选中所标尺寸:光标移至尺寸,单击。

(2) 启动"特性"对话框,如图 7-75 所示,方法有 3 种:

① 菜单栏:"修改"→"特性";

② 工具栏:单击标准工具栏特性图标 ;

③ 命令行:键入"Properties",回车。

(3) 单击图 7-75 中的黑三角,打开相应的设置选项,并作相应的修改。

(4) 单击图 7-75 中"特性"左上角的"×",即完成对所选中的尺寸修改。

图 7-75 "特性"对话框

(七) 利用尺寸标注工具栏中的"编辑标注 "命令

1. 功能

改变标注文字的位置、角度或文字内容,还可以改变尺寸界线与尺寸线的相对倾角(通常系统生成的线性标注其尺寸界线与尺寸线垂直),如图 7-76 所示。

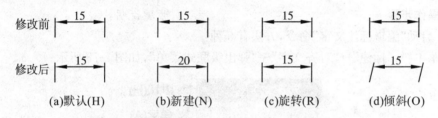

图 7-76 "编辑标注"命令对尺寸标注编辑的效果

2. 操作步骤

(1) 启动"编辑标注"命令,方法有两种:　　　步骤说明:

① 工具栏:单击标注工具栏中的编辑标注图标 ;

② 命令行:键入"Dimedit"或"Dimed",回车。　　_Dimedit

(2) 按步骤说明键入相应的修改标注类型字母,　输入标注编辑类型[缺省(H)/新建
并作相应的操作,如选"缺省",则直接回车。　　　(N)/旋转(R)/倾斜(O)]<缺省>:

(3) 单击或窗选所要修改的尺寸。　　　　　　　选择对象:

(4) 回车,即完成对所选中的尺寸修改。

3. 标注编辑类型

标注编辑类型有"缺省(H)/新建(N)/旋转(R)/倾斜(O)"4 个选项,其含义如下:

(1) 缺省(H):使曾经改变过位置的标注文字恢复到缺省位置,如图 7-76(a)所示。

(2) 新建(N):用在位多行文字编辑器来修改指定尺寸对象的尺寸文字,如图 7-76(b)所示。

(3) 旋转(R):将尺寸数字按指定角度旋转,如图 7-76(c)所示。

(4) 倾斜(O):用于调整线性标注的尺寸界线的倾斜角度,如图 7-76(d)所示。

说明:输入的角度值表示尺寸界线与 X 方向的夹角。输入的角度值为正值,表示与水平为基准线,逆时针转过一个角度;反之,则表示顺时针转过一个角度,如图 7-77 所示。

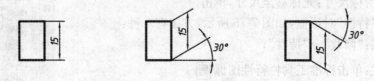

图 7-77　输入正负倾角对尺寸界线倾斜方向的影响

（八）利用尺寸标注工具栏中的"编辑标注文字 "命令

1. 功能

用于调整尺寸数字相对于尺寸线的位置和角度,如图 7-78 所示。

图 7-78　"编辑标注文字"命令对尺寸标注编辑的效果

2. 操作步骤

（1）启动"编辑标注文字"命令,方法有 3 种：

① 菜单栏："标注"→"对齐文字"→"弹出级联式菜单",如图 7-79 所示；

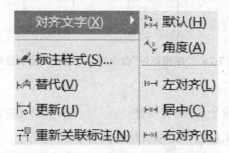

图 7-79　"编辑标注文字"级联式菜单

② 工具栏：单击标注工具栏中的编辑标注文字图标 ；

③ 命令行：键入"Dimtedit",回车。

步骤说明：

_Dimtedit

（2）单击或窗选所要修改的尺寸。　　　　　选择标注：

（3）按步骤说明键入相应的修改标注类型字母。　指定标注文字的新位置或[左(L)/右(R)/中心(C)/缺省(H)/角度(A)]：

（4）回车,即完成对所选中的尺寸数字修改。

3. 标注编辑类型

标注编辑类型有"指定标注文字的新位置或[左(L)/右(R)/中心(C)/缺省(H)/角度(A)]"6 个选项,其含义如下：

（1）指定标注文字的新位置：标注文字随光标移动而改变相应的位置,即用户可以为标注文字指定任意的位置。

(2) 左(L)：使尺寸数字处于靠近左侧尺寸界线的位置，如图 7-78(a)所示。

(3) 中(C)：使尺寸数字处于尺寸界线的中间位置，如图 7-78(b)所示。

(4) 右(R)：使尺寸数字处于靠近右侧尺寸界线的位置，如图 7-78(c)所示。

(5) 缺省(原点)(H)：使曾经改变过位置的标注文字恢复到改变前的位置，如图 7-78(b)所示。

(6) 角度(A)：改变尺寸数字的角度(倾角)，如图 7-78(d)所示。

（九）利用"标注更新"命令

1. 功能

用于更新已标注的尺寸，使其与当前设置的尺寸标注样式相一致，如图 7-80 所示。

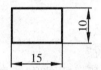

(a)更新前标注样式为ISO-25　　(b)更新后标注样式为"文字水平置中"

图 7-80　"标注更新"前后对照

2. 操作步骤

(1) 在标注工具栏中将需更新的标注样式名置为当前。

(2) 启动"更新标注"命令，方法有两种：

① 菜单栏："标注"→"更新"；

② 工具栏：单击标注工具栏中的更新标注图标 ![icon] 。

步骤说明：

输入尺寸样式选项
［保存(S)/恢复(R)/状态(ST)/变量(V)/应用(A)/?］
<恢复>：_Apply

(3) 单击或窗选所要修改的尺寸。

选择对象：

(4) 回车，即完成对所选中的尺寸标注更新。

（十）利用"夹点"、"分解"命令

1. 功能

在 AutoCAD 中，所标注尺寸是一个整体，即尺寸缺省状态是"块"状的，选中尺寸后，利用"分解"命令可将"尺寸界线、尺寸线、箭头、尺寸数字"分解成独立的要素，可以不改变整个尺寸标注样式。

2. 操作步骤

(1) 单击(或窗选)尺寸，出现若干个夹点。

(2) 启动"分解"命令，方法有 3 种：

① 菜单栏："修改"→"分解"；

② 工具栏：单击修改工具栏中的分解图标 ![icon] ；

③ 命令行：键入"Explode"，回车。

(3) 尺寸块被分解，可单独对尺寸要素进行相应的修改。

习　题

7-1　如何设置尺寸标注样式（步骤）？

7-2　尺寸标注步骤是什么？

7-3　编辑修改尺寸有哪几种方法？

7-4　熟练掌握书中有关尺寸标注的例题操作步骤。

7-5　怎样调整尺寸界线起点与标注对象间的距离？

7-6　标注尺寸前一般应做哪些工作？

7-7　如何设定测量单位比例因子？它的作用是什么？

7-8　怎样修改标注文字内容及调整标注数字的位置？

7-9　打开文件"L-5-3"，按1∶1尺寸绘制题图7-1所示的图形（不画网纹），标注尺寸，字体选：gbeitc.shx，字高为：5 mm，并以"件4-1"为名存盘。

7-10　打开文件"L-5-3"，按1∶1尺寸绘制题图7-2所示的图形（不画剖面线），标注尺寸，字体选：gbeitc.shx，字高为：5 mm，并以"件6-1"为名存盘。

7-11　打开文件"L-5-3"，按1∶1尺寸绘制题图7-3所示的图形（不画剖面线），标注尺寸，字体选：gbeitc.shx，字高为：5 mm，并以"件7-1"为名存盘。

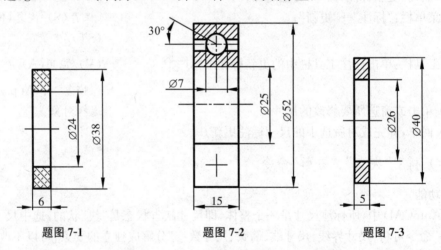

题图7-1　　　　　　题图7-2　　　　　　题图7-3

7-12　打开文件"L-5-3"，按1∶1尺寸绘制题图7-4所示的图形（不画剖面线），标注尺寸，字体选：gbeitc.shx，字高为：5 mm，并以"件5-1"为名存盘。

7-13　打开文件"L-5-4"，标注尺寸，字体选：gbeitc.shx，字高为：5 mm，并以"L-7-13"为名存盘。

7-14　打开文件"L-5-5"，标注尺寸，字体选：gbeitc.shx，字高为：2.5 mm，并以"L-7-14"为名存盘。

7-15　打开文件"L-5-9"，标注尺寸，字体选：gbeitc.shx，字高为：2.5 mm，并以"L-7-15"为名存盘。

7-16 打开文件"L-5-10",标注尺寸,字体选:gbeitc.shx,字高为:2.5 mm,并以"L-7-16"为名存盘。

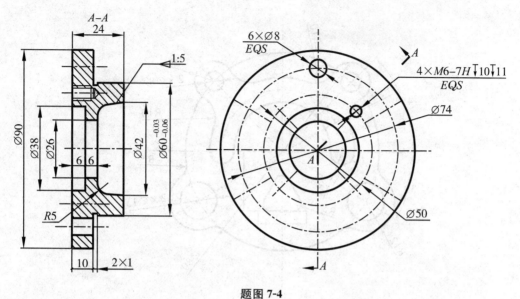

题图 7-4

7-17 打开文件"L-5-11",标注尺寸,字体选:gbeitc.shx,字高为:2.5 mm,并以"L-7-17"为名存盘。

7-18 打开文件"L-5-12",标注尺寸,字体选:gbeitc.shx,字高为:2.5 mm,并以"L-7-18"为名存盘。

7-19 打开文件"件2",将图形比例改为2∶1,并标注尺寸,字体选:gbeitc.shx,字高为:5 mm,并以"L-7-19"为名存盘。

7-20 打开文件名"L-5-3",按1∶2尺寸绘制题图7-5所示的图形,标注尺寸,字体选:gbeitc.shx,字高为:3.5 mm,并以"L-7-20"为名存盘。

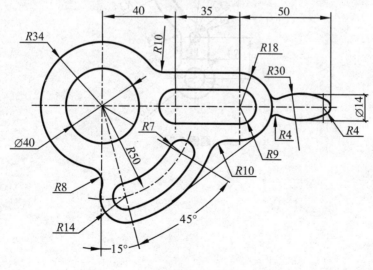

题图 7-5

7-21 打开文件"L-5-3",按 1∶1 尺寸绘制题图 7-6 所示的图形,标注尺寸,字体选:gbeitc.shx,字高为:3.5 mm,并以"L-7-21"为名存盘。

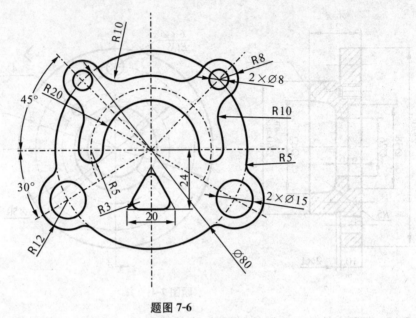

题图 7-6

7-22 打开文件"L-5-3",按 2∶1 尺寸绘制题图 7-7 所示的图形,标注尺寸,字体选:gbeitc.shx,字高为:3.5 mm,并以"L-7-22"为名存盘。

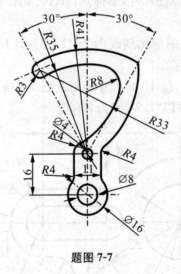

题图 7-7

第八章 用 AutoCAD 2009 标注技术要求

零件图上的技术要求通常有尺寸公差、表面结构代号和形位公差等内容,有关尺寸公差的标注,我们已经在第七章中学过,因此,本章主要介绍表面结构代号和形位公差的标注。

第一节 标注表面结构代号

由于 AutoCAD 中无表面结构代号的命令,但在零件图上有表面结构代号这一技术要求,因此,我们必须首先学会用直线命令、文本命令等相关命令绘制表面结构符号、代号,才能进行表面结构代号的标注。

一、创建表面结构符号、代号

创建表面结构代号主要由三步组成,首先用多边形、直线、比例等命令画出表面结构符号,如图 8-1(a)所示,然后用文字命令书写 Ra 值,如图 8-1(b)所示,最后用移动命令,将 Ra 值移至表面结构符号上面,即得表面结构代号,如图 8-1(c)所示。

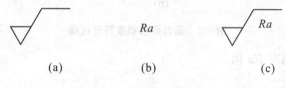

图 8-1 创建表面结构代号

【例 8-1】 画出表面结构代号:✓$Ra6.3$。 要求:字高 5,宋体。

操作步骤:

(1) 画出表面结构符号。

由于表面结构符号总的高度约为字高的 2.8 倍,因此,可以利用多边形、直线、删除、修剪、比例命令来绘制表面结构符号,先画圆的外切正六边形,圆的直径为字高的两倍,最后用直线、删除、修剪、比例命令画出表面结构符号,如图 8-2 所示。

操作步骤：

① 设置图层、线型和线宽。

② 打开绘图工具栏和捕捉工具栏。

③ 单击绘图工具栏正多边形图标 ⬠。

④ 命令行键入多边形边数："6"，回车。

⑤ 光标在适当位置单击。

⑥ 命令行键入外切选项字母："C"，回车。

⑦ 命令行键入半径："5"，回车，正六边形画出，如图 8-2(a)所示。

⑧ 单击绘图工具栏直线图标 ╱。

⑨ 捕捉 A 点，单击。

⑩ 捕捉 B 点，单击。

⑪ 捕捉 C 点，单击。

⑫ 捕捉中点 D 点，单击，回车，如图 8-2(b)所示。

⑬ 光标移到正六边形上，单击。

⑭ 单击删除图标 ✎，利用直线命令在 A 点画一条水平线，表面结构符号如图 8-2(c)所示。

⑮ 用比例缩放命令将图 8-2(c)符号放大 1.4 倍，即完成表面结构符号的绘制。

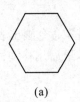   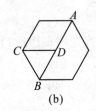   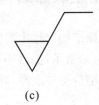

　　(a)　　　　　　　　　(b)　　　　　　　　　(c)

图 8-2　画表面粗糙度符号过程

(2) 用文字命令书写 Ra 值。

操作步骤：

① 单击绘图工具栏中文字图标 **A**。

② 光标在适当位置画出长方形线框，弹出"在位多行文字编辑器"对话框。

③ 在"文字格式"选项中，将字高设置为 5，字体设置为 gbeitc.shx。

*Ra*6.3

图 8-3　粗糙度值

④ 在英文输入法下，输入"Ra 6.3"，单击"确定"，如图 8-3 所示。

(3) 完成表面结构代号。

① 单击修改工具栏中移动图标 ✥；

② 单击"Ra6.3"，回车；

③ 光标移动至适当位置，单击；

④ 将"Ra6.3"拖放到表面结构符号横线的下方，单击，即完成了表面结构代号的绘制，如图 8-4 所示。

图 8-4　表面结构代号

二、标注表面结构代号

在创建了表面结构代号基础上,通过单击移动图标✣,选中表面结构代号,并拖放到零件图的适当部位,单击,即完成了表面结构代号的标注。

操作步骤:　　　　　　　　　　　　　　　　步骤说明:

(1) 单击修改工具栏中移动图标✣。　　　　_Move

(2) 单击或窗选表面结构代号。　　　　　　选择对象:

(3) 回车。　　　　　　　　　　　　　　　选择对象:

(4) 光标捕捉表面结构符号的尖端,并单击,此时表面结构代号动态显示。　　指定基点或[位移(D)]<位移>:

(5) 打开"捕捉到最近点"命令,将表面结构代号拖放到零件图的适当位置并单击,即完成表面结构代号的标注。　　指定第 2 个点或<使用第 1 个点作为位移>:

第二节　标注形状与位置公差

形状与位置公差简称为形位公差,在 AutoCAD 中设置了形位公差的标注命令。该命令是根据特征控制框的方式进行标注,如图 8-5 所示,这样可以规范公差的标注,另外,形位公差的标注是与引线标注结合在一起使用的。

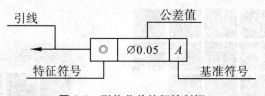

图 8-5　形位公差特征控制框

一、启动"形位公差"对话框

利用 AutoCAD 标注形位公差时,首先要启动形位公差命令,打开"形位公差"对话框,如图 8-6 所示,启动方法有 3 种:

(1) 菜单栏:"标注"→"公差";

(2) 工具栏:单击标注工具栏中形位公差图标 ⊞ ;

(3) 命令行：键入"Tolerance"，回车。

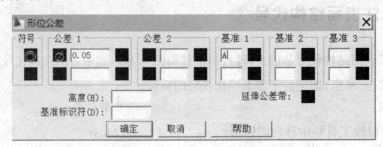

图 8-6 "形位公差"对话框

二、"形位公差"对话框各选项含义及操作

图 8-6 所示"形位公差"对话框中各选项的含义及操作分别如下：

(1) 符号：设置形位公差特征符号，如直线度符号"-"。操作：单击符号下面的任一个方框，将出现"特征符号"对话框，如图 8-7 所示。单击图 8-7 中合适的特征符号，此时特征符号即出现在图 8-6 中"符号"下面的方框内，单击空白方框，则无特征符号。

(2) 公差 1：设置公差框中的第 1 个公差值，该值包含两个修饰符号，即直径和包容条件。操作：在公差 1 中有 3 个线框，第 1 个线框可以设置直径符号，单击该线框，出现直径符号"ϕ"，如图 8-6 所示；第 2 个线框键入公差数值；第 3 个线框可以设置包容条件的符号，单击该线框，出现附加符号，如图 8-8 所示，单击相应的符号，即在第 3 个线框中出现包容条件符号（"M"为最大包容条件，"L"为最小包容条件，"S"为不考虑特征尺寸）。

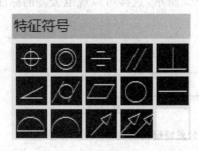

图 8-7 "特征符号"对话框　　　　图 8-8 修饰符号

(3) 公差 2：设置形位公差的有关参数。操作方法同公差 1，一般不作设置。

(4) 基准 1、基准 2、基准 3：设置位置公差的主要基准符号。基准由两个线框组成，第 1 个线框内键入基准符号，第 2 个线框内设置符加条件的符号，通常只有一个基准符号。

(5) 高度、基准标识符、延伸公差带：这 3 项在标注时通常不用，在此不作介绍。

三、设置形位公差操作步骤

设置形位公差操作步骤如下：

(1) 单击标注工具栏中的标注样式图标 ，建立一个新的标注样式名，并对"文字"选

项作相应的设置,如字体、字高等,字高能控制"特征控制框"的大小。

(2) 在菜单栏格式中单击"多重引线样式",按要求设置并将样式名置为当前。

(3) 单击标注工具栏中的多重引线标注图标 ,绘制形位公差标注引线,如图 8-9(a)所示。

(4) 单击标注工具栏中的形位公差标注图标 ,对"形位公差"对话框作相应的设置,单击确定,即可设置"特征控制框",如图 8-9(b)所示。

(5) 将"特征控制框"拖放到引线端点(捕捉),并单击,即完成形位公差的标注,如图 8-9(c)所示。

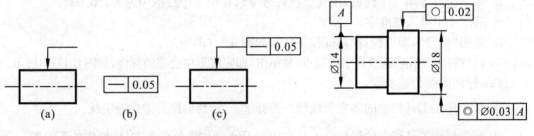

图 8-9 "形位公差"标注过程　　　　　图 8-10 圆度和同轴度公差

【例 8-2】 按图 8-10 所示,标注圆度和同轴度公差。

(1) 标注同轴度公差步骤。

① 分别单击以下图标:直线图标 、矩形图标 、正多边形图标 、图案填充图标 、文字图标A、移动图标 、中点捕捉图标 ,绘制基准符号,符号尺寸参考尺寸标注字高,如图 8-11(a)所示。

② 将基准符号移至 ⌀16 尺寸线的延长线上,如图 8-11(b)所示。

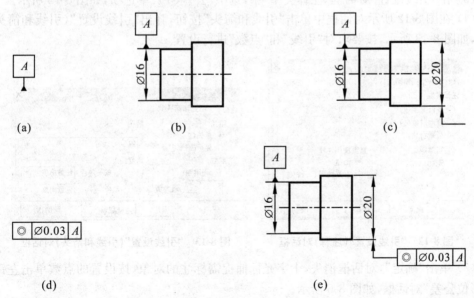

图 8-11 "同轴度"标注过程

③ 单击标注工具栏中的标注样式图标，建立一个新的标注样式名并置为当前，如"同轴度"，并对"文字"选项作相应的设置，字体：gbeitc，字高作相应设置。

④ 在菜单栏格式中单击"多重引线样式"，按要求设置并将样式名置为当前。

⑤ 单击标注工具栏中的多重引线标注图标，绘制形位公差标注引线，如图 8-11(c)所示。

⑥ 单击标注工具栏中的形位公差标注图标，对"形位公差"对话框作如下设置：

a. 单击"符号"框，在弹出的"特征符号"对话框中，单击"同轴度"符号；
b. 单击公差 1 第 1 个线框，出现直径符号"φ"，在第 2 个线框中键入："0.03"；
c. 基准 1 中键入基准字母"A"。
d. 单击"确定"，即可设置"特征控制框"，如图 8-11(d)所示。

⑦ 将"特征控制框"拖放到引线端点，并单击，即完成形位公差的标注，如图 8-11(e)所示。

(2) 标注圆度公差步骤。

① 单击标注工具栏中的多重引线标注图标，绘制形位公差标注引线。

② 单击标注工具栏中的形位公差标注图标，对"形位公差"对话框作如下设置：

a. 单击"符号"框，在弹出的"特征符号"对话框中，单击"圆度"符号；
b. 不要单击公差 1 第 1 个线框，在第 2 个线框中键入"0.02"；
c. 单击"确定"，即可设置"特征控制框"。

③ 将"特征控制框"拖放到引线端点，并单击，即完成形位公差的标注，如图 8-10 所示。

另外可利用"Qleader"命令将引线和形位公差一起标注，具体操作如下：

(1) 命令行键入"Qleader"，回车。

(2) 命令行键入"S"，回车，弹出"引线设置"(注释)对话框，如图 8-12 所示。

(3) 在"引线设置"对话框"注释类型"中，选中"公差(T)"单选项，如图 8-12 所示。

(4) 在图 8-12 所示对话框中单击"引线和箭头"按钮，弹出"引线设置"(引线和箭头)对话框，如图 8-13 所示，按要求对"引线"和"点数"进行设置。

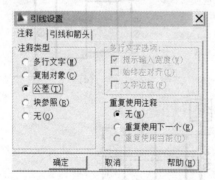
图 8-12　"引线设置"(注释)对话框

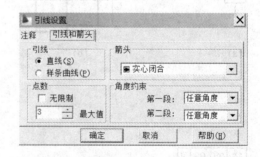
图 8-13　"引线设置"(引线和箭头)对话框

(5) 单击"确定"，对话框消失，十字光标捕捉需标注的对象，按设置的点数单击左键，弹出"形位公差"对话框，如图 8-6 所示。

(6) 按形位公差要求对图 8-6 进行设置，单击"确定"，即可完成形位公差的标注。用"Qleader"命令可提高形位公差标注的速度。

习 题

8-1 熟练掌握书中的例题所述的操作步骤。

8-2 按 1∶1 尺寸绘制题图 8-1 所示的图形,在 8 条线上标注表面结构代号,尺寸数字字高为 3.5 mm,Ra 值为 3.2 μm,并以"L-8-2"为名存盘。

8-3 按 1∶1 尺寸绘制题图 8-2 所示的图形,尺寸数字字高为 2.5 mm,字体为 gbeitc.shx,按题表 8-1 中给出的 Ra 数值,在图中标注表面结构代号,并以"L-8-3"为名存盘。

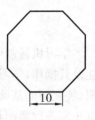

题图 8-1

题表 8-1

表 面	A	B	C	D	其 余
Ra	6.3	3.2	12.5	6.3	25

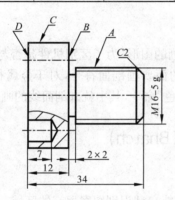
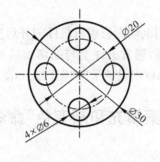

题图 8-2

8-4 按 1∶2 尺寸绘制题图 8-3 所示的图形,尺寸数字字高为 3 mm,字体为 gbeitc.shx,标注尺寸及形位公差,并以"L-8-4"为名存盘。

8-5 按 1∶2 尺寸绘制题图 8-4 所示的图形,尺寸数字字高为 3 mm,字体为 gbeitc.shx,标注尺寸及形位公差,并以"L-8-5"为名存盘。

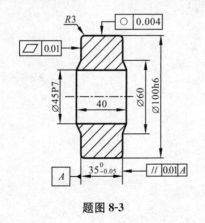
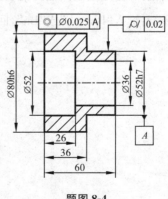

题图 8-3   题图 8-4

第九章 用 AutoCAD 2009 绘制零件图

学习机械制图必须学会画零件图、装配图,前面我们学习了 AutoCAD 中常用的命令功能及其操作,学习了如何把常用命令熟练、交叉使用,本章就要在使用 AutoCAD 绘制零件图、装配图的基础上来实现,这也是我们学习 AutoCAD 的最终目的——画零件图、装配图,真正实现脱离图板。

第一节 剖视图的绘制

剖视图是用剖切面假想将机件剖开后所画的图形,为了区别机件是否与剖切面接触,表达清楚层次关系,通常机件上与剖切面接触的面要画剖面符号,对于金属材料则画成剖面线。在 AutoCAD 中设置了"图案填充和渐变色"命令,其中就有剖面线的画法。

一、"图案填充和渐变色"命令(Bhatch)

1. 功能

将选定阴影图案填充到选定的区域内,且能自动识别图案填充的区域。

2. 操作步骤

(1) 启动"图案填充和渐变色"命令,弹出"图案填充和渐变色"对话框,如图 9-1 所示。方法有 3 种:

① 菜单栏:"绘图"→"图案填充(H)…";

② 工具栏:单击绘图工具栏图案填充图标 ;

③ 命令行:键入"Bhatch"或"Bh",回车。

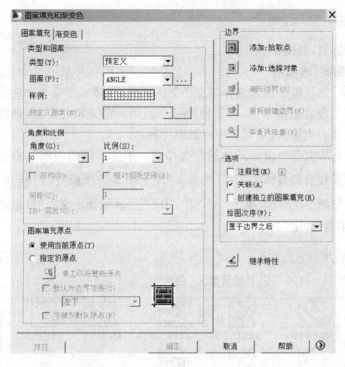

图 9-1 "图案填充和渐变色"对话框

（2）对图 9-1 作相应的设置。单击"帮助"右边的按钮 ⊙，弹出"孤岛"一栏，如图 9-2 所示。

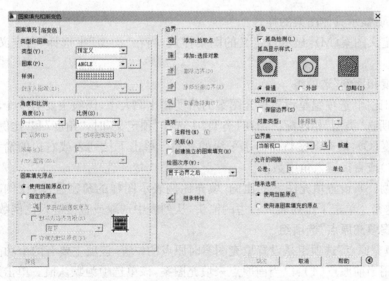

图 9-2 "图案填充和渐变色"孤岛对话框

（3）单击"确定"，即完成"图案填充"。

"图案填充和渐变色"有"图案填充"和"渐变色"两个选项卡，各选项卡的含义及操作如下：

（一）"图案填充"选项卡

该选项为缺省值，如图 9-1 所示。

1."类型和图案"选项组

"类型和图案"选项组是用来选择填充图案的形状，该项主要有 4 个功能。

（1）类型（Y）：设置图案来源，有 3 种：预定义、用户定义和自定义，通常选择"预定义"。单击下拉列表或其右边箭头，从列表中可选取一种。

（2）图案（P）：从类型中设置具体的图案样式。单击下拉列表或其右边箭头，从列表中可选取一种。如果要看到具体的图案，则单击"填充图案选项板"按钮 ，弹出"填充图案选项板"对话框，如图 9-3 所示，单击"ANSI"、"ISO"、"其他预定义"、"自定义"4 个选项之一，从中选取一种，单击"确定"。

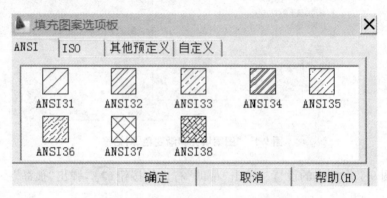

图 9-3 "填充图案选项板"对话框

（3）样例：显示具体图案的样式。

（4）自定义图案（M）：显示自定义的图案样式，当在"类型"中选择"自定义"后，该项才有效。

2."角度和比例"选项组

"角度和比例"选项组是设置填充图案的角度和比例大小，该项主要有 6 个功能，但该选项组内容与所选"类型"相匹配。当在"类型"中选择"预定义"时，"角度"和"比例"才有效。

（1）角度（G）：填充图案整体与水平线的夹角。单击下拉列表或右边的箭头，从列表中选取（$n×45°$）或直接键入角度数值。

（2）比例（S）：设置填充图案的比例，填充比例表示图样的疏密程度，比例越大，图样越疏，反之则越密。单击下拉列表或右边的箭头，从列表中选取或直接键入比例数值。

3."图案填充原点"选项组

"图案填充原点"选项组是设置填充图案时原点的位置，该项主要有两个功能。

（1）使用当前原点（T）：以当前原点来填充图案，该单选项为默认值。单击选中单选项。

（2）指定的原点：以指定的新原点来填充图案。单击选中单选项后，再单击"单击以设置新原点"按钮 ，然后在绘图区利用光标确定新的原点。

4."边界"选项组

"边界"选项组是确定填充图案时的边界线，该项主要有 5 个功能，这里介绍两个功能。

(1) 添加:拾取点:设置填充图案的边界区域。单击"拾取点"按钮 ▦,图 9-1 的对话框自动隐藏,光标在图案填充的封闭区域内单击,回车,自动切换到对话框。此时,"预览"、"删除边界(D)"、"查看选择集(V)"、"确定"被激活(变为深色)。单击"确定",即完成填充图案。

(2) 添加:选择对象:设置填充图案的边界区域。单击"选择对象"按钮 ▦,对话框自动隐藏,光标变成选择框,利用"窗选"方式选择填充的封闭区域(对象),回车,自动切换到对话框。此时,"预览"、"删除边界(D)"、"查看选择集(V)"、"确定"被激活(变为深色)。单击"确定",即完成填充图案。

5. "选项"选项组

"选项"选项组是确定填充图案时是否与边界关联,该项主要有 3 个功能。

(1) 注释性(N):将填充图案设置为注释性对象,使用此特性,用户可以自动完成缩放注释的过程,从而使注释能够以正确的大小在图纸上打印或显示。

(2) 关联(A):将填充图案作为一个对象(块)处理,并且填充图案与构成其边界的图形对象相关,如果这些边界对象被修改了,则填充同时被更新。

(3) 创建独立的图案填充(H):填充内容与边界脱离关系,对其边界的任何修改都不会影响已完成的填充。

6. 继承特性 ▦

选择图上一个已有的填充图案作为当前填充图案。

7. 预览

在执行图案填充前,预览所填充的图案效果。在其他内容设置结束后,单击"预览"按钮,在绘图区出现预览填充图形。

8. "孤岛"选项组

如图 9-2 所示,设置是否把外边界包围的物体(即"孤岛")作为填充边界。当选中"孤岛检测(L)"复选框时,"孤岛显示样式"有 3 个单选项可选。

(1) "普通"样式:表示从所选边界由外向内填充图案,当遇到第一个内部封闭对象(集)时,则图案中的线条自动断开,直至遇到下一个封闭对象时再继续进行填充,缺省值为"普通"样式,如图 9-2 所示。

(2) "外部"样式:表示从所选边界由外向内填充图案,只要图案中的线条在边界内部与第一个封闭对象(集)相交时,则填充就此中断,线条不再向内延伸。单击"外部"单选项,如图 9-2 所示。

(3) "忽略(I)"样式:表示填充图案时忽略边界内部的所有对象,按所选边界所包容的封闭范围进行填充。单击"忽略"单选项,如图 9-2 所示。

9. "边界保留"选项组

(1) 保留边界(S):选中该复选框后,AutoCAD 2009 自动将图样填充区域的边界储存在当前图形文件的系统数据库中,以便为定义边界提供原始数据。

(2) 对象类型:该下拉列表框用以控制新边界类型,有"多段线"和"面域"两个选项。"多段线"选项表示图样填充区域的边界为多段线;"面域"选项表示图样填充区域的边界是面域边界。

10. 边界集

当用户使用拾取内部点方式设置图样填充边界时，AutoCAD 将自动分析当前图形文件中可见的各个实体，并搜索出包围该内部点的各实体以及它们所组成的边界。

11. 允许的间隙

在该参数范围内，可以将一个几乎封闭的区域看作是一个闭合的填充边界，即填充不封闭的图形。默认值为 0 时，对象是完全封闭的区域。

12. 继承选项

主要与"图案填充原点"选项组相匹配。

（二）"渐变色"选项卡

该选项内容如图 9-4 所示，填充图案时颜色是可逐渐变化的。"渐变色"选项卡内容除"颜色(C)"和"方向"外，其他内容与"图案填充"选项卡内容相同。

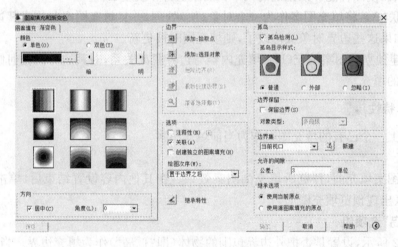

图 9-4 "渐变色"对话框

"颜色(C)"选项组是用来设置颜色种类，该项主要有两个功能。

(1) 单色(O)：设置单一颜色。单击下拉列表右边"颜色选择"按钮 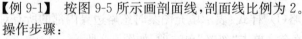，弹出"颜色选择"对话框，按对话框要求设置，然后单击"确定"。

(2) 双色(T)：设置两种颜色。单击下拉列表右边"颜色选择"按钮 ，弹出"颜色选择"对话框，按对话框要求设置，然后单击"确定"。

【例 9-1】 按图 9-5 所示画剖面线，剖面线比例为 2。

操作步骤：

(1) 用矩形、圆命令画出圆和长方形。

(2) 单击绘图工具栏"填充图案"图标 ，弹出"图案填充和渐变色"对话框，如图 9-1 所示。

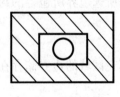

图 9-5 画剖面线

(3) 类型：选中"预定义"。

(4) 单击"图案"右边的按钮 ，弹出"填充图案选项板"对话框,图 9-3 所示。

(5) 单击"ANSI"选项。
(6) 单击"ANSI31"图形。
(7) 单击"确定"。
(8) 在"角度"输入框中,键入"90"。
(9) 在"比例"输入框中,键入"2"。
(10) 单击"帮助"右边的按钮 ⊙,弹出"孤岛"一栏。选中"孤岛检测(L)"复选框,选择"孤岛显示样式"中的"外部"单选项。
(11) 单击"拾取点" ,图 9-1 自动隐藏。
(12) 光标移至大小长方形之间,单击,回车,图 9-1 自动出现。
(13) 单击"确定",即完成剖面线的画图。

二、编辑"图案填充"(Hatchedit)

如果剖面线画好后,发现并不理想,如距离太小或太大,此时,可利用"图案填充编辑"命令来修改。

1. 功能
对已有的填充图案进行修改,包括改变图案类型、角度、比例、组成及孤岛检测样式等。

2. 操作步骤
(1) 启动"图案填充编辑"命令,方法有 3 种:
① 菜单栏:"修改"→"对象"→"图案填充";
② 工具栏:单击"修改Ⅱ"工具栏编辑图案填充图标 ;
③ 命令行:键入"Hatchedit"或"H",回车。
(2) 光标移至剖面线,单击,弹出"图案填充编辑"对话框,如图 9-6 所示。

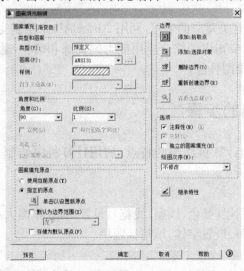

图 9-6 "图案填充编辑"对话框

(3) 对图 9-6 按"图案填充"对话框进行重新设置。

(4) 单击"确定",即完成图案修改。

在缺省值情况下,剖面线是一个图块,如果要对剖面线中的每条线单独操作,就需要用"分解"命令进行分解,操作步骤如下:

① 光标移至剖面线单击,此时,剖面线变成虚线。

② 单击修改工具栏中分解图标 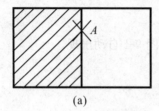,此时,剖面线(块)即被分解。

另外,如何将相邻而剖面线方向相反的剖面线对准,如图 9-7(b)所示。其操作步骤如下:

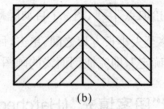

图 9-7 左右剖面线对准

操作步骤:
① 命令行键入:"Snapbase"。
② 回车。
③ 光标捕捉 A 点,并单击,如图 9-7(a)所示。
④ 启动"图案填充…"命令。
⑤ 按"图案填充"要求操作,即得图 9-7(b)。

步骤说明:
_Snapbase
输入 Snapbase 的新值
0.0000>:_int 于<0.0000,

第二节　绘制零件图

通过前面 AutoCAD 有关章节的学习,利用 AutoCAD 来绘制完成一张零件图已不是难事。本节主要是对前面章节知识的综合应用能力的训练和培养,融会贯通,在多练、勤练的基础上,真正掌握计算机绘图技能。

一、绘制零件图的步骤

根据零件图的内容和计算机绘图的特点,利用计算机来绘制零件图的步骤归纳以下 5 步:

1. 建立绘图环境

绘图环境包括:设置图层(颜色、线型、线宽)、设置图幅(幅面大小、标题栏)、打开工具栏(绘图、修改、尺寸、捕捉等)、设置字体,填写标题栏。

2. 存盘

在建立绘图环境后,为防止死机、停电等导致信息丢失,因此,需要进行保存,以免工作白做。另外,在画图过程中,也要及时进行保存。

3. 绘制一组视图

利用基本绘图命令、基本编辑命令、捕捉命令等,绘制视图、剖视图和断面图等平面图形。在绘图之前,应仔细分析所画图样,明确画图顺序,先画什么、后画什么,用哪些绘图命令和编辑命令更能提高绘图效率等等,做到心中有数,绘图有条不紊。

4. 标注齐全的尺寸

根据所标注尺寸类型的不同,先设置尺寸标注样式,再利用相应的尺寸标注命令,进行标注尺寸。

5. 标注技术要求

对于文字,可以利用"文字"命令完成;对于表面结构代号的标注,一般应先创建具有属性的表面结构代号块,然后利用插入块的形式来标注;对于形位公差,可以利用"Qleader"命令和"形位公差"命令完成。

二、绘制零件图举例

【例 9-2】 绘制"密封盖"零件图,如图 9-8 所示。要求:图幅为 A4,线宽:粗实线为 0.6,细实线、细点画线为 0.3,尺寸数字字体为:gbeitc.shx,文字为:仿宋体,字体高度为:3.5 mm。

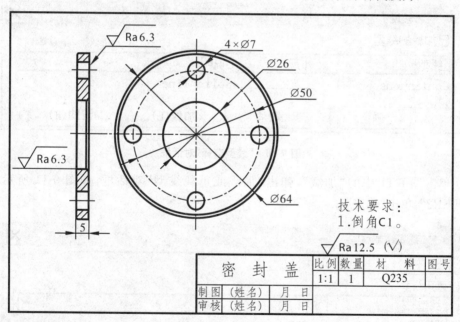

图 9-8 "密封盖"零件图

画图及操作步骤如下:

1. 建立绘图环境

(1) 菜单栏:"文件"→"新建(N)…",弹出"创建新图形"对话框,在"从草图开始"对话框中选取"公制"选项,单击"确定",进入用户界面。

(2) 设置图层和加载线型。

操作步骤:

① 单击图层工具栏图层图标，弹出"图层特性管理器"对话框,如图 9-9 所示。

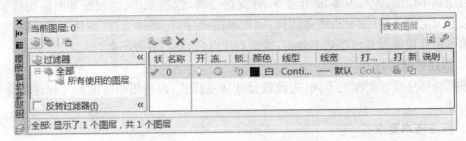

图 9-9 "图层特性管理器"对话框

② 单击图 9-9 中的新建按钮，在中文输入法下,将层名设置为"粗实线",单击线宽下面的图线,在下拉列表中选 0.6。

③ 单击图 9-9 中的新建按钮，在中文输入法下,将层名设置为"细点画线",单击线宽下面的图线,在下拉列表中选 0.3,单击线型下面的"Continuous",弹出"选择线型"对话框,如图 9-10 所示。

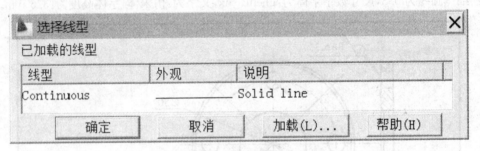

图 9-10 "线型选择"对话框

④ 单击图 9-11 中的"加载",弹出"加载或重载线型"对话框,如图 9-11 所示,选中"CENTER2",单击"确定"。

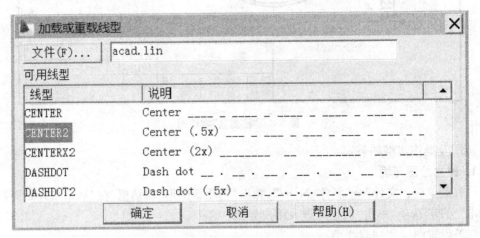

图 9-11 "加载或重载线型"对话框

⑤ 在图 9-11 中,选中"CENTER2",单击"确定",单击图 9-9 中的"确定",即完成"细点画线"的设置。

⑥ 用同样的方法设置"细实线"。

(3) 设置 A4 图幅。

采用"矩形"命令绘制 A4 图幅的内、外边框,画外边框时,细实线图层置为当前层,画内边框时,将粗实线置为当前层。

操作步骤:

① 将细实线图层置为当前层。

② 单击绘图工具栏矩形图标 ▭。

③ 命令行键入:"0,0",回车。

④ 命令行键入:"297,210",回车,即画出外边框。

⑤ 将粗实线图层置为当前层。

⑥ 回车,重新启动矩形命令。

⑦ 命令行键入:"25,5",回车。

⑧ 命令行键入:"292,205",回车,即画出内边框,如图 9-12 所示。

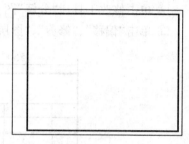

图 9-12　A4 图幅

(4) 设置文字样式。

操作步骤:

① 菜单栏启动文字样式:"格式"→"文字样式(S)…",弹出"文字样式"对话框,如图9-13所示。

② 单击图 9-13 中"新建(N)"按钮,在"新建文字样式"对话框"样式名"中键入"仿宋体"后单击"确定"。

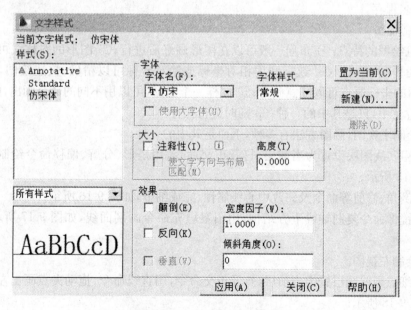

图 9-13　"文字样式"对话框

③ 单击"字体名(F)"下拉列表或其右边的箭头,选择"仿宋",高度键入"3.5"。

④ 单击"应用"。

⑤ 单击图 9-13 中"新建(N)"按钮,在"新建文字样式"对话框"样式名"中键入"数字"后单击"确定"。

⑥ 单击"字体名(F)"下拉列表或其右边的箭头,选择"gbeitc",高度键入"3.5"。

⑦ 单击"应用"。

⑧ 单击"关闭"。

(5) 绘制标题栏,并填写文字。

① 选中 A4 图幅中的内边框,单击。

② 单击修改工具栏"分解"图标。

③ 单击"偏移"、"修剪"、"图层"命令,按尺寸完成标题栏线框,如图 9-14 所示。

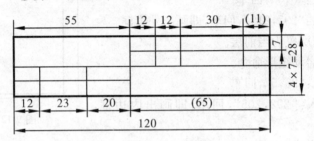

图 9-14　绘制标题栏

④ 文字样式名置为:仿宋体,用"单行文字"、"移动"命令,按图 9-14 所示填写文字。

2. 保存

完成以上的绘图环境设置后,以"A4"为图形文件名存放在指定的磁盘文件夹中:"文件"→"另存为"对话框(文件名"A4"、路径)→"保存",以便今后调用"A4"图幅。再以"密封盖"为文件名保存。

3. 绘制视图

计算机绘图的特点:① 布局一般可以在图形画好后进行;② 图形的对称线可以在部分图形画出后再画;③ 按尺寸数字利用相对坐标或绝对坐标可以精确、快速绘图,实现宽相等;④ 作图的坐标原点可以随意确定;⑤ 同样一个图形,可以用不同的命令画出,因此,在例题所述的方法中,只是其中的一种;⑥ 随时进行保存。

(1) 绘制主视图,画图方法有多种,下面是其中的一种。

① 将粗实线图层设置为当前层,打开正交命令,用矩形、分解、偏移命令绘制主要轮廓线,如图 9-15 所示。

② 用倒角、修剪等命令及修改中心线属性,完成细节,如图 9-16 所示。

③ 用镜像命令复制轴线下方结构,用图案填充命令画剖面线,如图 9-17 所示,并进行保存。

(2) 绘制左视图。

① 将细点画线图层置为当前层,打开正交命令,用直线命令、拖动夹点画出左视图的中心线,如图 9-18 所示。

第九章 用 AutoCAD 2009 绘制零件图

② 调用图层、直线、圆命令完成左视图,如图 9-19 所示,至此,零件图形画好,用"移动"命令进行布局调整,并进行保存。

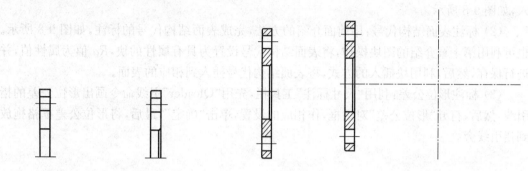

图 9-15 主视图一　图 9-16 主视图二　图 9-17 主视图三　图 9-18 左视图一

4. 标注尺寸

启动"尺寸样式管理器"对话框,在文字选项卡中将文字样式置为:数字,设置 3 种尺寸样式名,用于标注:

(1) 无直径符号。

(2) 有直径符号:在"新建标注样式"对话框中,单击"主单位",在前缀中键入"%%C"。

(3) 4×直径符号:在"新建标注样式"对话框中,单击"主单位",在前缀中键入"4×%%C"。在键入"×"时,应按如下操作:单击"开始",指向"程序",指向"附件",指向"系统工具",然后单击"字符映射表",或在文字格式中(符号 @ → 其他)也可以打开"字符映射表",然后作如下操作:

① 单击"字体(F)"右边的下拉列表或箭头,从中选择某种字体。

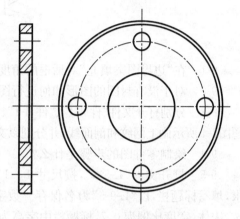

图 9-19 左视图二

② 在符号区中单击某种符号。

③ 单击"复制字符(A)"右边的"选定"按钮。再单击"复制"按钮。

④ 在文档中,单击插入字符的位置。

⑤ 右击,在快捷菜单中单击"粘贴",此时所选符号被粘贴到文本框中。

⑥ 选择已插入的符号,然后单击"文字格式"中的字体及大小,更改为原文本框中使用的同一字体及大小。

利用"尺寸标注"工具栏,按图中的尺寸类型选择相应的图标完成零件图中尺寸标注,并进行保存,如图 9-20 所示。

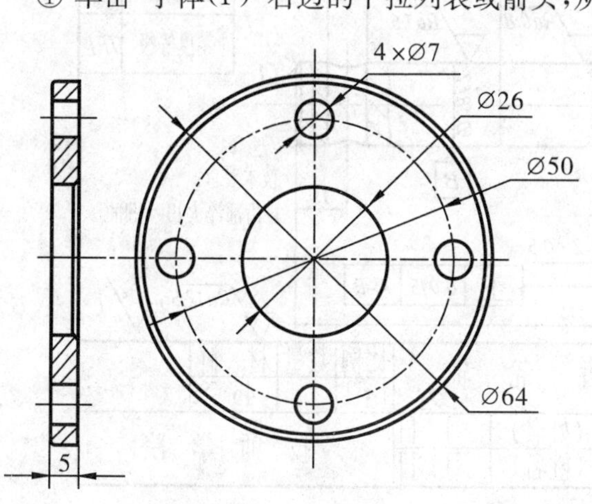

图 9-20 尺寸标注

5. 标注技术要求

（1）标注文字：将文字样式名置为：仿宋体，然后利用多行文本或单行文本进行文字输入，如图 9-8 所示。

（2）标注表面结构代号：用前面介绍的方法，完成表面结构代号的标注，如图 9-8 所示。也可利用第十章介绍的图块操作，将表面结构代号设置为具有属性的块，Ra 值为属性值，并进行保存，然后，利用块插入的方式，将表面结构代号插入到相应的表面。

（3）标注形位公差：利用"尺寸标注"工具栏，先用"Qleader"引线命令画出形位公差的指引线，然后，打开"形位公差"对话框，作相应的设置，单击"确定"，最后，将形位公差框格拖放到指引线旁。

习　题

9-1　在"边界图案填充"对话框的角度栏中设置的角度是剖面线与 X 轴的夹角吗？

9-2　对于没有封闭的图形如何进行图案填充？

9-3　分别打开文件"件 4-1"、"件 6-1"、"件 7-1"、"件 5-1"，按题图 7-1、题图 7-2、题图7-3、题图7-4 所示画上网纹和剖面线，并分别以文件名"件 4"、"件 6"、"件 7"、"件 5"存盘。

9-4　绘制零件图的步骤是什么？

9-5　打开文件"L-5-3"，按尺寸 1∶1 绘制题图 9-1 所示的零件图，标注尺寸及技术要求，填写标题栏，以"L-9-5"为名保存。数字字体选：gbeitc.shx，字高为：3.5 mm；汉字字体选：宋体，宽度比例为 0.7，标题栏中字高为 5 mm，其余字高为 3.5 mm。

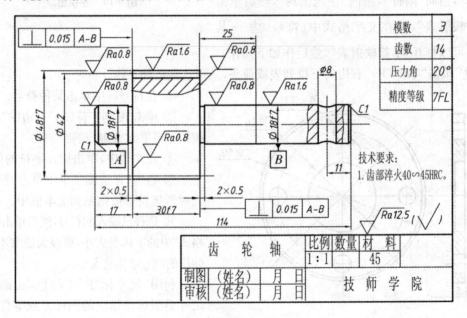

题图 9-1

9-6 打开文件"L-5-3",按尺寸 1∶1 绘制题图 9-2 所示的零件图,标注尺寸及技术要求,填写标题栏,并以"件 10"为名存盘。数字字体选:gbeitc.shx,字高为:3.5 mm;汉字字体选:宋体,宽度比例为 0.7,标题栏中字高为 5 mm,其余字高为 3.5 mm。

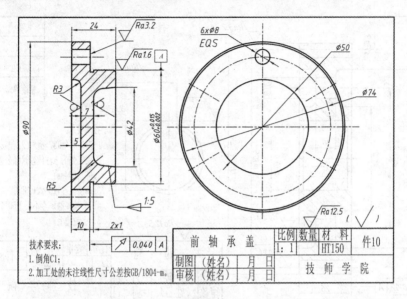

题图 9-2

9-7 打开文件"L-5-3",按尺寸 1∶1 绘制题图 9-3 所示的零件图,标注尺寸及技术要求,填写标题栏,并以"件 1"为名存盘。数字字体选:gbeitc.shx,字高为:3.5 mm;汉字字体选:宋体,宽度比例为 0.7,标题栏中字高为 5 mm,其余字高为 3.5 mm。

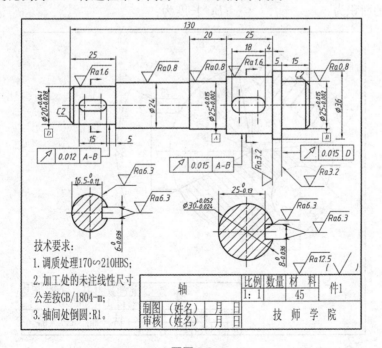

题图 9-3

9-8　打开文件"L-5-3",按尺寸1∶1绘制题图9-4所示的零件图,标注尺寸及技术要求,填写标题栏,并以"件8"为名存盘。数字字体选:gbeitc.shx,字高为:3.5 mm;汉字字体选:宋体,宽度比例为0.7,标题栏中字度为5 mm,其余字度为3.5 mm。

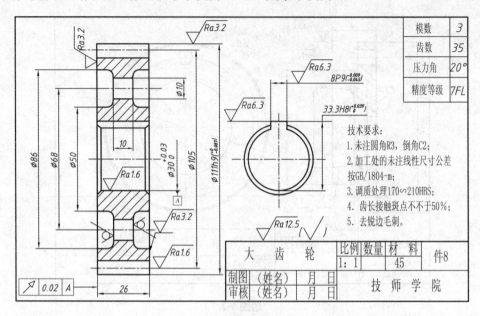

题图 9-4

9-9　打开文件"L-5-3",按尺寸1∶1绘制题图9-5所示的平面图,标注尺寸,并以"L-9-9"为名存盘。数字字体选:gbeitc.shx,字高为:3.5 mm。

区域A的面积为:_____;BC长度为:_____。

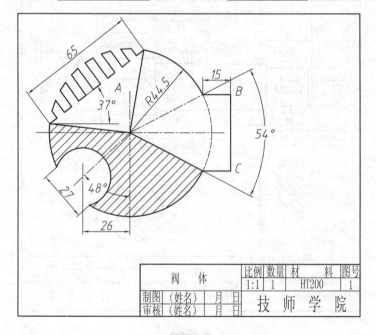

题图 9-5

第十章　用 AutoCAD 2009 绘制装配图

掌握了计算机绘制零件图的方法步骤后,用计算机来绘制装配图已不是难事,本章主要介绍图块的概念及应用,归纳绘制装配图的步骤。

第一节　创建与插入图块

用 AutoCAD 绘图的最大优点就是 AutoCAD 具有库的功能,且能重复使用图形的部件。利用 AutoCAD 提供的块、写入块和插入块等操作,就可以把用 AutoCAD 2009 绘制的图形作为一种资源保存起来,在一个图形文件或不同的图形文件中重复使用。

一、图块的概念与作用

1. 图块的概念

图块简称"块",是由多个图形对象(也可以是单个图形对象)组成并且被赋予名称的一个整体。系统将块作为一个单一对象来处理,用户可以把块插入到当前图形的任意指定位置,同时还可以对块进行缩放、旋转、移动、删除和列表,而且还可以给它定义属性,在插入时可以填写可变的信息。

2. 图块的作用

(1) 带有可变的文字信息。

块具有属性,即可以带有可变的文字信息。块的文字信息可以在插入时带入或者重新输入,可以设置它的可见性,还可以从图形中提取这些信息,传送到外部数据库进行管理和查看。

(2) 用于建立图形库。

建立块也就是建立个人的图形库,用户可以将经常使用的图形作为"块",建立图库。运用插入块的方法来建立图形,这样可以避免许多重复的工作,以提高用户作图的效率和质量。

(3) 便于图形拼装。

对于需要拼装的图形,往往可以首先把各图形定义成"块",在同一图幅中插入这些块,然后,对它们进行拼装。例如,要拼装一张装配图,可以将组成该部件的各零件图定义为块,并以文件形式保存起来。新建或打开一张图幅,分别插入这些"零件"块,通过编辑、修改,完成装配图的拼装。

(4) 节省存贮空间。

使用"块"的最大优点就是有助于减小图形文件的大小。AutoCAD 在保存图形文件时是将图形中每个对象进行保存,往往要占用相当数量的磁盘空间。而将图形作为"块"后,此时图形将作为一个整体,AutoCAD 就不会对其中信息进行记录,对于"块"的插入,系统只要记住插入"块"时的基点和比例系数就可以了,从而可以大大提高绘图速度,节省存贮空间。

(5) 便于图形修改。

在图形中插入的"块"是一个独立的形体,这就便于图形的修改和重定义。例如,在图形中插入"块"后,发现"块"中的部分结构需要修改,此时只要重新定义该"块",图形中所有引用该"块"的地方均会自动更新。

二、创建与保存图块

(一) 创建图块(Bmake 或 Block)

1. 功能

用于指定当前图形中的某些实体构成一个块。

2. 操作步骤

(1) 启动"块"命令,弹出"块定义"对话框,如图 10-1 所示,方法有 3 种:

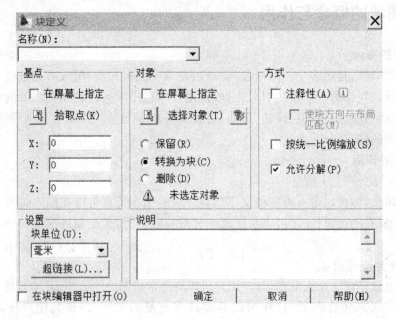

图 10-1 "块定义"对话框

① 菜单栏:"绘图"→"块(K)"→"创建(M)…";

② 工具栏:单击绘图工具栏创建块图标 ；

③ 命令行:键入"Block"或"Bmake",并回车。

(2) 对图 10-1 所示的"块定义"对话框进行设置。

(3) 设置结束后，单击"确定"，即完成"块"的创建。
"块定义"对话框各选项含义及操作如下：
(1) 名称(A)：定义创建块的名称，块名不能超出 31 个字符，可以由字母、数字及汉字组成。操作：直接在文本框中键入名称。
(2) "基点"选项组：设置块的插入基准点。在创建块定义时指定的基点，即成为该块用来插入图形中的插入点，用户在选择基点时一定要注意如何选择插入点的问题，有时候基点选择不好也会给块的插入带来不便，而且基点并不是一定要在图形上。

① "拾取点(K)"按钮：利用光标确定插入基准点。单击"拾取点(K)"按钮，然后用十字光标直接在作图屏幕上点取，确定图形插入的基准点。

② X、Y、Z 文本框：利用 X、Y、Z 坐标值来确定插入基准点。在文本框中直接键入 X、Y、Z 的坐标值，确定图形插入屏幕的位置。

(3) "对象"选项组：选取要定义块的实体。在该设置区中有 4 个选项，其含义如下：

① 选择对象(T)：用于用户在图形屏幕中选取组成块的对象。操作：单击"选择对象"按钮，这时光标就会变成"口"形，此时用户可以对 AutoCAD 视窗中的对象进行单选或窗选，选择完毕后，单击右键或直接回车，回到"块定义"对话框中。或单击"快速选择"按钮，弹出"快速选择"对话框，按对话框要求进行操作。

② 保留(R)：创建块后，保留图形中构成块的对象。单击单选框。
③ 转换为块(c)：创建块后，同时将图形中被选择的对象转换为块。单击单选框。
④ 删除(D)：在创建块后，从图形中删除所选取的实体图形。单击单选框。
(4) "方式"选项组：设置块的注释性及比例等。
① 注释性(A)：插入具有注释性的块。单击复选框。若选中，则"按统一比例缩放(S)"无效。
② 按统一比例缩放(S)：创建的块按统一比例缩放。单击复选框。
③ 允许分解(P)：创建的块可以被分解。单击复选框。
(5) "设置"选项组：设置块的单位。
① 块单位(U)：插入块的单位。单击下拉列表右边的箭头，用户可以从下拉列表中选取所插入块的单位。
② 超链接(L)…：略。
(6) "说明"选项(E)：详细描述，可以在其输入框中详细描述所定义图块的资料，以使其他用户对该块定义用途有一个全面的了解。

（二）保存图块（Wblock 或 W）

1. 功能
用于指定以前定义的内部块或整个图形或选择的对象构成一个块。该图块能保存在独立的图形文件中，可以被所有图形文件所访问。具有创建块和存盘的双重功能。

2. 操作步骤
(1) 启动创建外部块命令，弹出"写块"对话框，如图 10-2 所示，方法只有一种：命令行：键入"Wblock"或"W"，回车。

(2) 对图 10-2 所示的"写块"对话框进行设置。

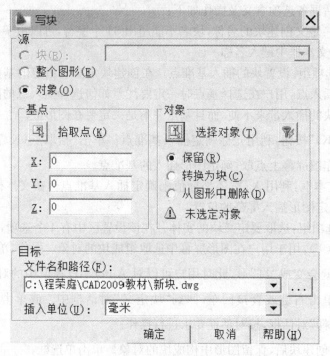

图 10-2 "写块"对话框

(3) 设置结束后，单击"确定"，即完成"块"的创建和存盘。

"写块"对话框各选项含义如下：

① "源"选项组：在该区中可以通过以下选项设置块的来源。将已经创建的块输入到一个新的图形文件中。

a. 块(B)：来源为块。若选中"块"单选项，此时，右边的下拉列表有效，用户就可以从下拉列表中选择已经创建的块进行存储。

b. 整个图形(E)：来源于当前正在绘制的整张图形。

c. 对象(O)：来源于所选的实体(对象)。

② "基点"选项组：设置块的插入点。与创建块操作相同。

③ "对象(O)"选项组：选取对象。与创建块操作相同。

④ "目标"选项组：目标参数描述。在该区中可以设置块的以下信息：

a. 文件名和路径(F)：设置保存的(输出)文件名及文件保存的位置。

用户可以直接在输入框输入块文件的位置及名称。单击输入框右边的图标按钮 ⃞ ，将出现"浏览图形文件"对话框，可以从中选取块文件的位置和输入文件名。

b. 插入单位(U)：插入块的单位。单击下拉列表或其右边的箭头，从列表中选取。

将块保存之后，如果要删除图块，则在命令行中键入："PURGE"，回车，按提示进行操作。

【例 10-1】 将【例 8-1】所作图形表面结构代号定义成块，并进行存盘。

操作步骤：

① 打开例 8-1 所作图中的表面结构代号  定义成块,如图10-3(a)所示。

(a)　　　　　　　　　　　　(b)

图 10-3　块创建和存盘

② 单击绘图工具栏块图标,弹出"块定义"对话框,如图 10-1 所示。
③ 在"名称"一栏中键入"表面结构代号"。
④ 单击"拾取点"按钮。
⑤ 打开捕捉,光标移至 A 点单击。
⑥ 单击"选择对象"按钮。
⑦ 光标选中表面结构代号:窗选,如图 10-3(b)所示。
⑧ 回车,返回"块定义"对话框,此时,在块名的右边出现所设置的块内容,如图 10-4 所示。

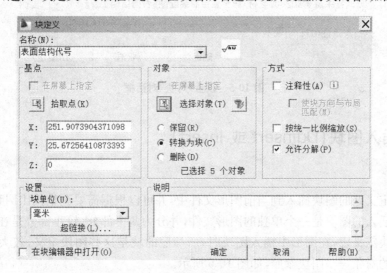

图 10-4　设置"块定义"对话框

⑨ 选中"转换为块"单选项。
⑩ "块单位"选毫米。
⑪ 单击"确定",所选对象即被定义为块,块名为"表面结构代号"。
⑫ 将块保存。

操作步骤:

a. 命令行键入:"W"或"Wblock",回车,弹出"写块"对话框,如图 10-2 所示。
b. 在"源"区中选中"块"单选项。此时"基点"及"对象"不能操作。
c. 单击"块"右边的下拉列表或箭头,选中被定义的块名:"表面结构代号"。
d. 在"目标"区"文件名和路径(F)"文本框中键入"C:\程荣庭\CAD2009 教材\第十章

绘制装配图\表面结构代号",或单击 ⋯⋯ ,从"浏览图形文件"对话框中,选择相应的磁盘及文件夹,输入文件名,单击"确定",结果如图 10-5 所示。设置被保存的位置和块名。

e. 单击"确定",即将块名为"表面结构代号"的块,以"表面结构"的名称保存在 C 盘中。

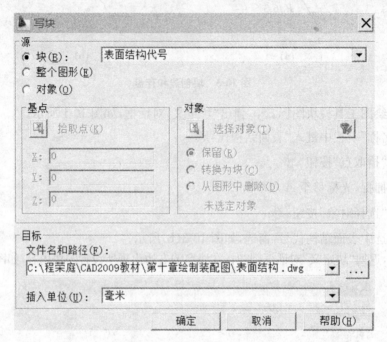

图 10-5　设置"写块"对话框

三、插入图块(Ddinsert 或 Insert)

1. 功能

将事先定义好的图块插入到当前图形文件中,并可以根据需要调整其比例和转角。

每个被插入的图块是一个单独的图形文件,并分为两个部分,较小部分是在不可见数据区域中的图块定义表,在图形中插入图块时,所参照的就是这些图块定义,较大部分表示图形中被插入的对象——图块参照,如图 10-6 所示。

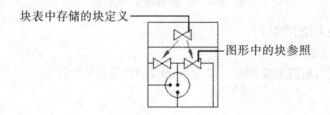

图 10-6　图块定义与图块参照

插入图块时即插入了图块参照,由于图块参照与图块定义之间建立了链接,因此,如果修改块定义,所有的块参照也将自动更新。

2. 操作步骤

（1）启动图块插入命令，弹出"插入"对话框，如图10-7所示，方法有3种：

① 菜单栏："插入"→"块(K)"；

② 工具栏：单击绘图工具栏插入块图标 ；

③ 命令行：键入"Ddinsert"或"Insert"，并回车。

（2）对图10-8所示的"插入"对话框进行设置。

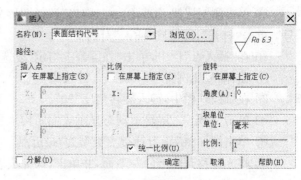

图 10-7 "插入"对话框

（3）输入插入点的坐标，则设置结束后，单击"确定"，即完成"块"的插入。或者选择"在屏幕上指定"复选框，则设置结束后，单击"确定"，移动光标，将块的基点移至适当位置（捕捉），单击，即完成"块"的插入，通常用这种方法来插入块。

"插入"对话框各选项含义及操作如下：

① 名称：指所插入块的名称。单击下拉列表右边的箭头，从列表中选名称；或直接键入插入块的名称；或单击浏览按钮 浏览(B)…，弹出"选择图形文件"对话框，从中选择某一个块名，单击"打开"，即回到"插入"对话框。

② 插入点：确定块被插入的位置，该位置点与创建图块时所设置的基点重合。选中"在屏幕上指定(S)"（单击）复选框，此时，光标可以在屏幕中任意位置单击确定块插入的位置。若不选中"在屏幕上指定"复选框，则在 X、Y 文本框中键入相应的坐标以确定插入点的位置。X、Y、Z 缺省值为：0。

③ 缩放比例：确定块被插入时图形缩放的比例。选中"在屏幕上指定(E)"（单击）复选框，此时，图块大小可以在屏幕中任意指定。若不选中"在屏幕上指定"复选框，则在 X、Y 文本框中键入相应方向的放大倍数。X、Y、Z 缺省值为：1。

④ 旋转：确定块被插入时图形旋转的角度。选中"在屏幕上指定(C)"（单击）复选框，此时，图块旋转角度可以在屏幕中任意指定，从命令行中键入指定的角度。若不选中"在屏幕上指定"复选框，则在"旋转"框中键入旋转的角度。

⑤ 分解(D)：设置是否将插入的块分解为独立的对象，缺省值为不分解。如果设置为分解，则 X、Y、Z 比例因子必须相同，即选择"统一比例"复选框。

插入块时，块中的所有对象保持块定义时的层、颜色和线型特性，在当前图形中增加相应层、颜色和线型信息。如果构成块的对象位于 0 层，其颜色和线型为"随层"，则块插入时，这些对象继承当前层的颜色和线型。

【例10-2】 如图10-8所示，将例10-1所绘制的名为"表面结构代号"图块的表面结构代号插入到图形上，插入时取比例因子为2。

操作步骤：

① 单击绘图工具栏插入块图标 ，弹出"插入"对话框，如图10-7所示。

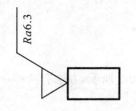

图 10-8 "插入"命令应用举例

② 单击浏览按钮 浏览(B)…，弹出"选择图形文件"对话框，从中选择块名"表面结构代号"，单击"打开"，即回到"插入"对话框。

③ 在"插入点"栏中，单击"在屏幕上指定"复选框。

④ 在"缩放比例"栏中，X、Y、Z 键入"2"。

⑤ 在"旋转"栏中，键入旋转角度"90"。

⑥ 单击"确定"。屏幕上动态显示表面结构代号。

⑦ 单击图标 ，设置捕捉点类型为"最近点"。

⑧ 将光标移到图形的左端面，并单击，即完成表面结构代号块的插入。

四、块具有属性

（一）块属性概念

块的属性是为图块附加的一些文本信息，是图块的组成部分，即"块＝若干图形对象＋属性"。块的属性不同于块中一般的文本对象，它有如下特点：

（1）一个属性包括属性特征和属性值两个内容。例如，可以把"班级名"规定为属性特征，而具体的学生姓名，如"张三"、"李四"等就属于属性值。

（2）在定义块前，每个属性要先进行定义。属性定义设置对话框由模式、属性、插入点和文本选项等组成。属性定义后，该属性特征将在图形中显示出来，并把有关的信息保留在图形文件中。

（3）在定义块前，对作出的属性定义可以用 Change 命令修改。它不仅可以修改属性特征，还可以修改属性提示和属性的缺省值。

（4）在块插入时，AutoCAD 在命令行中用属性特征（如"班级名"）提示用户输入属性值（如"张三"，也可以用缺省值）。插入块后，属性特征用属性值显示，如显示"张三"而"班级名"则不显示。因此，同一定义块，在不同插入时可以有不同的属性值。如果属性设置为固定常量，则不询问属性值。

（5）在块插入后，对于属性值，可以用 Attdisp（属性显示）等命令改变它们显示可见性。用 Attedit（属性编辑）等命令，对各属性做修改。可以用 Attext（属性提取）等命令，把属性单独提取出来写入文件。

（6）属性只有和图块联系在一起才有用处，单独的属性毫无意义。

（二）创建属性

1. 功能

建立块的属性定义。

2. 操作步骤

（1）绘制构成图块的图形对象。

（2）启动定义属性命令，弹出"属性定义(D)"对话框，如图 10-9 所示，方法有两种：

① 菜单栏："绘图"→"块"→"定义属性(D)…"；

② 命令行：键入"Ddattdef"或"Attdef"，回车。

（3）对"属性定义"对话框进行设置,结束后单击"确定",此时,图形对象上出现属性特征,完成属性的定义。

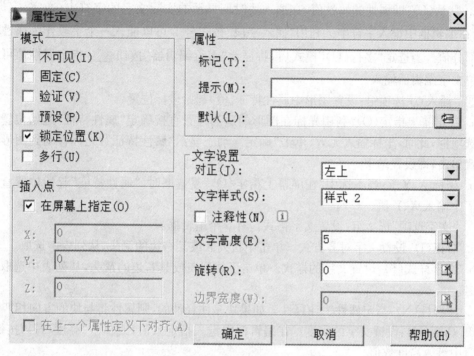

图 10-9　"属性定义"对话框

（4）用 Block、Bmake 或 Wblock 命令,将图形对象和属性特征一起定义成图块。
"属性定义"对话框中各选项含义及操作如下:
① "模式"选项组:设置属性值在块中显示形式,有 6 个复选框:
a. 不可见(I):当选中该复选框时,将会使属性值在块插入后不被显示出来。
b. 固定(C):当选中该复选框时,属性定义必须输入属性值,在块插入过程中,用户不能更改属性值,即属性值为固定值。
c. 验证(V):当选中该复选框时,在插入块的过程中,可以更改属性的数值。此时在命令行中键入更改的数值,或按回车不作更改。
d. 预设(P):当选中该复选框时,属性会自动地取得定义属性时的缺省值。在一般的块插入过程中,用户将得不到有关属性值的提示。
e. 锁定位置(K):当选中该复选框时,锁定块参照中属性的位置。解锁后,属性可以相对于使用夹点编辑的块的其他部分移动,并且可以调整多行文字属性的大小。
f. 多行(U):当选中该复选框时,指定属性值可以包含多行文字。选定此选项后,可以指定属性的边界宽度。
② "属性"选项组:设置属性的数据,有 3 个编辑框:
a. 标记(T):设置属性定义的标志(属性特征),并且在属性定义的地方显示了出来,用于描述文字的性质。标记仅仅在定义的过程中出现,而不是在插入块之后。在编辑框中键入文字或字母。
b. 提示(M):在插入带有属性的块时,在命令行中提示所看到的显示值为非固定值或者没有预置。在编辑框中键入文字。如果在"模式"区域选择"常数"模式,"属性提示"选项将不可用。

c. 默认(L):即属性的属性值,在插入块时所显示的实际文字的字符串(数字、字母、汉字)。在编辑框中键入字符串。利用"插入字段"按钮 ,可以插入一个字段作为属性的全部或部分值。当选定"多行(U)"模式后,将显示"多行编辑器"按钮 ,指定属性值可以利用在位文字编辑器输入。

③ "插入点"选项组:设置图形中属性特征(值)起始坐标位置。

a. 在屏幕上指定(O):利用光标在图形的适当位置直接确定"属性特征"起始位置。选中复选项框,此时,坐标输入无效,单击"确定",动态显示"属性特征",光标移动到图形的适当位置单击,即设置结束。

b. 坐标 X、Y、Z:当不选中"在屏幕上指定(O)"复选框时,"属性特征"起始位置直接由文本框中输入 X、Y 值。

④ "文字选项"选项组:设置文字格式。有6个编辑框:

a. 对正(J):设置文字对齐方式。单击下拉列表或其右边的箭头,从列表中选取。

b. 文字样式(S):设置文字的样式。单击下拉列表或其右边的箭头,从列表中选取文字样式名。

c. 注释性(N):指定属性为注释性。如果块是注释性的,则属性将与块的方向相匹配。

d. 高度(H):设置文字的高度。在编辑框中键入指定数值,或单击"高度(H)"按钮,在命令行中键入高度数值。

e. 旋转(R):设置文字倾斜角度。在编辑框中键入指定角度值,或单击"旋转(R)"按钮,在命令行中键入角度值。

f. 边界宽度(W):换行前,请指定多行文字属性中文字行的最大长度。值 0.000 表示对文字行的长度没有限制。此所绘选项不适用于单行文字属性。

【例 10-3】 将例 8-1 中所绘的表面结构代号设置为块,并带有属性,要求如下:属性标记为:BMJG(表面结构),属性值为:25,提示为:表面结构,并以"表面结构属性"为名保存在C盘。

图 10-10 表面结构符号

操作步骤:

① 按例 8-1 要求绘制表面结构符号,如图 10-10 所示。

② 菜单栏:"绘图"→"块"→"定义属性(D)…",弹出"属性定义"对话框,如图 10-9 所示。

③ 对图 10-9 进行设置,如图 10-11 所示。

模式:选中"验证(V)"复选框,单击。

属性:在"标记(T)"中键入:"BMJG";在"提示(M)"中键入:"表面结构";在"默认(L)"中键入:"25"。

插入点:选中"在屏幕上指定(O)"复选项框。

文字选项:在"对正(J)"中选:左;在"文字样式(S)"中选中设置的样式名:数字,或保留缺省值;在"高度(H)"中键入:"3.5",如果在"文字样式"对话框中对"高度"进行了设置,则此项无效。

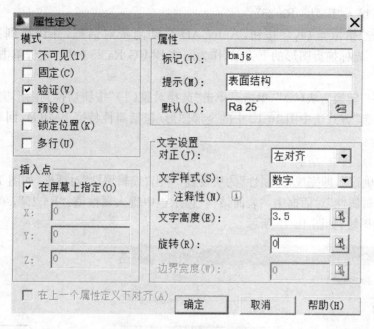

图 10-11 设置"属性定义"

④ 单击"确定","BMJG"随光标动态显示,光标移到表面结构符号上方适当位置单击,如图 10-12 所示的图形。

图 10-12 构成图块的图形与属性特征

⑤ 单击绘图工具栏中块图标 ,弹出"块定义"对话框,如图 10-13 所示。

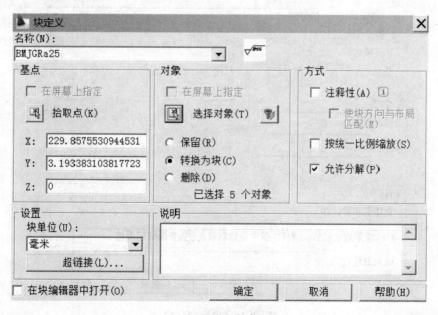

图 10-13 "块定义"对话框

⑥ 对"块定义"对话框进行设置。

名称(A):键入"BMJG Ra 25"。

基点:单击"拾取点(K)"按钮,AutoCAD 自动隐藏对话框,并切换到图形窗口,如图 10-12 所示。光标捕捉图形的下尖点,作为图块 BMJG Ra 25 的插入点,单击,又自动切换到对话框。

对象:选中"转换为块(C)",单击。单击"选择对象(T)"按钮切换到图形窗口,光标变成拾取框,用"窗选"方式选中图 10-12 中的全部图形(包括属性特征 BMJG),回车,切换到"块定义"对话框。

块单位(U):选中"毫米"。

⑦ 单击"确定",即完成带"属性"的块设置,弹出"编辑属性"对话框,如图 10-14 所示。

⑧ 在"编辑属性"对话框中,"表面结构"提示栏中键入属性值:"Ra 25",单击"确定",即完成带属性的图块,如图 10-15 所示。

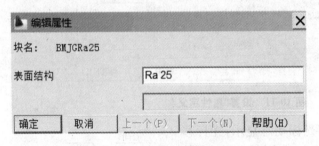

图 10-14 "编辑属性"对话框　　　　　　图 10-15 带属性的图块

⑨ 在命令行中键入"W",并回车,弹出"写块"对话框,并作相应的设置,如图 10-16 所示。

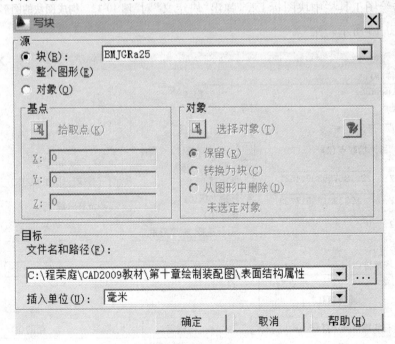

图 10-16 设置"写块"

源:选中"块(B)",单击右边的下拉列表框选中带属性的图块名"BMJG Ra 25"。

目标:在"文件名和路径(F)"文本框中键入:"C:\程荣庭\CAD2009 教材\第十章绘制装配图\表面结构属性"。

⑩ 单击"确定",即保存了具有属性的表面结构代号,为零件图上标注 Ra 值不同的表面结构代号作好了准备。

(三)修改属性

1. 功能

对插入的带有属性的块进行属性值的编辑。

2. 操作步骤

(1) 启动属性修改命令,方法有 3 种:

① 菜单栏:"修改"→"对象"→"属性"→"单个(S)…";

② 工具栏:单击修改Ⅱ工具栏图标 ;

③ 命令行:键入"Ddatte",回车。

(2) 选择一个具有属性的块,单击属性值,弹出"增强属性编辑器"对话框,如图 10-17 所示。

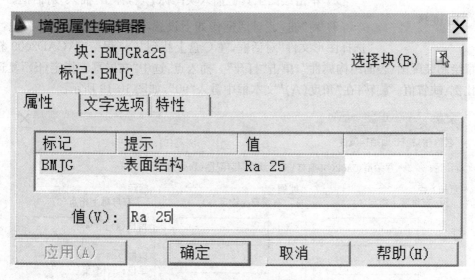

图 10-17 "增强属性编辑器"对话框

(3) 在"增强属性编辑器"对话框中有 3 个选项卡,默认值为"属性",分别作相应的设置。"属性"选项用来修改属性值,"文字选项"选项用来修改文字样式,"特性"选项用来修改图层内容。

(4) 单击"确定",即完成对属性值的修改。

(四)插入具有属性的块

1. 功能

具有块插入的功能,更重要的是在插入过程中,可以更新属性值,进行自动注释。

2. 操作步骤

(1) 启动块插入命令,弹出"块插入"对话框,如图 10-7 所示,方法有 3 种:

① 菜单栏:"插入"→"块(K)";

② 工具栏:单击绘图工具栏插入块图标 ;

③ 命令行:键入"Ddinsert"或"Insert",回车。

(2) 对"块插入"对话框进行设置:"名称(N)"从"浏览(B)…"中选取具有属性的块名,其他根据要求作相应设置。

(3) 单击"确定",此时,图块在屏幕上动态显示。

(4) 光标移至适当位置,单击。

(5) 根据步骤说明,键入相应的属性值,回车,即完成带属性块的插入。

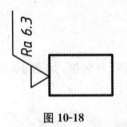

图 10-18

【例 10-4】 将例 10-3 所绘以"表面结构属性"为名称的表面结构代号按图 10-18 所示标注。

操作步骤:

(1) 用绘图命令画出长方形线框。

(2) 单击绘图工具栏插入块图标 ,弹出"插入"对话框。

(3) 对"插入"对话框作如下设置,名称:单击"浏览"按钮,弹出"选择图形文件"对话框,在 C 盘上找到"C:\程荣庭\CAD2009 教材\第十章绘制装配图\表面结构属性",单击"打开"。插入点:选中"在屏幕上指定(S)"复选框。缩放比例:缺省值。旋转:在"角度(A)"文本框中键入"90",如图 10-19 所示。

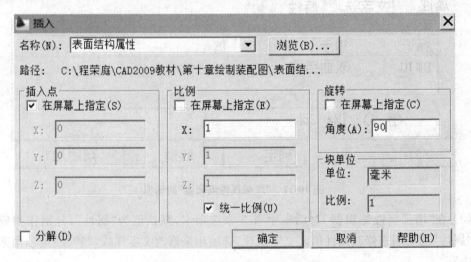

图 10-19 设置"插入"对话框

(4) 单击"确定",此时,图块在屏幕上动态显示。

(5) 打开捕捉"最近点",光标移至适当位置,单击。

(6) 命令行键入"Ra6.3",回车。

(7) 回车,即完成带属性块的插入。

第二节　用 AutoCAD 2009 绘制装配图

本节主要归纳绘制装配图的步骤。

一、绘制装配图的步骤

根据装配图的内容和计算机绘图的特点，利用计算机来绘制装配图的步骤归纳以下六步：

（一）建立绘图环境

绘图环境包括：设置图层（颜色、线型、线宽）、设置图幅（幅面大小、标题栏）、打开工具栏（绘图、修改、尺寸、捕捉等）、设置字体，填写标题栏。

（二）存盘

在建立绘图环境后，为防止死机、停电等引起的信息丢失，因此需要进行保存，以免工作白做。另外，在画图过程中，也要及时进行保存。

（三）绘制一组视图

绘制装配图传统的方法是按装配关系，将一个一个零件的图形画上去，此时，利用计算机，采用基本绘图命令、基本编辑命令、捕捉命令等方法，也能将装配图绘出，在设计机器时，必须用这种方法来进行绘图。但如果我们手中已有装配体的零件图，再用这种传统的方法来绘制装配图，那么，就要浪费时间了。由于计算机的存贮容量大，可以将零件、部件、标准件和专业符号等做成图库，使用时，只需从图库中调出所需的图样——图块——即可。因此，在这种情况下，利用计算机来绘制装配图时，可采用"块"插入的方法来拼装装配图，可以提高绘制装配图的效率。

（四）标注必要的尺寸

根据所标注尺寸类型的不同，先设置尺寸标注样式，再利用相应的尺寸标注命令标注尺寸，所标尺寸较少。对于配合尺寸，要利用"文字格式"中的"堆叠"，或在"新建标注样式"对话框中，打开"主单位"选项，对"后缀"作相应设置。

（五）标注必要的技术要求

装配图中的技术要求，一般是用文字进行说明，因此，一般只须利用"在位文字编辑器"进行标注即可。

（六）编写零件序号，绘制明细栏并填写文字

利用"直线"、"文字"、"移动"、"偏移"等命令即可完成。

二、绘制装配图举例

【例 10-5】 绘制"轴系"装配图，如图 10-20 所示。要求：图幅为 A4，线宽：粗实线为 0.6，细实线、细点画线为 0.3。

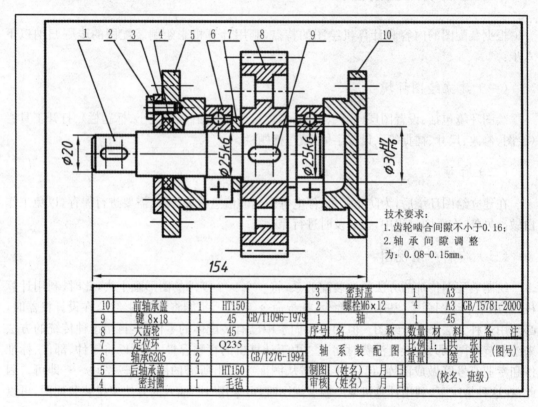

图 10-20 "轴系"装配图

画"轴系"装配图操作步骤如下：

（一）建立绘图环境

调出例 9-2 设置的名为"A4"的图幅文件，此时已具有图层、线型、字体等绘图环境，然后，用修改文字的方式对标题栏文字重新设置，如图 10-21 所示。

第十章 用 AutoCAD 2009 绘制装配图

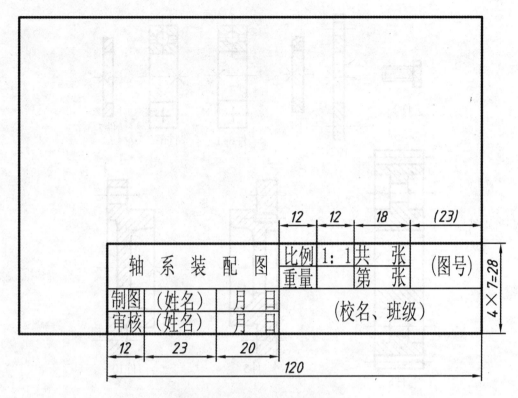

图 10-21 绘制 A4 图幅及标题栏

（二）保存

完成以上的绘图环境设置后，以"A4 装配图"为图形文件名存放在指定的磁盘文件夹中："文件"→"另存为"→"对话框"→"文件名'A4 装配图'"、"路径"→"保存"，以便今后调用"A4 装配图"图幅。再以"轴系装配图"为文件名保存。

（三）绘制一组视图

由于在前面举例、作业中已经将有关零件图画出，因此，我们用"块"插入拼装的方法来绘制装配图。分以下 3 步：

1. 创建零件块

由于在装配图中零件上的细小结构可以不画出，也不需要很多尺寸，因此，将前面所画的零件图调出后，按装配图的要求进行修改，如删除尺寸、表面结构代号，增加图线等，然后再建立块，确定插入点。

将"轴系装配图"最小化，分别打开名为"件 2 号"、"件 3 号"、"件 4 号"、"件 5 号"、"件 6 号"、"件 7 号"、"件 8 号"、"件 10 号"的图形，按装配图要求修改，参考例 9-1 操作步骤，建立图块并确定插入点（图中打×处），如图 10-22 所示。

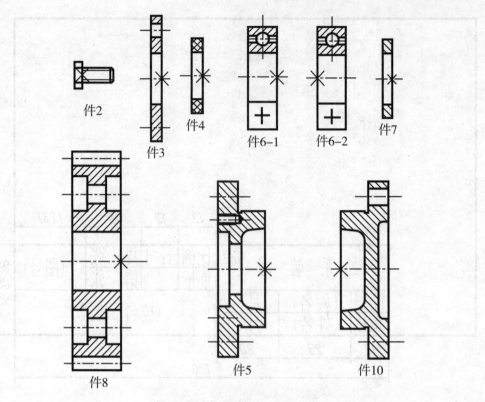

图 10-22　各零件图块及插入点

2. 插入零件块

将"轴系装配图"最大化,在 A4 图幅中按 1∶1 绘制 1 号主视图,并确定图块左右插入点,用"×"号标记,如图 10-23 所示。

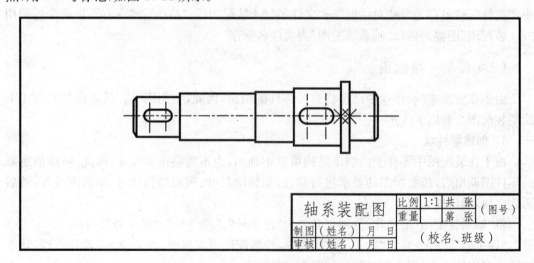

图 10-23　1 号主视图及左右插入点

启动块插入命令,打开捕捉命令,在轴的左边依次插入零件:件 8 号、件 7 号、件 6-1 号、件 5 号、件 4 号、件 3 号、件 2 号,在轴的右边依次插入零件:件 6-2 号、件 10 号,打"×"处为各零件的插入点,保存,如图10-24所示。

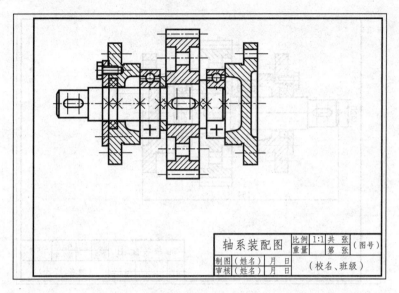

图10-24 零件块插入

3. 编辑修改

在零件块插入后,被件1号零件遮挡的图线没有消失,此时,应把遮挡的图线剪去。用"窗选"的方法将整个装配图选中,用"分解"命令分解图块,然后,用"修剪"命令将多余的图线剪去,并进行布局调整,为标注尺寸、技术要求、序号、明细栏留有余地,保存,如图10-25所示。

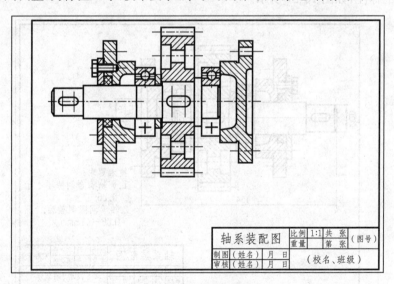

图10-25 修改后的装配图

（四）标注必要的尺寸。

启动"尺寸样式管理器"对话框,进行相应的设置,利用"尺寸标注"工具栏,按图中的尺寸类型选择相应的图标,完成装配图的尺寸标注,并保存,如图10-26所示。在标注配合尺寸时,

211

要用到"文字格式"中的"堆叠",有时还用到"分解"、"移动"等命令对尺寸数字进行编辑。

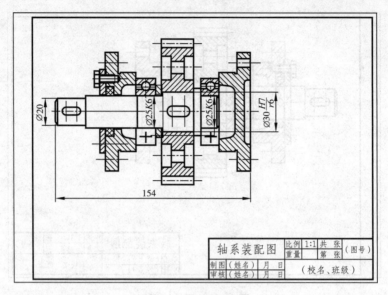

图 10-26　装配图尺寸标注

（五）标注必要的技术要求

在装配图上的技术要求,一般都是用文字表达,因此,我们可以用"多行文字"命令来完成技术要求的标注,如图 10-27 所示。

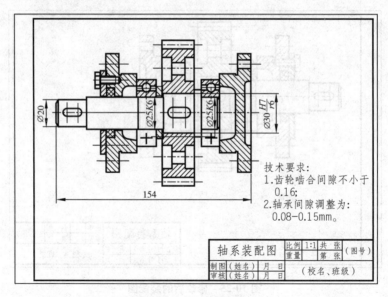

图 10-27　标注技术要求

（六）编写零件序号,绘制明细栏,并填写文字。

利用"直线"、"偏移"、"单行文字"等命令,完成编写零件序号、绘制明细栏及文字填写,保存，如图 10-20 所示。

习 题

10-1 熟练掌握书中有关定义块例题所述的操作步骤。

10-2 块的特点是什么？

10-3 绘制工程图时，把重复使用的标准件定制成图块，有何好处？

10-4 如何定义块属性？"块属性"有何用途？

10-5 打开文件"L-6-4"，以标题栏中的"图名"、"制图"、"材料"、"校名"作为块的属性进行属性定义，然后将标题栏定义为一个带属性的块，取块名为"块 L-10-5"，基点取标题栏的右下角点，如题图 10-1 所示。

零件名称(图名)			比例	数量	材 料	图号
制图	（姓名）	月 日	技 师 学 院			
审核	（姓名）	月 日				

题图 10-1

10-6 打开文件"L-5-2"，将文件"块 L-10-5"在右下角插入，以"L-10-6"为名存盘。

10-7 绘制装配图的步骤是什么？

10-8 独立完成书中的"轴系装配图"。

10-9 打开文件"L-10-6"，将零件名称改为：阀体，填写如下内容：比例：1∶1，数量：1，材料：HT200，图号：1。按尺寸 1∶1 绘制题图 10-2 所示图形，并以"L-10-9"为文件名保存。

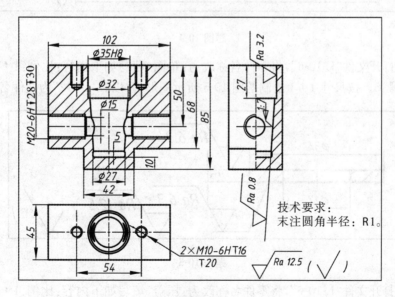

题图 10-2

10-10　打开文件"L-10-6",将零件名称改为:螺栓,填写如下内容:比例:1∶1,数量:1,材料:30,图号:2。按尺寸1∶1绘制题图10-3所示图形,并以"L-10-10"为文件名保存。

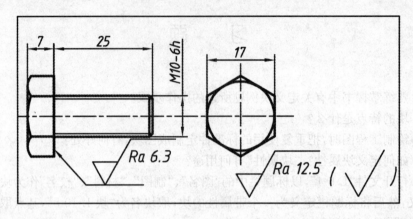

题图 10-3

10-11　打开文件"L-10-6",将零件名称改为:锥形塞,填写如下内容:比例:1∶1,数量:1,材料:45,图号:4。按尺寸1∶1绘制题图10-4所示图形,并以"L-10-11"为文件名保存。

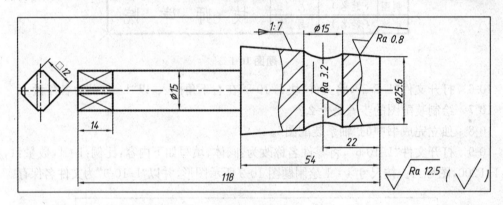

题图 10-4

10-12　打开文件"L-10-6",将零件名称改为:垫圈,填写如下内容:比例:1∶1,数量:1,材料:45,图号:5。按尺寸1∶1绘制题图10-5所示图形,并以"L-10-12"为文件名保存。

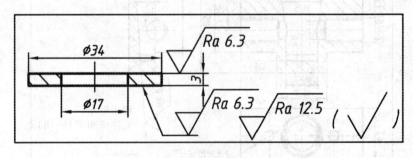

题图 10-5

10-13　打开文件"L-10-6",将零件名称改为:压盖,填写如下内容:比例:1∶1,数量:1,

材料：HT200，图号：6。按尺寸1∶1绘制题图10-6所示图形，并以"L-10-13"为文件名保存。

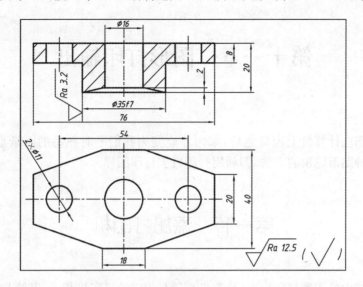

题图 10-6

10-14 打开文件"L-10-6"，将零件名称改为："阀"，填写如下内容：比例：1∶2，数量：1。将题图 10-2、题图 10-3、题图 10-4、题图 10-5、题图 10-6 中的图形按尺寸1∶2绘制题图10-7所示的阀装配图，并以"L-10-14"为文件名保存。

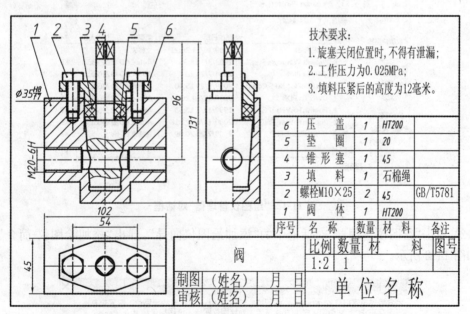

题图 10-7

第十一章　图形打印输出

一张零件图在计算机上画好之后,如何才能变为我们平时熟悉的图纸形式的图样呢?本章将介绍一种图形输出的方法,即利用打印机来打印图样。

第一节　添加打印机

要将计算机中的图形打印出来,计算机必须与相应的打印机相连,其添加打印机的过程如下:

(1) 启动"绘图仪管理器"对话框,如图 11-1 所示,方法:"文件"→"绘图仪管理器"。

图 11-1　"绘图仪管理器"对话框

(2) 双击"绘图仪管理器"对话框中的"添加绘图仪向导",弹出"添加绘图仪-简介"对话框,如图 11-2 所示。

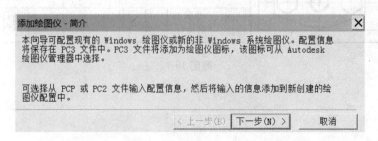

图 11-2　"添加绘图仪-简介"对话框

(3) 按"添加打印机-简介"对话框提示进行操作,即可完成,详细内容请参考有关书籍。

第二节 打印设置及打印

一、设置页面

1. 功能

用来设置与输出图形相对应的图纸大小、打印比例、出图方向、打印区域和打印偏移量等内容。可以命名并保存页面设置,以便在其他布局中使用。如果在创建布局时没有指定"页面设置"对话框中的所有设置,也可以在打印之前设置页面。或者,在打印时替换页面设置。可以对当前打印任务临时使用新的页面设置,也可以保存新的页面设置。

2. 操作步骤

(1) 启动"页面设置管理器(G)…"命令,弹出"页面设置管理器"对话框,如图 11-3 所示,方法有两种:

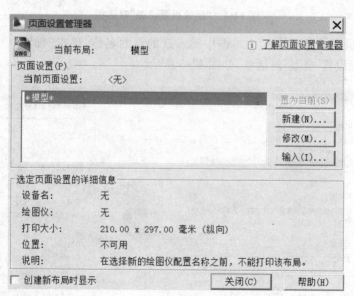

图 11-3 "页面设置管理器"对话框

① 菜单栏:"文件"→"页面设置管理器(G)…";
② 命令行:键入"Pagesetup",回车。

图 11-3 所示"页面设置管理器"对话框各选项的含义如下:

a. "页面设置(P)"选项组

ⅰ 当前页面设置:显示当前的页面设置名称。下面空白处显示已有的页面设置名称。

ⅱ 置为当前(S):将所选的页面设置名称设置为当前页面。

ⅲ 新建(N)…:新的页面样式命名及设置。
ⅳ 修改(M)…:修改所要选用的页面样式。
ⅴ 输入(I)…:从其他文件夹中调用已有的页面样式名。

b."选定页面设置的详细信息"选项:该选项主要反映选定页面的有关信息,如:设备名、绘图仪、打印大小、位置、说明等。

(2) 单击"新建(N)…",弹出"新建页面设置"对话框,如图11-4所示。

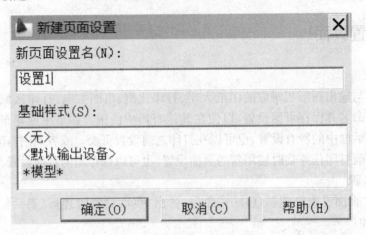

图11-4 "新建页面设置"对话框

(3) 在"新页面设置名(N)"文本框中输入新的页面名称,单击"确定(O)",对话框自动消失,弹出"页面设置-模型"对话框,如图11-5所示。

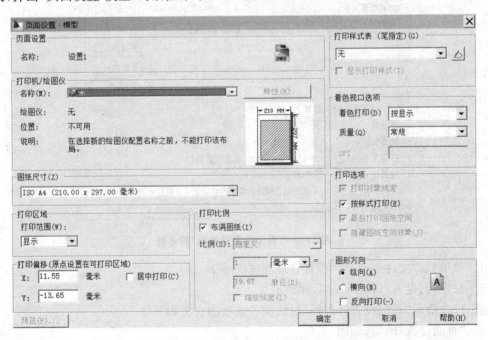

图11-5 "页面设置-模型"对话框

(4) 对"页面设置-模型"对话框作相应的设置,单击"确定",即完成页面的设置。

(5) 图 11-5 所示"页面设置-模型"对话框各选项的含义及操作如下：
① "页面设置"选项：显示页面设置的名称。
② "打印机/绘图仪"选项组：选择图形输出设备（选择当前系统提供的打印机）。
　a. 名称(M)：显示图形输出设备的名称。单击右边的箭头，从下拉列表中选择一种。
　b. 特性(R)：用来编辑绘图仪的配置。单击该按钮，弹出"绘图仪配置编辑器"对话框，如图 11-6 所示，在这个对话框中可以修改所选择打印机的配置、打印尺寸等，然后单击"确定"。

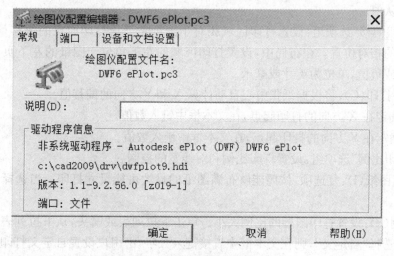

图 11-6 "绘图仪配置编辑器"对话框

　c. 绘图仪：显示输出设备的系统驱动程序。
　d. 位置：显示驱动程序的端口位置。
　e. 说明：显示所选尺寸标注样式的简短说明。右边显示了所设置图纸的尺寸大小。
③ "图纸尺寸(Z)"选项：设置打印输出时所需的图纸大小。单击右边的小箭头，从下拉列表中选择一种。如果列表中无所需的图纸尺寸，则可以通过"自定义图纸尺寸"重新设定合适的图纸尺寸。
④ "打印区域"选项组：打印图形时，必须指定图形的打印区域。
　打印范围(W)：用于设置打印区域，系统设置了 5 种打印区域，即窗口、范围、图形界限、显示、视图。单击右边的箭头，从下拉列表中选择一种。
　a. 窗口：打印以窗口方式选定的任何图形部分，窗选时使用定点设备指定打印区域的对角或输入坐标值。在模型空间打印，用这种方法确定打印区域较为方便、直观。操作步骤如下：
　ⅰ 单击右边的箭头，从下拉列表中选择"窗口"，图 11-5 所示对话框自动消失。
　ⅱ 光标在屏幕上用窗选方式选取要打印的图形区域，如图 11-7 所示。
　ⅲ 弹出如图 11-5 所示的对话框，在"窗口"右边增加了"窗口(O)<"按钮，单击该按钮，可重新进行"窗选"，并进行其他设置。

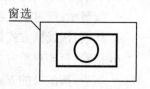

图 11-7 "窗选"打印区域

　b. 范围：打印包含对象图形的部分当前空间。当前空间内的所有几何图形都将被打印。打印之前,可能会重新生成图形以重新计算范围。

c. 图形界限:当设置图纸空间布局时,显示为"布局",否则显示为"图形界限"。打印布局时,将打印指定图纸尺寸的可打印区域内的所有内容,打印原点从布局的(0,0)点算起。打印"模型"选项卡时,将打印栅格界限所定义的整个绘图区域。如果当前视口不显示平面视图,该选项与"范围"选项效果相同。单击右边的箭头,从下拉列表中选择"图形界限"。

d. 显示:打印"模型"选项卡当前视口中的视图或"布局"选项卡当前图纸空间中的视图。系统默认值。

⑤ "打印偏移"选项组:设置打印区域相对于图纸左下角打印原点的偏移量,用于调整图形与图纸的相对位置。在布局中,设置打印区域的左下角位于图纸的左下页边距。偏移量可以正值或负值,单位为英寸或毫米。

a. 居中打印(C):将根据纸张中心自动计算 X 和 Y 方向的偏移值。

b. X:确定在 X 方向的打印起点,在文本框中键入数值。

c. Y:确定在 Y 方向的打印起点,在文本框中键入数值。

⑥ "打印比例"选项组:设置打印比例和对线宽的控制。

a. 布满图纸(I):复选项,按照能够布满图纸的最大可能尺寸打印。当选择该项后,"比例(S)"无效。

b. 比例(S):设置打印图形的比例大小。单击下拉列表或箭头,从下拉列表中选取合适的比例。若选择"自定义",则在文本框中直接键入数字,由用户设置自定义打印比例。通常在画图时按 1:1 画,实际图形是需要放大或缩小时,可以在"打印比例"中设置相应的比例,如设置为 1:1,则打印输出的图形是按原值比例绘制的,如设置比例为 1:2,则打印出的图形是缩小绘制的。

c. 缩放线宽(L):表示是否将打印比例应用于线宽,通常取消该选项。

⑦ 打印样式表(笔指定)(G):用于修改打印图形的外观。图形中每个对象或图层都具有打印样式属性,通过修改打印样式,就能改变对象原有颜色、线型或线宽。单击右边的箭头,从下拉列表中选择一种。有两种类型的打印样式表,即一种是颜色相关打印样式表,其文件扩展名为".ctb";另一种是命名相关打印样式表,其文件扩展名为".stb"。当选中此两种类型之一后,若要修改打印样式,就单击此下拉列表右边的"编辑…"按钮 ,弹出"打印样式表编辑器"对话框,利用此对话框可查看或改变当前打印样式表中的参数。

⑧ "着色视口选项"选项组:用于设置着色打印方式,有 3 个选项。

a. 着色打印(D):用于设置 4 种着色打印方式之一,可以直接打印着色或渲染图像。单击右边的箭头,从下拉列表中选择一种。

ⅰ 按显示:按对象在屏幕上的显示进行打印。

ⅱ 线框:按线框方式打印对象,不考虑其在屏幕上的显示情况。

ⅲ 消隐:打印对象时消除隐藏线,不考虑其在屏幕上的显示情况。

ⅳ 渲染:按渲染的方式打印对象,不考虑其在屏幕上的显示情况。

b. 质量(Q):用于在渲染方式下设置 6 种打印分辨率之一。单击右边的箭头,从下拉列表中选择一种。

ⅰ 草图:将渲染及着色图按线框方式打印。

ⅱ 预览:将渲染及着色图的打印分辨率设置为当前分辨率的1/4,DPI的最大值为"150"。

ⅲ 普通:将渲染及着色图的打印分辨率设置为当前分辨率的1/2,DPI的最大值为"300"。

ⅳ 演示:将渲染及着色图的打印分辨率设置为当前设备的分辨率。DPI的最大值为"600"。

ⅴ 最大:将渲染及着色图的打印分辨率设置为当前设备的分辨率。

ⅵ 自定义:将渲染及着色图的打印分辨率设置为"DPI"框中用户指定的分辨率,最大可为当前设备的分辨率。

c. DPI:用于设定打印图像时每英寸的点数,最大值为当前打印设备分辨率的最大值。只有当"质量"下拉列表中选择了"自定义",此选项才可用。

⑨ "打印选项"选项组:对线宽、打印样式等选项设置。

a. 打印对象线宽:表示打印对象和图层的线宽。

b. 按样式打印(E):表示指定使用打印样式来打印图形。指定此选项将自动打印线宽。如果不选择此选项,将按指定给对象的特性打印对象而不是按打印样式打印。

c. 最后打印图纸空间:表示先进行模型空间图形打印,否则图纸空间先于模型空间打印。

d. 隐藏图纸空间对象(J):表示是否打印"布局"在图纸空间中的隐藏线。

⑩ "图形方向"选项组:选择打印纸张的方向为横向或纵向。

a. 纵向(A):表示图形输出与屏幕图形方向一致,打印原点在左下角。单击单选框。

b. 横向(N):表示图形输出与屏幕图形方向垂直,打印原点在左上角。单击单选框。

c. 反向打印(二):表示打印输出时图形方向与屏幕图形方向相反。单击复选框。

⑪ 预览(P)…:将"页面设置管理器"对话框中所有参数设置好后,用以观察打印效果,这样既为用户提供了可视化的操作反馈,也减少了出错的可能。单击"页面设置管理器"对话框中的"预览(P)…"按钮,出现完全预览窗口,如图11-8所示。同时屏幕上显示"实时缩

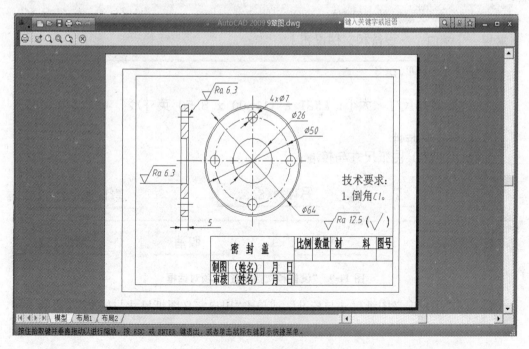

图11-8 预览窗口

放"图标 ,可以用来交互地移向或移离目标。单击关闭按钮 ,或单击鼠标右键,弹出浮动菜单,然后单击"退出",回到"页面设置管理器"对话框。

二、添加自定义图纸尺寸

在打印机中所放的图纸大小可以从标准列表中选择图纸尺寸,如 A4、A3 图纸,当实际使用的图纸尺寸在标准列表中没有对应的图纸尺寸时,可以使用绘图仪配置编辑器添加自定义图纸尺寸。

如果使用系统打印机,则图纸尺寸由 Windows 控制面板中的默认纸张设置决定。为已配置的设备创建新布局时,默认图纸尺寸显示在"页面设置"对话框中。如果在"页面设置"对话框中修改了图纸尺寸,则在布局中保存的将是新的图纸尺寸,而忽略绘图仪配置文件(PC3)中的图纸尺寸。

添加自定义图纸尺寸的步骤如下:

(1) 启动"绘图仪管理器"对话框,如图 11-1 所示,方法有两种:

① 菜单栏:"文件"→"绘图仪管理器";

② 命令行:输入"Plottermanager",回车。

(2) 双击要编辑的某一绘图仪配置(PC3)文件,弹出"绘图仪配置编辑器"对话框,如图 11-6 所示。

(3) 单击"绘图仪配置编辑器"对话框中的"设备和文档设置"选项卡按钮,弹出"设备和文档设置"选项卡对话框,如图 11-9 所示。

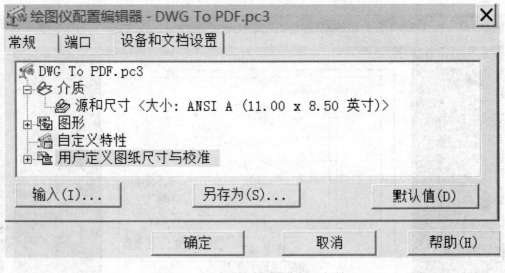

图 11-9 "设备和文档设置"选项对话框

(4) 双击"用户定义图纸尺寸与校准",或单击"用户定义图纸尺寸与校准"左边的＋号,显示校准和图纸尺寸选项对话框,如图 11-10 所示。

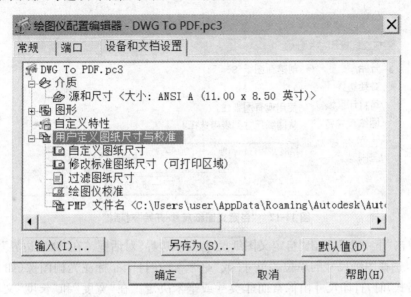

图 11-10 "用户定义图纸尺寸与校准"选项对话框

(5) 单击"自定义图纸尺寸",弹出"自定义图纸尺寸"对话框,如图 11-11 所示。

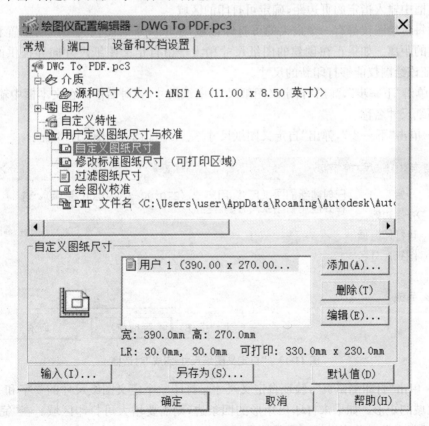

图 11-11 "自定义图纸尺寸"对话框

223

(6) 单击"添加"按钮,弹出"自定义图纸尺寸-开始"对话框,如图11-12所示。选择"创建新图纸"。

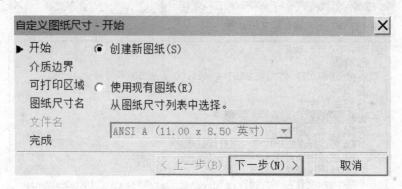

图11-12 "自定义图纸尺寸-开始"对话框

(7) 单击"下一步",弹出"自定义图纸尺寸-介质边界"对话框。在"介质边界"页面的"单位"列表中,选择图纸尺寸的单位:"英寸"或"毫米"。在打印非标注光栅图像(如BMP格式或TIFF格式)时,打印尺寸由像素而非英寸或毫米决定。在"宽度"和"长度"文本框中,输入指定的图纸宽度和长度。

(8) 单击"下一步",弹出"自定义图纸尺寸-可打印区域"对话框。在"上"、"下"、"左"和"右"文本框中输入指定的页边距,确定可打印的区域。

注意每台绘图仪都有一个最大的可打印区域,这取决于绘图仪夹图纸的位置和打印笔往返所及的距离。如果正在创建的图纸尺寸稍大于由自定义图纸尺寸向导提供的图纸尺寸,请验证该绘图仪能够打印新的尺寸。

(9) 单击"下一步",弹出"自定义图纸尺寸-图纸尺寸名"对话框。在文本框中输入BMP文件的图纸尺寸名称。

(10) 单击"下一步",弹出"自定义图纸尺寸-完成"对话框,如图11-13所示。

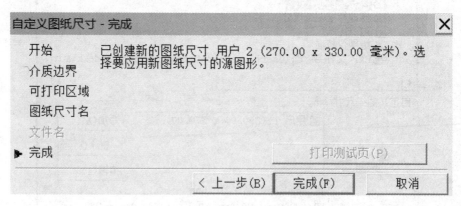

图11-13 "自定义图纸尺寸-完成"对话框

(11) 单击"打印测试页",验证自定义尺寸。打印一个定义图纸尺寸的＋字和一个定义可打印区域的矩形。如果未打印出矩形的四条边,则需要增大可打印区域。在"完成"页面中,指定纸张来源是单页送纸还是卷筒送纸。

(12) 单击"完成"按钮,退出"自定义图纸尺寸"向导。

(13) 单击"确定"按钮,即完成自定义图纸尺寸的设置。

另外,也可通过单击图 11-5 所示"页面设置-模型"对话框中的"特性"按钮来设置自定义图纸的尺寸。

删除自定义图纸尺寸的步骤:

(1) 在图 11-11 所示对话框中,选中需删除的自定义图纸尺寸名称。

(2) 单击"删除"按钮。

在图 11-11 所示对话框中,选中需修改的自定义图纸尺寸名称,单击"编辑"按钮,按设置自定义图纸尺寸的步骤即可修改自定义图纸的尺寸。

三、打印图形(Plot)

1. 功能

可以使用各种绘图仪和 Windows 系统打印机输出图形。

2. 操作步骤

(1) 启动"打印(P)…"命令,弹出"打印-模型"或"打印-布局"对话框,如图 11-14 所示,方法有 4 种:

① 菜单栏:"文件"→"打印(P)…";

② 工具栏:单击标准工具栏中打印图标 ;

③ 命令行:键入"Plot",回车;

④ 快捷键:按组合键"Ctrl+P"。

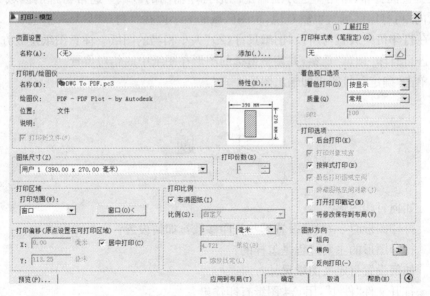

图 11-14 "打印-模型"对话框

(2) 按各选项组设置"打印-模型"或"打印-布局"对话框。该对话框与"页面设置"对话框相似。如果在"页面设置"对话框中指定了打印设备和打印设置,则打印时这些设置已经存在,只需在"名称(A)"的下拉列表中选择相应的样式名称,不需要再做任何修改就可以在

225

指定的打印机上打印图形了。如果是在"模型"选项卡中打印，AutoCAD将把在"选项"对话框的"打印"选项卡中指定的打印设备作为默认的打印设备。

（3）单击"确定"按钮，打印机即开始打印。

在"打印选项"选项组中增加了3个内容，具体含义如下：

① 后台打印(E)：指定在后台处理打印。

② 启用打印戳记(N)：启用打印戳记，并在每个图形的指定角上放置打印戳记或将戳记记录到文件中。打印戳记设置在"打印戳记"对话框中指定，从中可以指定要应用到打印戳记的信息，例如，图形名称、日期和时间、打印比例，等等。要打开"打印戳记"对话框，请在"打印"对话框中选择"打开打印戳记"，然后单击"打印戳记设置"按钮 ，弹出"打印戳记"对话框，进行有关设置即可。

③ 将修改保存到布局(V)：单击"确定"后，在"打印"对话框中所做的修改将保存到布局中。

四、打印输出图形步骤

打印输出图形一般需进行以下几步：

(1) 配置打印机。

(2) 设置打印页面样式。

(3) 启动打印机命令，并作相应的设置。

在模型空间打印，常用窗选方法确定图形打印输出的区域。通常窗选的区域大小不得超出图纸的"可打印区域"，也就是说，绘图区域的大小应在"可打印区域"之内。

(4) 在打印机中放置与所设"图纸尺寸(Z)"大小相当的图纸。注意图纸摆放方向。

(5) 进行打印"预览"观察，并调整窗选的图形在图纸中的相对位置。

(6) 单击"确定"，打印机即输出图形。

习 题

11-1 如何打印图形？

11-2 打印图形时，一般应设置哪些打印参数？如何设置？

11-3 打印图形的主要过程是怎样的？

11-4 如何设置自定义图纸尺寸？

11-5 打开文件"件1"，用A4图纸打印输出。

11-6 打开文件"件8"，用A4图纸打印输出。

11-7 用A4图纸打印题图9-1、题图9-2、题图9-3、题图9-4、题图9-5所示的图形。

11-8 用A4图纸打印题图10-9所示的图形。

11-9 用A3图纸，放大2倍打印题图10-7所示的图形。

第十二章　用 AutoCAD 2009 绘制二维直观图

直观图在 AutoCAD 中有两种，一种是二维直观图，即我们在"机械制图"课程中所学的轴测图，能产生立体感，是一种视觉效果；另一种是三维直观图，能产生出三维立体感，具有虚拟的真实空间概念。

AutoCAD 2009 的三维建模功能已经比较强了，为什么还要画轴测图呢？原因之一是绘制一个机件的轴测图比创建其真实的三维模型要简单得多，另一个原因是用户只需学习 AutoCAD 的轴测投影模式，并懂得一些轴测投影的规定就可以开始作图了。由于轴测图实际上是二维平面图形，因此其作图方法与普通视图是类似的。

第一节　在非轴测模式下绘制正等轴测图

轴测图是将物体连同其直角坐标系，沿不平行于任一坐标平面的方向，用平行投影法投射在单一投影面上所得的图形，如图 12-1 所示。

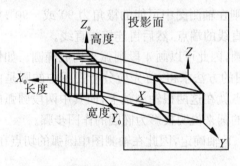
图 12-1　轴测图

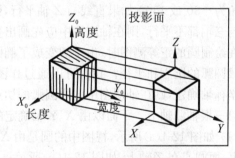
图 12-2　正等轴测图

使物体本身的空间直角坐标系的三轴 O_0X_0、O_0Y_0、O_0Z_0 都与投影面成相同的夹角，用正投影法所得到的图形，称为正等轴测图，如图 12-2 所示。

一、正等轴测图的规定

（一）轴间角

物体上空间直角坐标系中三轴的投影 OX、OY、OZ 称为轴测轴，它们之间的夹角称为轴间角。在正等轴测图中，三轴之间的夹角都是 120°，即 $\angle XOY = \angle XOZ = \angle YOZ = 120°$，如

图 12-3(a)所示。一般绘图时,使 OZ 轴处于垂直位置,OX、OY 轴与水平线成 30°。另外,根据实际需要轴测轴还可画成如图 12-3(b)、图 12-3(c)所示。

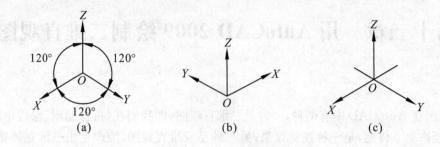

图 12-3　正等轴测轴

（二）轴向伸缩系数

直角坐标轴的轴测投影的单位长度与相应直角坐标轴上单位长度的比值称为轴向伸缩系数。X、Y、Z 三轴的简化轴向伸缩系数分别用字母 p、q、r 表示,为了画图便于尺寸量取,规定 $p=q=r=1$,即沿轴向的尺寸按视图上相应长度量取。

二、正等轴测图中直线与椭圆的画法

在绘制直线时,明确利用极坐标方式来进行作图。首先明确直线的长度,其次应分析清楚直线在空间直角坐标系中与 X、Y、Z 轴的关系,明确极角的大小。在视图中,如果直线与 X 轴平行,则在轴测图中可能的极角为 30°或 210°;如果直线与 Y 轴平行,则在轴测图中可能的极角为 −30°或 150°;如果直线与 Z 轴平行,则在轴测图中可能的极角为 90°或 −90°;如果直线与三轴都不平行,则在轴测图中应先画出直线的端点,然后再连接成直线。

在绘制圆的正等测图时,由于圆变成了椭圆,因此可以画 4 段圆弧来构成椭圆。如何找到四段圆弧的圆心和半径？我们可以通过作图的方法求得:首先应分析视图中的圆是由哪两根坐标轴确定,则在轴测图中四段圆弧的切点就在这两根轴测轴上,而其中两段圆弧的圆心在第三根轴测轴上。下面以由 X、Y 轴确定的圆来说明投影为椭圆的作图步骤。

(1) 如图 12-4(a)所示,视图中的圆是由 X、Y 轴确定,因此在轴测图中圆弧的切点在 X、Y 轴上,而圆心在 Z 轴上,如图 12-4(b)所示。

(2) 量取圆的半径,以轴测轴原点 O 为圆心画圆,与 X、Y 轴的交点 1、2、3、4 为圆弧的切点,在 Z 轴上的交点 O_1、O_2 为两段圆弧的圆心,如图 12-5 所示。

(3) 以 Z 轴上的交点 O_1、O_2 为圆心,以 $O_1 3(O_1 4)$、$O_2 1(O_2 2)$ 为半径画两段圆弧,如图 12-6 所示。

(4) 将圆心 O_1、O_2 和切点 1、2、3、4 连接起来,得到 4 条直线 $O_1 3$、$O_1 4$、$O_2 1$、$O_2 2$,产生两个交点 F_1、F_2,以交点 F_1、F_2 为圆心,以 $F_1 1(F_1 4)$、$F_2 2(F_2 3)$ 为半径画两段圆弧,即完成椭圆的画法,如图 12-7 所示。

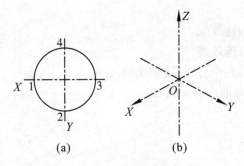
图 12-4 分析两段圆弧的圆心、切点

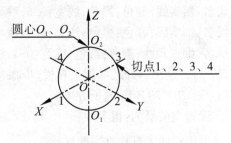
图 12-5 求两段圆弧的圆心、切点

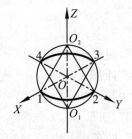
图 12-6 画两段圆弧

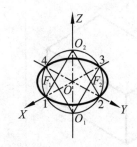
图 12-7 画另外两段圆弧

三、举例

【例 12-1】 绘制二维正等轴测图,如图 12-8 所示。图线要求:

层名:粗实线;颜色:黑色;线宽:0.6;线型:连续线。

层名:细点画线;颜色:红色;线宽:0.3;线型:中心线;线型比例:0.6。

层名:细实线;颜色:黑色;线宽:0.3;线型:连续线。

操作步骤:

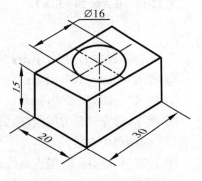
图 12-8 二维正等轴测图

(1) 设置绘图区域

① 单击绘图工具栏矩形图标 ▢。

② 光标在屏幕左下角适当位置单击。

③ 键入"@50,50"。

④ 回车,确定绘图区域在 50×50 的线框内。

⑤ 单击标准工具栏实时缩放图标 🔍。

⑥ 按住左键,实时缩放图标 🔍 向右上角移动,使 50×50 的线框放大到适当大小,如图 12-9 所示。

图 12-9 50×50 绘图区

⑦ 按"Esc"键。

(2) 设置图层。

步骤参考第一章第四节。

层名:粗实线;颜色:黑色;线宽:0.6;线型:连续线。

层名:细实线;颜色:黑色;线宽:0.3;线型:连续线。

层名:细点画线;颜色:红色;线宽:0.3;线型:中心线;线型比例:0.6。

(3) 打开绘图、修改、捕捉工具栏,步骤参考前面有关章节。

(4) 画 20×30×15 的长方体。

① 设置当前层为:粗实线;

② 单击绘图工具栏直线图标 ╱;

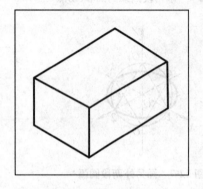

③ 在 50×50 绘图区适当位置单击,切换到英文输入法;

④ 键入"@30<30",回车;

⑤ 键入"@15<90",回车;

⑥ 键入"@30<210",回车;

⑦ 键入"@15<-90",回车;

⑧ 键入"@20<150",回车;

⑨ 键入"@15<90",回车;

⑩ 键入"@20<-30",回车;

⑪ 回车;

图 12-10 长方体 20×30×15

⑫ 回车或单击绘图工具栏直线图标 ╱;

⑬ 光标捕捉左上角点,单击;

⑭ 键入"@30<30",回车;

⑮ 键入"@20<-30",回车;

⑯ 回车,即完成长方体绘制,如图 12-10 所示。

(5) 画椭圆中心线。

① 设置当前图层为:细点画线;

② 单击绘图工具栏直线图标 ╱;

③ 捕捉长方体顶面 4 条边的中点,画出两条中心线即 X、Y 轴;

④ 捕捉两条中心线的交点,画出垂直线,即 Z 轴,如图 12-11所示。

(6) 画椭圆。

① 设置当前图层为:细实线;

② 单击绘图工具栏圆图标 ⊙;

③ 捕捉轴测轴交点,单击;

④ 键入半径:8,回车,与 X、Y、Z 轴交于 1、2、3、4、5、6 等 6 点,如图 12-12 所示;

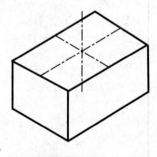

图 12-11 轴测轴 X、Y、Z

⑤ 单击绘图工具栏直线图标,分别捕捉 1、2、3、4、5、6 等 6 点,画出 13、15、24、46 等 4 条直线,得 7、8 两个交点,如图 12-13 所示;

⑥ 设置当前图层为:粗实线;

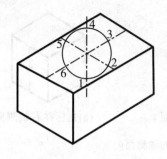

图 12-12　画ϕ16 圆

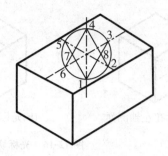

图 12-13　连线确定圆心、半径

⑦ 单击绘图工具栏圆弧图标  ；
⑧ 键入"CE",回车;
⑨ 捕捉 1 点,单击;
⑩ 捕捉 3 点,单击;
⑪ 捕捉 5 点,单击(逆时针画圆);
⑫ 回车;
⑬ 重复⑦至⑪步骤,即可画出 56(圆心为 7)、62、23(圆心为 8)圆弧,如图 12-14 所示;
⑭ 单击修改工具栏删除图标 ；
⑮ 光标分别移至直线(13,15,24,46)及ϕ16 的圆周上,单击;
⑯ 回车,即完成全图,如图 12-8 所示。
(7) 以"例 12-1"为图形文件名保存。

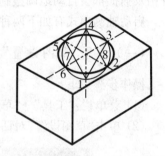

图 12-14　画出椭圆的四段圆弧

第二节　在等轴测模式下绘制正等轴测图

AutoCAD 2009 中专门设置了"等轴测捕捉"命令,其功能就是用来绘制正等轴测图,特别是可以方便地绘制轴测图中的椭圆。

一、轴测平面及其转换

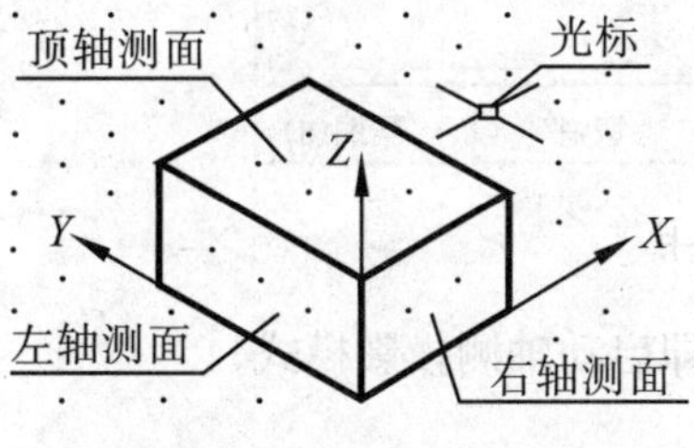

长方体的轴测投影中有 3 个平面是可见的,如图 12-15 所示。为了便于绘图,将这 3 个面作为画线、找点等操作的基准平面,并称它们为轴测平面,根据其位置的不同,分别称为左轴测面、右轴测面、顶轴测面。

在轴测模式下进行作图时,一定要明确光标处在什么轴测面,按"F5"键,可以实现左、右、顶轴测面之间的

图 12-15　轴测面、光标、栅格

转换，如图 12-16 所示。

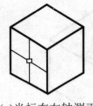 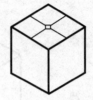 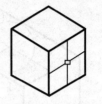

(a)光标在左轴测面　　　　(b)光标在顶轴测面　　　　(c)光标在右轴测面

图 12-16　光标切换在不同的轴测面内

二、启动轴测模式

在 AutoCAD 中用户可以利用轴测投影模式辅助绘图，当此模式被启动后，十字光标、栅格及捕捉都会自动地调整到与当前指定的轴测面一致。

启动轴测模式有如下两种方法。

（一）使用"草图设置"对话框

操作步骤如下：

(1) 菜单栏："工具"→"草图设置"，弹出"草图设置"对话框；

(2) 单击"草图设置"对话框中"捕捉和栅格"按钮，如图 12-17 所示；

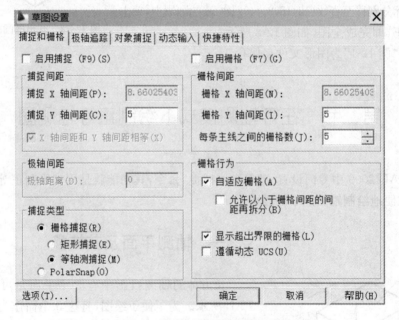

图 12-17　"捕捉和栅格"选项卡

(3) 单击"捕捉类型"区域中"等轴测捕捉"单选框⊙，即启动轴测投影模式；

(4) 单击"确定"。

在轴测模式下，捕捉和栅格的间距由 Y 间距控制，X 间距变为灰色而不可用。

（二）使用"捕捉（SNAP）"命令

操作步骤如下：
(1) 命令行：键入"Snap"，回车。
(2) 键入"S"，回车。

(3) 键入"I"，回车。

(4) 键入栅格间距，回车，即进入轴测模式。

步骤说明：

指定捕捉间距或[开(ON)/关(OFF)/纵横向间距(A)/旋转(R)/样式(S)/类型(T)]<10.00>：

输入捕捉栅格类型[标准(S)/等轴测(I)]<S>：

指定垂直距间<10.00>：

三、在轴测模式下画直线

在轴测模式下，绘制直线也是通过输入点的极坐标来完成的。当所绘直线与不同的轴测轴平行时，输入的极坐标角度值也不同。若所画直线与 X 轴平行时，则极坐标角度应输入 30°或－150°；若所画直线与 Y 轴平行时，则极坐标角度应输入 150°或－30°；若所画直线与 Z 轴平行时，则极坐标角度应输入 90°或－90°；若所画直线与任何轴测轴都不平行，则必须先找出直线上的两点，然后连线。

此外，还可以在轴测模式下打开"正交"状态，此时所绘直线将自动与当前轴测面内的某一轴测轴方向一致，即自动确定极角，画直线时，光标移至直线的前方，然后键入直线的长度，回车。例如，若光标处于右轴测面，而且是打开"正交"状态，那么所画直线将沿着 30°或者 90°方向。

四、在轴测模式下绘制椭圆

圆的轴测投影是椭圆，当圆位于不同的轴测面时，投影所得的椭圆，其长、短轴位置将是不同的。用前面介绍的椭圆画法是比较麻烦的，但在 AutoCAD 中却可直接使用椭圆（Ellipse）命令的"等轴测圆(I)"选项来绘制。

（一）绘制椭圆

操作步骤：
(1) 根据圆所在的平面，按"F5"键，使光标处于合适的轴测面内。
(2) 启动椭圆命令，方法有 3 种：
① 命令行："绘图"→"椭圆"→"轴、端点"；
② 工具栏：单击绘图工具栏椭圆图标 ⬭ ；
③ 命令行：键入"Ellipse"，回车。
(3) 键入"I"，回车。

步骤说明：

_Ellipse

指定椭圆轴的端点或[圆弧(A)/中心点(C)/等轴测圆(I)]：

(4) 利用点的输入方式，确定椭圆中心。 指定等轴测圆的圆心：

(5) 键入圆的半径，并回车，则 AutoCAD 会自动 指定等轴测圆的半径或[直径(D)]：
在当前轴测面中绘制出相应圆的轴测投影。

（二）绘制椭圆弧

操作步骤： 步骤说明：

(1) 根据圆所在的平面，按"F5"键，使光标处于合适的轴测面内。

(2) 启动椭圆弧命令： _Ellipse

菜单栏："绘图"→"椭圆"→"圆弧(A)"； 指定椭圆轴的端点或[圆弧(A)/中心点(C)/等轴测圆(I)]：

(3) 键入"I"，回车。 指定椭圆轴的端点或[/中心点(C)/等轴测圆(I)]：

(4) 利用点的输入方式，确定椭圆中心。 指定等轴测圆的圆心：

(5) 键入圆的半径，回车。 指定等轴测圆的半径或[直径(D)]：

(6) 键入起始角度，回车。 指定起始角度或[参数(P)]：

(7) 键入终止角度，回车，自动在当前轴测面中绘制出椭圆弧。 则 AutoCAD 会指定终止角度或[参数(P)/包含角度(I)]：

绘制椭圆弧角度的规定：

顶轴测面：水平向左为零度，逆时针旋转为正方向，如图 12-18(a)所示。

左轴测面：与水平夹角负 60°方向为零度，逆时针旋转为正方向，如图 12-18(b)所示。

右轴测面：与水平夹角负 120°方向为零度，逆时针旋转为正方向，如图 12-18(c)所示。

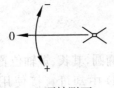 

(a)顶轴测面 (b)左轴测面 (c)右轴测面

图 12-18　绘制椭圆弧角度的规定

五、举例

图 12-19

【例 12-2】　绘制二维正等轴测图，如图 12-19 所示。图线要求：

层名：粗实线；颜色：黑色；线宽：0.6；线型：连续线。

层名：细点画线；颜色：红色；线宽：0.3；线型：中心线；线型比例：0.6。

操作步骤：

(1) 打开文件"例 12-1"。

(2) 画长方体。

① 单击图层,选择粗实线;
② 启动轴测模式,切换到左轴测面;
③ 单击绘图工具栏直线图标 ╱ ;
④ 光标移至适当位置,单击;
⑤ 键入"@16<150",回车;
⑥ 键入"@14<90",回车;
⑦ 键入"@16<-30",回车;
⑧ 键入"@14<-90",回车,如图12-20所示;
⑨ 打开"正交",按"F5"键,切换到右轴测面;
⑩ 光标移至30°方向,键入:"20",回车;
⑪ 光标移至90°方向,键入:"14",回车;
⑫ 光标移至210°方向,键入:"20",回车,如图12-21所示;
⑬ 回车,结束直线命令;
⑭ 回车,启动直线命令,按"F5"键,切换到顶轴测面;
⑮ 捕捉 A 点,并单击;
⑯ 光标移至150°方向,键入:"16",回车;
⑰ 光标移至210°方向,键入:"20",回车,如图12-22所示;
⑱ 以"例12-2-1"为图形文件名保存。

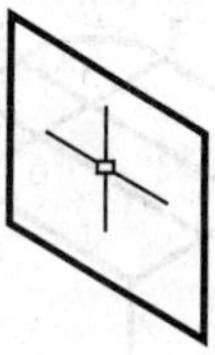

图 12-20 在左轴测面内

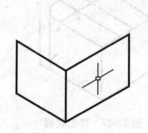

图12-21 在右轴测面内

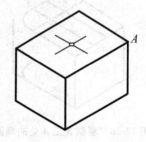

图 12-22 在顶轴测面内

(3) 画两个 $R6$ 的圆角。
① 以 A、B 两点为圆心,半径为6画圆,在顶轴测面内得4个交点1、2、3、4,如图12-23所示;
② 过交点1、2、3复制顶轴测面上的3条线,得2个交点5、6,分别是椭圆的中心,如图12-24所示;

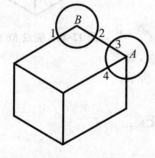

图 12-23 画 $R6$ 圆

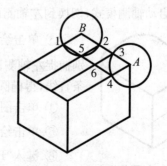

图 12-24 得交点 5、6

③ 删除 R6 的两个圆;

④ 单击绘图工具栏椭圆图标 ⬭ ;

⑤ 键入"I",回车;

⑥ 捕捉 5 点,单击;

⑦ 键入半径:"6",回车;

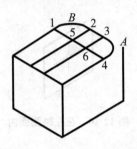

⑧ 单击修改工具栏修剪图标 ⊢ ,进行修剪;

⑨ 单击绘图工具栏椭圆图标 ⬭ ;

⑩ 键入"I",回车;

⑪ 捕捉 6 点,单击;

⑫ 键入半径:"6",回车;

⑬ 单击修改工具栏修剪图标 ⊢ ,进行修剪,如图 12-25

图 12-25 画 R6 椭圆弧

所示;

⑭ 关闭轴测模式,打开"正交",向下复制 3 至 4 处的椭圆弧,距离为 14,如图 12-26 所示;

⑮ 利用直线 ╱ 及捕捉到象限点 ⬭ ,绘制两处椭圆弧的公切线,如图 12-27 所示;

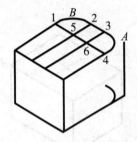

图 12-26 复制 3 至 4 处的椭圆弧

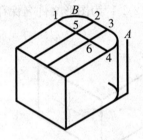

图 12-27 作公切线

⑯ 单击修改工具栏修剪图标 ⊢ ,进行修剪,单击修改工具栏删除图标 ✎ ,删除多余的线及字符,如图 12-28 所示。

(4) 画 ⌀8 的椭圆。

① 单击图层,选择细点画线;

② 启动轴测模式,切换到左轴测面;

③ 单击绘图工具栏直线图标 ╱ ,分别捕捉左轴测面中 4 条直线的中点,画 2 条直线,得椭圆的中心,如图 12-29 所示;

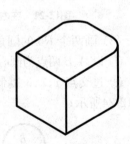

图 12-28 完成 R6 的圆角

④ 单击图层,选择粗实线;

⑤ 单击绘图工具栏椭圆图标 ⬭ ;

⑥ 键入"I",回车;

⑦ 捕捉椭圆中心点,单击;

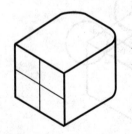

图 12-29 椭圆的中心

⑧ 键入半径:"4",回车,即完成,如图 12-19 所示。

(5) 以"例 12-2-2"为图形文件名保存。

第三节　在轴测图上标注文字

为了使某个轴测面中的文字看起来像是在该轴测面内,就必须根据各轴测面的位置特点,将文字倾斜某一个角度,以使它们的外观与轴测图协调起来,否则,立体感不强。如图 12-30 所示,轴测图的 3 个轴测面上注写的文字,采用了适当倾角。

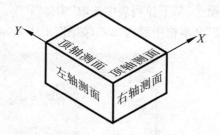

图 12-30　轴测面上的文字

一、各轴测面上文本的倾斜规律及设置

轴测面上标注文字倾斜规律总的来讲是设置整个文本旋转角度和设置文字倾斜角度的合成,各轴测面上文本的倾斜规律及设置如下:

1. 在左轴测面上

在"文字样式"对话框的"倾斜角度"文本框中键入"-30",然后,在输入文字时,将旋转角度设置为-30°。

2. 在右轴测面上

在"文字样式"对话框的"倾斜角度"文本框中键入"30",然后,在输入文字时,将旋转角度设置为 30°。

3. 在顶轴测面上

当文本平行于 X 轴时:在"文字样式"对话框的"倾斜角度"文本框中键入"-30",然后,在输入文字时,将旋转角度设置为 30°。

4. 在顶轴测面上

当文本平行于 Y 轴时:在"文字样式"对话框的"倾斜角度"文本框中键入"30",然后,在输入文字时,将旋转角度设置为-30°。

另外,也可以先建立倾角分别是 30°和-30°的两种文本样式,输入文字后,利用旋转命令,将整个文本旋转 30°或-30°,同样能得到各轴测面内文字效果。

二、举例

【例 12-3】 在轴测图上书写文字,字体为宋体,字高 5,如图 12-31 所示(提示:"左面"与"顶面 X"的文字样式相同,"右面"与"顶面 Y"的文字样式相同)。

操作步骤:
(1) 创建倾角 30°的文字样式:右面。
① 菜单栏:"格式"→"文字样式",弹出"文字样式"对话框;
② 单击"新建",弹出"新建样式"对话框;
③ 在文本框中键入"右面",单击"确定";
④ 单击字体名右边的箭头,从下拉列表中选取"宋体";
⑤ 在效果区"倾斜角度"文本框中键入"30",如图 12-32 所示;

图 12-31

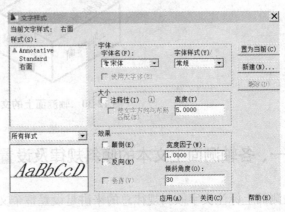

图 12-32 创建"右面"样式

⑥ 单击"应用";
⑦ 单击"关闭",即完成创建倾角 30°的文字样式。
(2) 创建倾角－30°的文字样式:左面。创建步骤方法与"右面"相同。
(3) 利用"单行文字"标注右轴测面上的文字"右面"。

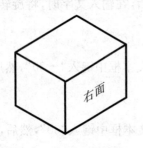

图 12-33 右轴测面上的文字

① 绘制长方体轴测图;
② 菜单栏:"绘图"→"文字"→"单行文字";
③ 键入"S",回车;
④ 键入样式名:"右面",回车;
⑤ 光标在右轴测面内适当位置单击;
⑥ 键入字高"5",回车;
⑦ 键入文字旋转角度"30",回车;
⑧ 键入"右面",回车,即完成,如图 12-33 所示。
(4) 利用"单行文字"标注左轴测面上的文字"左面"。
① 菜单栏:"绘图"→"文字"→"单行文字";
② 键入"S",回车;

③ 键入新式名"左面",回车;
④ 光标在左轴测面内适当位置单击;
⑤ 键入字高"5",回车;
⑥ 键入文字旋转角度"-30",回车;
⑦ 键入:"左面",回车,即完成,如图 12-34 所示;

(5) 利用"多行文字"标注顶轴测面上 X 方向的文字"顶面 X"。

图 12-34　左轴测面上的文字

① 单击绘图工具栏文本图标 **A**;
② 光标在顶轴测面内适当位置单击;
③ 光标移动到右上角适当位置单击,弹出"在位文字编辑器"对话框;
④ 在文字格式中,选择样式名"左面",字高输入"5",如图 12-35 所示;

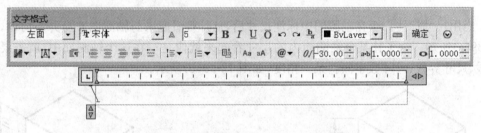

图 12-35　调用文字样式"左面"及设置字高

⑤ 在对话框文本区中键入"顶面 X",单击"确定";

⑥ 利用旋转命令,将"顶面 X"旋转 30°,利用移动命令将"顶面 X"移动到顶面的适当位置,如图 12-36 所示。

(6) 利用"多行文字"标注顶轴测面上 Y 方向的文字"顶面 Y"。

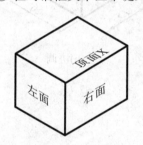

图 12-36　顶轴测面(X 方向)上的文字

① 单击绘图工具栏文本图标 **A**;
② 光标在顶轴测面内适当位置单击;
③ 光标移动到右上角适当位置单击,弹出"在位文字编辑器"对话框;
④ 在文字格式中,选择样式名"右面",字高输入"5",如图 12-37 所示;

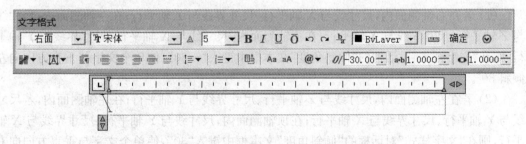

图 12-37　调用文字样式"右面"及设置字高

⑤ 在对话框文本区中键入"顶面 Y",单击"确定";

⑥ 利用旋转命令,将"顶面 Y"旋转－30°,利用移动命令将"顶面 Y"移动到顶面的适当位置,如图 12-38 所示。

注意:在设置及输入汉字过程中,要及时调整中、英文输入法。

图 12-38　顶轴测面(Y 方向)上的文字

第四节　在轴测图上标注尺寸

当用尺寸标注命令在轴测图中标注尺寸后,从外观看起来与轴测图本身并不协调,如图 12-39(a)所示。为了让某个轴测面内的尺寸看起来就像是写在这个轴测面中,就需要将尺寸线、尺寸界线、尺寸数字倾斜某一角度,如图 12-39(b)所示。

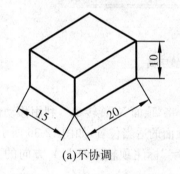
(a)不协调

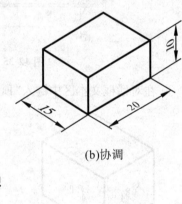
(b)协调

图 12-39　尺寸标注外观

一、尺寸数字的倾斜规律及设置

(一)在各轴测面上标注尺寸时,尺寸数字的倾斜规律

(1)若在右轴测面内,尺寸线与 X 轴平行、尺寸界线与 Y 轴平行;在左轴测面内,尺寸线与 Z 轴平行、尺寸界线与 X 轴平行;在顶轴测面内,尺寸线与 X 轴平行、尺寸界线与 Y 轴平行,则在"文字样式"对话框的"倾斜角度"文本框中键入"－30",使单个文字与垂直方向向左倾斜 30°。

(2)若在左轴测面内,尺寸线与 Z 轴平行、尺寸界线与 Y 轴平行;在左轴测面内,若尺寸线与 Y 轴平行、尺寸界线与 X 轴平行;在顶轴测面内,尺寸线与 Y 轴平行、尺寸界线与 X 轴平行,则在"文字样式"对话框的"倾斜角度"文本框中键入"30",使单个文字与垂直方向向右倾斜 30°。

（二）设置具有尺寸数字倾斜角度的标注样式

（1）启动"标注样式管理器"对话框，方法有 3 种：
① 菜单栏："格式"→"标注样式"；
② 工具栏：单击标注或样式工具栏标注样式图标 ；
③ 命令行：键入"D"或"Ddim"，回车。
（2）单击"新建"，弹出"创建新标注样式"对话框。
（3）在"创建新标注样式"对话框中输入新标注样式名，并单击"继续"，"创建新标注样式"对话框自动消失，弹出"新建标注样式"对话框，并对"线"、"符号和箭头"、"主单位"等选项卡作相应设置。此时，新建的标注样式名将成为当前标注样式名。
（4）在"新建标注样式"对话框中，单击"文字"选项卡，弹出"文字"选项卡对话框。
（5）单击"文字样式(Y)"右边的按钮 ，弹出"文字样式"对话框。
（6）单击"新建"，弹出"新建文字样式"对话框，在"样式名"一栏键入新文字样式的名称，然后单击"确定"。
（7）单击"字体名(F)"下拉列表框右边的箭头，在列表中单击所选字体。
（8）单击"倾斜角度(O)"的文本框，键入角度数值："30"或"－30"。
（9）单击"文字样式"对话框中的"应用"。
（10）单击"样式名"下拉列表框右边的箭头，在列表中单击新文字样式的名称。
（11）单击"文字样式"对话框中的"确定"。
（12）单击"新建标注样式"对话框中的"确定"。
（13）单击"标注样式管理器"对话框中的"关闭"。
至此，尺寸数字具有适当倾斜角度的样式设置结束。在标注相应尺寸时，将此标注样式设置为当前标注样式。

二、修改尺寸界线（延伸线）的倾角

利用"编辑标注（DIMEDIT） "中的"倾斜"修改尺寸界线的倾斜角度值，其规律如下：
（1）尺寸界线的倾斜角度值是与水平线（直角坐标系的 X 轴方向）的夹角，通常将逆时针方向设置为正，顺时针方向设置为负。
（2）若尺寸界线与 X 轴测轴平行，则尺寸界线的倾斜角为 30°或－150°。
（3）若尺寸界线与 Y 轴测轴平行，则尺寸界线的倾斜角为－30°或 150°。
（4）若尺寸界线与 Z 轴测轴平行，则尺寸界线的倾斜角为 90°或－90°。

三、轴测图中标注尺寸步骤

在轴测图中标注尺寸时，一般采取以下步骤：
（1）创建尺寸数字倾斜角度分别是 30°和－30°的两种尺寸标注样式。

(2) 启动菜单栏"标注"中的"对齐标注"命令，图标为 ，在轴测图中标注尺寸。在等轴测图中，只有沿与轴测轴平行的方向进行测量，才能得到真实的距离值。

(3) 启动菜单栏"标注"中的"倾斜(I)"选项，或标注工具栏中"编辑标注( )"命令中的"倾斜(O)"选项，对尺寸界线的倾斜角度进行修改，使尺寸界线的方向与轴测轴的方向一致，这样所标尺寸的外观就具有立体感了。

四、举例

【例 12-4】 在轴测图中标注尺寸，如图 12-40 所示（提示："左面 Y"、"左面 Z"及"顶面 Y"的标注样式相同，30°，"右面 X"、"右面 Z"及"顶面 X"的标注样式相同，-30°）。

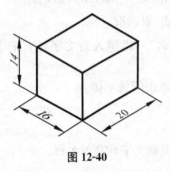

图 12-40

操作步骤：
(1) 打开图形文件"例 12-2-1"。
(2) 创建尺寸数字倾斜 30°的标注样式，样式名："Y 及左面 Z"。

① 工具栏：单击标注工具栏标注样式命令图标 ，弹出"标注样式管理器"对话框；

② 单击"新建"，弹出"创建新标注样式"对话框，在"新标注样式名"右边的文本框中键入"Y 及左面 Z"；

③ 单击"继续"；
④ 在"新建标注样式"对话框中，单击"文字"选项卡，弹出"文字"选项卡对话框；
⑤ 单击"文字样式(Y)"右边的按钮 ，弹出"文字样式"对话框；
⑥ 单击"新建"，弹出"新建样式"对话框；
⑦ 在文本框中键入"30"，单击"确定"；
⑧ 单击字体名右边的箭头，从下拉列表中选取"gbeitc"；
⑨ 在效果区"倾斜角度"文本框中键入"30"；
⑩ 单击"应用"；
⑪ 单击"样式名"下拉列表框右边的箭头 ，在列表中单击"30"的名称；
⑫ 单击"关闭"，即完成创建倾角 30°的文字样式；
⑬ 单击"新建标注样式"对话框中的"确定"；
⑭ 单击"标注样式管理器"对话框中的"关闭"。

至此，尺寸数字具有倾斜 30°的样式设置结束。在标注相应尺寸时，将此标注样式设置为当前标注样式。

(3) 创建尺寸数字倾斜-30°的标注样式，样式名："X 及右面 Z"。创建步骤方法与尺寸数字倾斜 30°相同。

(4) 标注左轴测面上的尺寸"16"。

① 在尺寸标注工具栏中，单击下拉列表框右边的箭头 ，在列表中单击"Y 及左面 Z"标注样式名称；

② 将当前图层设置为"细实线";

③ 单击标注工具栏对齐图标 ;

④ 光标捕捉 A 点,单击;

⑤ 光标捕捉 B 点,单击;

⑥ 光标移到适当位置,单击,如图 12-41 所示;

⑦ 单击标注工具栏中的编辑标注图标 ;

⑧ 命令行键入字母:"O",回车;

⑨ 光标移至尺寸"16",单击,回车;

⑩ 命令行键入倾斜角度"-150",回车,如图 12-42 所示。

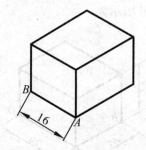
图 12-41 左轴测面上的"16"

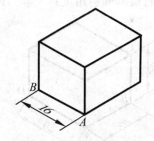
图 12-42 编辑标注"16"

(5) 标注左轴测面上的尺寸"14"。

① 单击标注工具栏对齐图标 ;

② 光标捕捉 B 点,单击;

③ 光标捕捉 C 点,单击;

④ 光标移到适当位置,单击,如图 12-43 所示;

⑤ 单击标注工具栏中的编辑标注图标 ;

⑥ 命令行键入字母"O",回车;

⑦ 光标移至尺寸"14",单击,回车;

⑧ 命令行键入倾斜角度"150",回车,如图 12-44 所示。

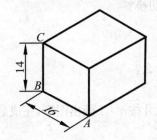
图 12-43 左轴测面上的"14"

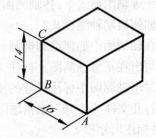
图 12-44 编辑标注"14"

(6) 标注右轴测面上的尺寸"20"。

① 在尺寸标注工具栏中,单击下拉列表框右边的箭头▼,在列表中单击"X 及右面 Z"标注样式名称;

② 单击标注工具栏对齐图标 ；

③ 光标捕捉 A 点,单击;

④ 光标捕捉 D 点,单击;

⑤ 光标移到适当位置,单击,如图 12-45 所示;

⑥ 单击标注工具栏中的编辑标注图标 ；

⑦ 命令行键入字母:"O",回车;

⑧ 光标移至尺寸"20",单击,回车;

⑨ 命令行键入倾斜角度:"-30",回车,如图 12-46 所示。

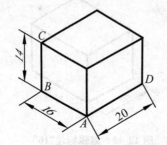
图 12-45　右轴测面上的"20"

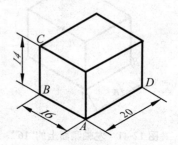
图 12-46　编辑标注"20"

(7) 以"例 12-4"为图形文件名保存。

注意:在设置过程和输入汉字过程中,要及时调整中、英文输入法。

习　　题

12-1　在正等轴测图中,X、Y、Z 轴与水平线成多少角度?

12-2　轴测图中有几个可见的轴测面?其名称分别是什么?并画图表示。

12-3　在等轴测模式下,各轴测面中的光标如何切换?

12-4　如何启动轴测模式?

12-5　在轴测面中如何绘制椭圆?

12-6　写出在正等轴测图上标注文字的步骤是什么?

12-7　写出轴测图中标注尺寸的步骤是什么?

12-8　打开文件"L-1-16",根据题图 12-1 给定的尺寸按 1∶1 画出图形,完成后以"L-12-8"为名存盘,并标注尺寸和文字。

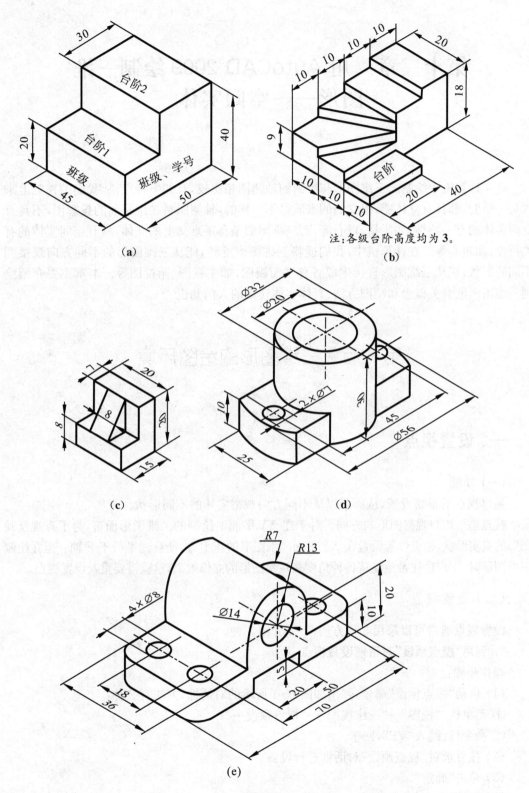

题图 12-1

第十三章 用 AutoCAD 2009 绘制三维图形——空间实体

将在计算机中绘制的三维图形与绘制的轴测图相比较,有如下特点:从我们的视觉上来看是一样的,都具有立体感,但它们的本质是不一样的,轴测图是二维平面的投影图,不具有空间实体的有关特性,如质量、重心等,而三维图形是真正意义上的立体,具有空间实体的有关特性,如重心等。在计算机中,我们能将三维图形旋转,能从三维图形的不同方向观察到不同的形状,能从三维图形直接生成各种平面视图,如主视图、俯视图等。本章主要介绍绘制三维图形的有关概念和绘图方法、具体实体建模的入门知识。

第一节 三维图形的绘图环境

一、设置视点

(一) 功能

通过视点的重新设置,从而可以从不同方向观察实体的不同形状。

视点是指用户观察图形的方向。对于在 XY 平面上绘制的二维图形而言,为了直观反映图形的真实形状,视点位置设置在 XY 平面二维图形的正上方,使视线平行于 Z 轴。但在绘制三维图形时,用户往往希望能从各种角度来观察图形的立体效果,这就需要重新设置视点。

(二) 设置视点

设置视点通常可以采用 3 种方法,下面介绍 2 种。

1. 利用"视点预设"对话框设置视点

操作步骤:

(1) 启动"视点预设"命令,弹出如图 13-1 所示的对话框,方法有 2 种:

① 菜单栏:"视图"→"三维视图"→"视点预设…";

② 命令行:键入"VP",回车。

(2) 按要求对"视点预设"对话框进行设置。

(3) 单击"确定"。

"视点预设"对话框各选项含义如下。

① 绝对于 WCS(W)和相对于 UCS(U):表示设置视点角度时,是相对于世界坐标系或

用户坐标系而定的。

对话框中有两个指示角度的图形,左边的表示与 X 轴的夹角,右边的表示与 XY 平面的角度,图中虚线均指示零度位置,粗黑实线指示当前角度位置或修改后的角度位置。

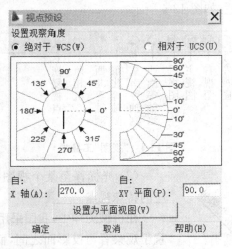

图 13-1 "视点预设"对话框

② 与"X 轴(A)"的观察角度:指视线(视点到观察目标的连线,即视点方向)在 XY 平面上的投影与 X 轴正向的夹角 β,如图 13-2 所示。

③ 与"XY 平面(P)"的观察角度:指视线与 XY 平面的夹角 α,如图 13-2 所示。

④ "设置为平面视图(V)"按钮:表示设置视线与 XY 平面垂直,夹角 α 为 90°。系统将相对于选定的坐标系显示平面视图。从正投影原理分析,此时视线对于 XY 平面的投影积聚为一点,

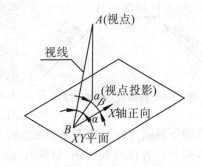

图 13-2 视线与其投影及 XY 平面的夹角关系

所以无论在与"X 轴(A)"的角度旁边的编辑框中输入任何角度,用户观察到的平面图形效果都是一样的,对话框中该项自动显示为"270"。

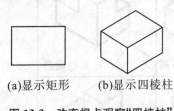

(a)显示矩形　(b)显示四棱柱

图 13-3 改变视点观察"四棱柱"

例如,在视点设置为平面视图的状态下,即 $\alpha=90°$,利用拉伸命令绘制一个三维实体"四棱柱",绘图区只显示一个矩形,如图 13-3(a)所示;改变视点位置,分别在与"X 轴(A)"的角度和与"XY 平面(P)"的角度旁边的编辑框中输入"135"和"45",绘图区即显示出四棱柱的立体形状,如图 13-3(b)所示。随着视点的改变,绘图区左下角的坐标系图标也发生相应的变化。

2. 选择系统设置的特殊视点

系统预设了常用的 10 个特殊视点,通过这些视点可以获得 6 个基本视图和 4 个轴测图,它们分别是:"俯视图"、"仰视图"、"左视图"、"右视图"、"主视图"(前视)、"后视图"、"西南等轴测"、"东南等轴测"、"东北等轴测"和"西北等轴测"。用户可通过菜单栏或图标直接选择这些视点。

操作步骤之一：菜单栏。
"视图"→"三维视图(D)"→在级联菜单中选择相应的特殊视点。
操作步骤之二：工具栏。
(1) 打开"视图"工具栏，如图 13-4 所示。

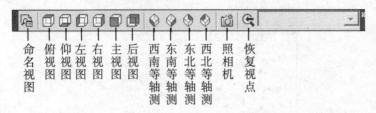

图 13-4 "视图"工具栏

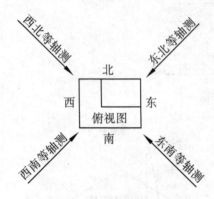

图 13-5 特殊视点观察方向

(2) 光标移至某个视图按钮上单击，即选择了相应的特殊视点。

在机械图样中，我国采用"第一角画法"，即把物体置于观察者与投影面之间，而英、美等国则采用"第三角画法"，即把投影面置于物体与观察者之间，所以在视图名称上，我国与英、美等国是有所区别的。

西南等轴测、东南等轴测、东北等轴测和西北等轴测的看图方向是以俯视图为基准，俯视图的上方为北，俯视图的下方为南，俯视图的左方为西，俯视图的右方为东，即上北下南、左西右东，与看地图的方向一致，从而确定西南、东南、东北、西北的看图方向，如图 13-5 所示。

西南等轴测方向就是正等轴测图的方向。

以两个长方体叠加为例，分别从 10 个特殊视点观察图形，如图 13-6 所示。因此，在画出三维图形后，通过选择特殊视点，可以方便地得到平面投影(视图)。

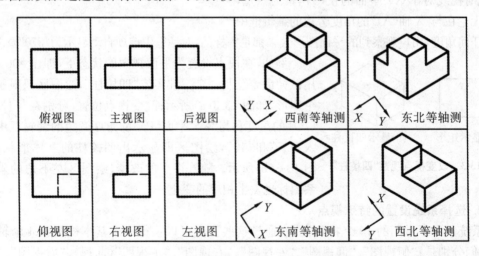

图 13-6 从 10 个特殊视点观察同一实体产生的图形效果

二、建立用户坐标系

AutoCAD 提供了两种坐标系,一种是世界坐标系,另一种是用户坐标系。采用世界坐标系,图形的绘制与编辑只能在一个固定的坐标系中进行,在绘制三维图形尤其是比较复杂的三维图形时会有一定的困难。因为系统默认的绘图基准面是 XY 平面,因此,为了适应绘图的需要,AutoCAD 允许用户在世界坐标系的基础上定义用户坐标系。用户坐标系的原点可以是空间任意一点,同时可采用任意方式旋转或倾斜其坐标轴,Z 轴垂直于 XY 平面,三条轴的正向由右手定则确定:右手四指指向 X 轴正向,四指握拳旋转 90°为 Y 轴正向,此时大拇指指向为 Z 轴正向。也可以用左手定则来确定用户坐标系中各轴的相对位置及旋转方向,左手定则:左手中指指向 X 轴正向,食指指向为 Y 轴正向,大拇指指向为 Z 轴正向,如图 13-7 所示。

图 13-7 "左手定则"确定坐标轴正向

为了便于在三维空间中绘图,根据图形所处的位置,需将用户坐标系作适当旋转,如在 XY 平面内作图,坐标系如图 13-8(a)所示;如在 XZ 平面内作图,坐标系如图 13-8(b)所示;如在 YZ 平面内作图,坐标系如图 13-8(c)所示。图 13-8 中的 3 个圆柱孔就需要旋转用户坐标系。

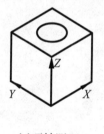 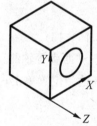 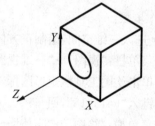

(a)顶轴测面　　　　　(b)右轴测面　　　　　(c)左轴测面

图 13-8 不同坐标面中的坐标系

1. 调整用户坐标系原点

操作步骤:

(1) 启动用户坐标系命令,方法有 3 种:

① 菜单栏:"工具(T)"→"新建 UCS(W)"→"原点(N)";

② 工具栏:单击 UCS 工具栏原点图标 ；

③ 命令行:键入"UCS",回车,再键入"O",回车。

(2) 利用点的输入方式,确定一点,该点即为新的坐标原点。

2. 调整不同轴测面中的坐标系

操作步骤:

(1) 启动用户坐标系旋转命令,方法有 3 种:

① 菜单栏:"工具(T)"→"新建 UCS(W)"→"X"或"Y"或"Z";

② 工具栏:单击 UCS 工具栏绕 X 轴旋转 UCS 图标 或绕 Y 轴旋转 UCS 图标 或

绕 Z 轴旋转 UCS 图标 ；

③ 命令行：键入"UCS"，回车，再键入"X"或"Y"或"Z"，回车。

(2) 键入旋转角度，回车。

(3) 调整用户坐标系原点。

说明：旋转角度可输入正值或负值，坐标轴旋转的规律是：从指定的旋转轴（X 或 Y 或 Z）正向向坐标系原点看，坐标轴逆时针旋转，旋转角度输入正值；坐标轴顺时针旋转，旋转角度输入负值。

【例 13-1】 将原用户坐标系分别绕 Z 轴旋转 90°、绕 Y 轴旋转 −90°，并改变坐标系原点，如图 13-9 所示。

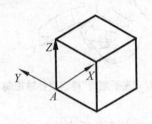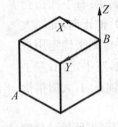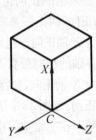

(a)原用户坐标系　　　(b)改变原点并绕Z轴旋转90　(c)改变原点并绕Y轴旋转−90

图 13-9　按"绕指定轴旋转"方式建立用户坐标系

操作步骤：

(1) 进入三维空间，绘制正方体（15×15×15）。

① 菜单栏："视图"→"三维视图(D)"→"西南等轴测"；

② 单击绘图工具栏矩形图标，光标在适当位置单击；

③ 键入"@15,15"，回车；

④ 菜单栏："绘图"→"实体"→"拉伸"；

⑤ 光标移至矩形框，单击；

⑥ 回车；

⑦ 键入拉伸高度"15"，回车；

⑧ 回车；

⑨ 菜单栏："视图"→"消隐"，即得正方体，如图 13-9(a)所示。

(2) 建立原用户坐标系，原点在 A 点，如图 13-9(a)所示。

① 菜单栏："工具"→"新建"→"原点"；

② 光标捕捉 A 点，单击。

(3) 绕 Z 轴旋转 90°，原点在 B 点，如图 13-9(b)所示。

① 菜单栏："工具"→"新建"→"Z"；

② 键入旋转角度"90"，回车；

③ 菜单栏："工具"→"新建"→"原点"；

④ 光标捕捉 B 点，单击。

(4) 绕 Y 轴旋转 −90°，原点在 C 点，如图 13-9(c)所示。

① 菜单栏:"工具"→"新建"→"Y";
② 键入旋转角度"－90",回车;
③ 菜单栏:"工具"→"新建"→"原点";
④ 光标捕捉 C 点,单击。

第二节 模型、图纸空间和多视区

AutoCAD 提供了两个绘图工作空间,即模型空间和图纸空间。另外,AutoCAD 还具有在一个屏幕上利用多视区来显示实体不同方向视图的功能。

一、模型空间(Model space)

启动 AutoCAD 程序命令后,出现在用户面前的绘图区域通常是系统默认的模型空间,此时,系统变量 Tilemode＝1,模型空间的图标如图 13-10 所示。

模型空间是一种传统的图形处理环境,即具有 X、Y、Z 3 个尺寸方向的描述功能,可以绘制和编辑二维(2D)视图或三维(3D)实体,也可以打印输出图形。用户大部分的设计与绘图工作均在模型空间中进行。模型空间的工作区域是无限的。

图 13-10 模型空间图标

二、图纸空间(Paper space)

当系统变量 Tilemode＝0 时,AutoCAD 进入图纸空间,其图标及样式如图 13-11 所示。

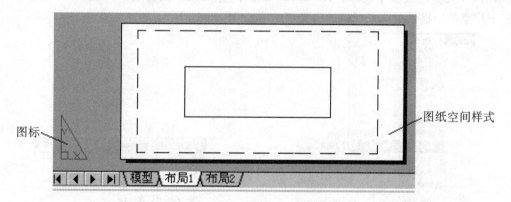

图 13-11 图纸空间图标及样式

图纸空间是一种新的图形处理工作空间,它的工作区域是有限的,绘图区域的大小可进行设置,并能直观地反映出来。图纸空间可以得到已绘制好的三维实体不同的方向的多个视图,并按要求进行排列和编辑。图纸空间中的视口也是一种"实体",用户可以将视口与其中的图形看作一个整体进行编辑处理；也可以将各视口中的图形按不同的显示比例因子进行缩放；还可以把各视口中的图形放在同一张图纸中打印输出。

在图纸空间中，用户可以进行绘图操作，也可以进行标注尺寸、文本等工作。另外，图纸空间具有多视图表达三维设计图样效果的功能，因此，这个功能可用于处理从三维实体开始设计的图纸生成。

模型空间与图纸空间之间可以切换，常用的操作方法如下：

（1）状态行：单击状态行中"模型"或"图纸"按钮。
（2）单击绘图区域左下方的"模型"按钮或多个"布局"按钮。
（3）在图纸空间时，命令行：键入"Model"，回车。
（4）处于"布局"的模型空间时，用鼠标双击视区以外的区域，切换回图纸空间。
（5）处于"布局"的图纸空间时，用鼠标双击视区内的区域，切换回模型空间。

如果是首次进入图纸空间，将弹出"页面设置"对话框，对话框设置结束后，进入图纸空间，如图13-11所示。

如果不希望在首次进入图纸空间时弹出"页面设置管理器"对话框，可以选择"工具"菜单下的"选项"菜单项，在弹出的"选项"对话框中，单击"显示"按钮，在"显示"选项对话框中取消"新建布局时显示页面设置管理器"复选项。

在模型空间中画的图形，在图纸空间中是不能修改的，反之亦然。

布局功能：模拟打印的设置与输出，显示图形与图纸之间的相对位置。通过"创建而已向导"可以引导用户下一步下一步地创建布局并完成设置页面、插入标题栏以及创建视口的工作。布局代表打印的页面。用户可以根据需要创建任意多个布局。

三、多视口管理（设置视口）

在显示三维实体时，经常需要改变观察方向。如果要把多个不同观察方向的视图，同时显示出来，就要定义多个视口。AutoCAD默认的标准视口设置是单个视口，在菜单栏"视图"下拉菜单中提供了许多视口的定义菜单项，如图13-12所示。

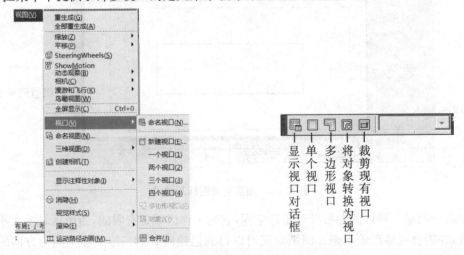

图13-12 "视口"子菜单和工具栏

根据视口所处的工作空间不同,将视口分为平铺视口、浮动视口和浮动模型 3 种。执行 Vports 命令后,显示 Viewport 对话框,对话框中选项的内容,取决于用户定义的是平铺视口还是浮动视口。

(一)平铺视口(Vports)

1. 平铺视口及其特点

在模型空间中设置的单个或多个绘图区域称为平铺视口,如图 13-13 所示。

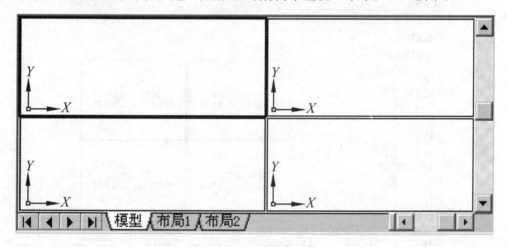

图 13-13　平铺视口

平铺视口将屏幕拆分为固定不可重叠的模型空间视图。对于屏幕上出现的多个平铺视口,用户只能在当前视口进行操作,且每个视口中的图形是互相联系的,通过对各个视口设置不同的视点,可以观察到同一物体的不同投影形状,但要对每个视口中的图形进行单独标注尺寸或将屏幕上显示的图形同时输出在一张图纸上是不可能的。

当屏幕上出现多个视口时,当前视口是指屏幕上被激活的视口。要激活任一视口,只要将箭头光标移至该视口任意位置单击,视口的周边即变为粗线框,箭头变成十字光标。

"平铺视口(Vports)"命令主要用于在模型空间建立多个视口,也可以对视口进行组合、布局、保存、删除和调用等操作。

注意:正交方式(Ortho)以及层的可见性设置对所有平铺视口都有效。

2. 设置平铺视口操作步骤

(1)确认工作空间在模型空间。

(2)启动"视口"对话框,如图 13-14 所示,方法有:

① 菜单栏:"视图"→"视口"→"新建视口";

② 工具栏:单击视口工具栏视口图标 ;

③ 命令行:键入"Vports",回车。

(3)选中"标准视口"区中的某一种视口配置形式,此时,在右边"预览"区能显示视口的配置形式。

(4)单击"确定"。

"视口"对话框中各选项的含义如下:

(1) 新建视口：用于设置新的视口。
① 新名称(N)：新的视口名称；
② 标准视口(V)：系统提供的各种视口配置形式。单击某一形式；
③ 预览：预览被选中的标准视口配置形式。
④ 应用于(A)、设置(S)、修改视图(C)：略
(2) 命名视口：使用已经被命名过的视口。

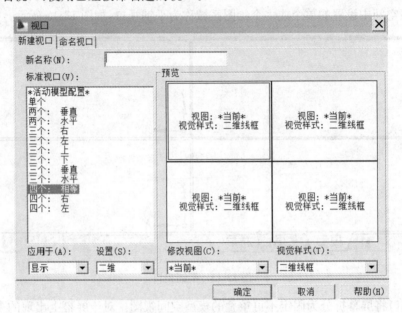

图 13-14 "视口"对话框

（二）浮动视口（Mview）

1. 浮动视口及其特点

在"布局"中设置的单个或多个绘图区域，当区域的工作空间处于图纸空间时，绘图区域称为浮动视口，如图 13-15 所示。

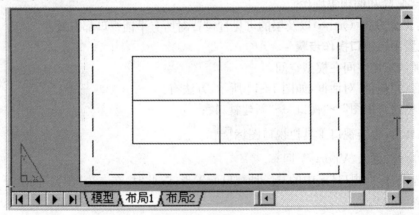

图 13-15 浮动视口

对于这种视口,用户可以自己确定视口的大小和位置,也可以将视口定位于图纸空间的任何位置。浮动视口中各个视口是独立的。利用"浮动视口",可以使物体各方面的视图同时展现在同一画面上,构成一张大图,解决了尺寸标注及同时出图的问题。"浮动视口"可显示模型空间的视口配置及各视口中的图形。

2. 设置浮动视口操作步骤

(1) 确定工作空间在图纸空间;

(2) 菜单栏:"视图"→"视口"→"一个视口"/"两个视口"/"三个视口"/"四个视口"/"合并";

(3) 根据步骤说明进行操作即可。

(三) 浮动模型空间

1. 浮动模型空间及其特点

从"布局"中的视口进入模型空间时,这个模型空间称为浮动模型空间,如图13-16所示。

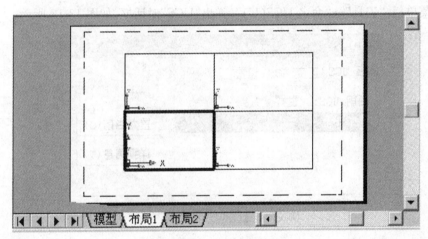

图 13-16　浮动模型空间

如果浮动视口中的图形是在模型空间中生成的,则要修改浮动视口中的图形无法直接进行编辑。系统把浮动视口及其中的图形看作一个整体,用户只能对这个整体进行编辑,选择对象时,应选择视口的周边。当需要修改在模型空间创建的图形时,只有返回模型空间;同样,在图纸空间创建的图形转换到模型空间则变得不可见。为了便于用户在图纸空间也能编辑模型空间的图形,系统设立了浮动模型空间,允许用户在图纸空间状态下进入浮动模型空间,图纸空间的图标暂时消失,屏幕上各浮动视口即显示模型空间坐标系图标。这时,用户只能对某一被激活的当前视口进行操作,产生的效果与在模型空间编辑图形是一样的。但此时,仍处于"布局"状态,用户既可以编辑当前视口(模型空间)中的图形,又可以观察到在图纸空间创建的图形。

2. 设置浮动模型空间的操作步骤

(1) 确认在"布局"状态下;

(2) 光标移至某一视口,双击。如果光标在"布局"之外双击,则返回图纸空间。

四、浮动视口的图层控制

在图纸空间,允许用户对当前浮动视口中的任一图层进行冻结,冻结后只会造成冻结层上的实体在当前视口上消失,而不影响实体在其他视口中的显示。在平铺视口中则没有这种功能。

要冻结某一浮动视口中的图层,如果图形是在模型空间生成的,则必须先进入浮动模型空间并激活当前视口,然后按图层的操作方法进行。

五、设置独立的用户坐标系

在 AutoCAD 2009 中,不同的视口可以指定不同的独立的用户坐标。在视口中指定用户坐标系的操作步骤如下:

(1) 光标移至需要指定用户坐标系的视口,单击;
(2) 菜单栏:"工具"→"命名 UCS(U)",弹出"UCS"对话框,如图 13-17 所示;

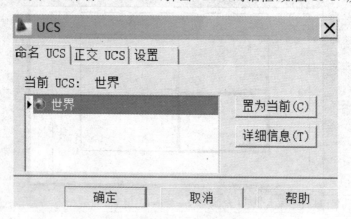

图 13-17 "UCS"对话框

(3) 单击"正交 UCS"按钮,选取指定的用户坐标名称;
(4) 单击"置为当前"按钮;
(5) 单击"确定"按钮,保存新的用户坐标系设置。

另外,也可以在菜单栏:"视图"→"三维视图(D)"→在级联菜单中选择相应的特殊视点。

第三节　二维对象转换成三维实体

用户可以通过拉伸、扫掠、放样和旋转等操作,用二维对象或者三维对象来创建三维实体。

一、"面域"命令（Region）

1. 功能

以当前图形中独立实体端点间连成的封闭区域为边界建立面域。

"面域"是一个没有厚度的面，是指严格封闭的实心平面图形，其外部边界称为外环，内部边界称为内环。"面域"的外形与包围它的封闭边界相同。组成边界的对象可以是直线、多段线、矩形、多边形、圆、圆弧、椭圆、椭圆弧、样条曲线、宽线等。

创建"面域"的目的是为了拉伸或旋转为实体模型。"面域"可以放在空间任何位置，可以计算面积。

2. 操作步骤　　　　　　　　　　　　步骤说明：

（1）启动"面域"命令，方法有3种：　　　_Region

① 菜单栏："绘图"→"面域"；

② 工具栏：单击绘图工具栏中面域图标 ◎ ；

③ 命令行：键入"Reg"，回车。

（2）光标移至对象的封闭曲线上，单击。　　选择对象：

（3）回车，即该封闭曲线构成的区域成为"面域"。　选择对象：

二、"拉伸"命令（Extrude）

1. 功能

用于将二维的闭合对象沿指定路径或给定高度和倾斜角拉伸成三维实体。

2. 操作步骤　　　　　　　　　　　　步骤说明：

（1）设置适当视点，进入三维空间。

（2）启动"拉伸"命令，方法有3种：　　　当前线框密度：Isolines＝4

① 菜单栏："绘图"→"建模"→"拉伸"，如图13-18所示；

② 工具栏：单击建模工具栏中拉伸图标 ，如图13-19所示；

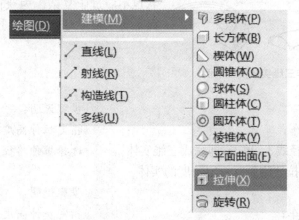

图13-18　建模级联式菜单

③ 命令行：键入"Ext"，回车。

图 13-19　建模工具栏

(3) 光标移至需拉伸的封闭二维图线上，单击。　　选择对象：
(4) 回车。　　　　　　　　　　　　　　　　　　选择对象：
(5) 按步骤说明操作。　　　　　　　　　　　　　指定拉伸的高度或[方向(D)/路径(P)/倾斜角(T)]：

"指定拉伸的高度或[方向(D)/路径(P)/倾斜角(T)]"4 选项的含义及操作如下：
① 指定拉伸高度：缺省项，使二维对象按指定的高度和锥角来拉伸出三维实体。

操作步骤：　　　　　　　　　　　　　　　　　步骤说明：
键入拉伸高度数值，回车；　　　　　　　　　　指定拉伸的高度或[方向(D)/路径(P)/倾斜角(T)]：

② 方向(D)：可以通过指定两个点来指定拉伸的长度和方向。

操作步骤：　　　　　　　　　　　　　　　　　步骤说明：
a. 键入"D"，回车；　　　　　　　　　　　　　指定拉伸的高度或[方向(D)/路径(P)/倾斜角(T)]：

b. 确定拉伸的起点；　　　　　　　　　　　　　指定方向的起点：
c. 确定拉伸的端点。　　　　　　　　　　　　　指定方向的端点：

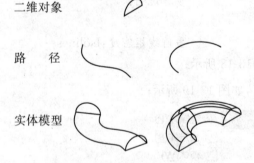

③ 路径(P)：使二维对象沿指定路径拉伸成三维实体，如图 13-20 所示。路径可以是直线、圆、圆弧、椭圆、椭圆弧、二维多义线和样条曲线等。作为路径的对象不能与被拉伸对象位于同一平面，其形状也不应过于复杂。为获得最佳结果，建议将路径置于拉伸对象的边界上或边界内。

图 13-20　拉伸三维实体模型示例

操作步骤：　　　　　　　　　　　　　　　　　步骤说明：
a. 键入"P"，回车；　　　　　　　　　　　　　指定拉伸高度或[路径(P)]：
b. 光标移至路径线上，单击，即完成三维实体。　选择拉伸路径或[倾斜角(T)]：

④ 倾斜角(T)：拉伸侧面有一定角度的实体。

操作步骤：　　　　　　　　　　　　　　　　　步骤说明：
a. 键入"T"，回车；　　　　　　　　　　　　　指定拉伸高度或[倾斜角(T)]：

b. 键入倾斜角度,回车;
c. 键入拉伸高度,回车,即完成三维实体。

指定拉伸的倾斜角度<30>:
指定拉伸的高度或[方向(D)/路径(P)/倾斜角(T)]

当实体侧面为平面时,拉伸倾斜角是指侧面与当前 UCS 的 Z 轴的夹角;当实体侧面为锥面时,倾斜角是指侧面素线与当前 UCS 的 Z 轴的夹角,如图 13-21 所示。

如果输入一个角度值,拉伸后实体截面沿拉伸方向按此角度变化。角度值可以是零、正值或负值,但其绝对值必须小于 90°,否则无效。

当倾斜角为零时,产生的实体为柱体,侧面垂直于当前 UCS 的 XY 平面,如图 13-22(a)所示;当倾斜角为正值时,产生的实体侧面向实体内部倾斜,如图 13-22(b)所示;当倾斜角为负值时,产生的实体侧面向实体外部倾斜,如图 13-22(c)所示。

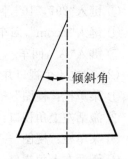

图 13-21 圆锥台的倾斜角

(a)锥角为0　　　　　(b)锥角为正　　　　　(c)锥角为负

图 13-22 倾斜角值对生成三维实体的影响

3. 举例

【例 13-2】 已知一正六棱台的尺寸如图 13-23 所示。设置 A4 图幅,绘制正六棱台的三视图及其正等测图。

操作步骤:

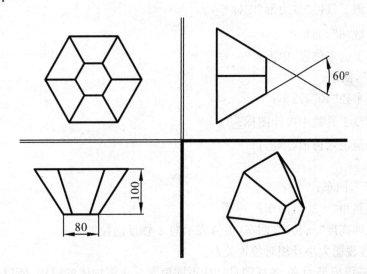

图 13-23

(1) 设置图幅。

① "格式"→"图形界限"；

② 回车；

③ 键入"297,210",回车；

④ 键入"Zoom",回车；

⑤ 键入"A",回车。

(2) 建立4个视口并设置不同的视点。

① 菜单栏："视图"→"视口"→"四个视口(4)"；

② 激活左上角视口：单击；

③ 菜单栏："视图"→"三维视图"→"前视"；

④ 激活右上角视口：单击；

⑤ 菜单栏："视图"→"三维视图"→"左视"；

⑥ 激活左下角视口：单击；

⑦ 菜单栏："视图"→"三维视图"→"俯视"；

⑧ 激活右下角视口：单击；

⑨ 菜单栏："视图"→"三维视图"→"西南等轴测"。

(3) 设置用户坐标系。

各视口中的坐标系，可以利用菜单栏："工具"→"新建"→"X"、"Y"、"Z"作相应的旋转。

① 单击"西南等轴测"视口；

② 菜单栏："工具"→"新建"→"X"；

③ 键入"90",回车；

(4) 创建正六棱柱。

① 单击图层，选择适当的线型（粗实线）；

② 单击绘图工具栏"多边形"图标 ⬠ ；

③ 键入边数"6",回车；

④ 光标移至适当位置，单击；

⑤ 键入"I",回车；

⑥ 键入圆半径"40",回车；

⑦ 单击建模工具栏中拉伸图标 ；

⑧ 光标移至正六边形，单击；

⑨ 回车；

⑩ 键入"T",回车；

⑪ 键入倾斜角"-30",回车；

⑫ 键入拉伸高度"-100",回车（负值表示向Z轴反向拉伸）。

(5) 调整各视图大小及相对位置关系。

对于一个三维模型而言，各视图只是从不同角度反映该物体的投影，所以各视图中反映物体同一方位的尺寸应该是相同的。由于各视口的缩放比例因子可能不同，导致各视图从视觉效果上看，显得没有尺寸对应关系。为保证各视图在视觉上大小一致，可分别激活各视口,采用"缩放(Zoom)"命令中的"比例(Scale)"选项,输入相同的比例因子,比例因子的大小由用户自定。

如果用户希望看到三视图有"长对正、高平齐、宽相等"的对应关系,可分别激活各视口,采用"平移(Pan)"命令调整各视图之间的相对位置,使它们在高度方向和长度方向两两对齐。

用户也可以在建立视口后预先调整好各视口的缩放比例因子,然后才开始创建实体模型。

对"西南等轴测"图形进行消隐处理。

【例 13-3】 有一段直角弯管,直角处半径为 $R50$,管子规格为 $\phi 40 \times 6$(外径×壁厚),如图 13-24 所示,试绘制该弯管的正等轴测图。

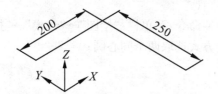
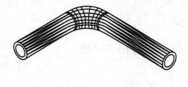

图 13-24

操作步骤:
(1) 设置视点。
菜单栏:"视图"→"三维视图"→"西南等轴测"。
(2) 绘制路径。
① 单击绘图工具栏多段线图标 ；
② 光标移至适当位置,单击;
③ 打开"正交",光标沿 Y 轴正向拖动,键入"250",回车;
④ 打开"正交",光标沿 X 轴负向拖动,键入"200",回车,如图 13-25(a)所示;
⑤ 回车;
⑥ 单击修改工具栏圆角命令图标 ；
⑦ 键入"R",回车;
⑧ 键入半径"50",回车;
⑨ 光标移至多段线一端,单击;
⑩ 光标移至多段线另一端,单击,如图 13-25(b)所示。

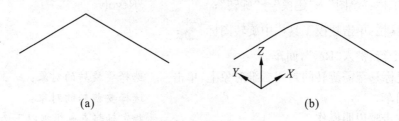

(a)　　　　　　　　　　(b)

图 13-25　路径的形成

(3) 绘制拉伸对象。
① 菜单栏:"工具"→"新建"→"Y";
② 键入"-90",回车;

③ 单击绘图工具栏圆图栏 ⊘ ；

④ 光标捕捉多段线端点，单击；

⑤ 键入半径"20"，回车；

⑥ 单击修改工具栏偏移命令图标 ⌂ ；

⑦ 键入"6"，回车；

⑧ 光标移至圆上，单击；

⑨ 光标移至圆内，单击，如图 13-26 所示。

(4) 创建弯管。

① 启动拉伸命令：菜单栏："绘图"→"建模"→"拉伸"；

② 用窗选方式选取两个同心圆；

③ 回车；

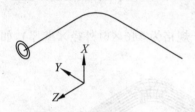

图 13-26　绘制两个同心圆

④ 键入"P"，回车；

⑤ 光标移至路径上，单击。

(5) 改善弯管表面的显示效果。

① 键入"Facetres"，回车；

② 键入"3"，回车；

③ 对弯管进行"消隐"，菜单栏："视图"→"消隐"，如图 13-24 所示。

通过调整"Facetres"的参数值，消隐时可以增加或减少表面的线条数，从而改善物体表面的显示效果。

三、"旋转"命令(Revolve)

1. 功能

用于将闭合的二维对象绕指定轴旋转生成回转实体。二维对象可以是圆、椭圆、圆环、面域、以独立实体出现的封闭的二维多段线和样条曲线。

2. 操作步骤　　　　　　　　　　步骤说明：

(1) 设置适当视点，进入三维空间。

(2) 启动"旋转"命令，方法有 3 种：

① 菜单栏："绘图"→"建模"→"旋转"；　　_Revolve

② 工具栏：单击建模工具栏中旋转图标 ⌂ ；

③ 命令行：键入"Rev"，回车。

(3) 光标移至需旋转的封闭二维对象上，单击。　　选择要旋转的对象：

(4) 回车。　　　　　　　　　　　　　　　　　　选择要旋转的对象：

(5) 按步骤说明操作。　　　　　　　　　　　　　指定轴起点或根据以下选项之一定义轴[对象(O)/X/Y/Z]<对象>：

"指定轴起点或根据以下选项之一定义轴[对象(O)/X/Y/Z]"各选项的含义及操作如下：

① 指定轴起点：缺省项，通过输入旋转轴的两端点来定义旋转轴。

操作步骤： 步骤说明：

a. 利用点的输入方式，确定轴的起点； 指定轴起点：

b. 利用点的输入方式，确定轴的端点； 指定轴端点：

c. 键入旋转的角度数值，回车。 指定旋转角度或[起点角度(ST)]<360>：

从旋转轴平行的坐标轴正向向原点看，键入正角，为逆时针旋转；键入负角，为顺时针旋转。

"起点角度(ST)"选项用来设置旋转的起始角度，默认的起始角度为 0。

② 对象(O)：选择已存在的直线段或一段直的多段线来确定旋转轴。当被选中的对象与参照的对象(直线段)不平行时，系统将以参照的对象在被选中的对象所在平面的投影作为旋转轴，建立旋转三维实体。

操作步骤： 步骤说明：

a. 键入字母"O"，回车； 指定轴起点或根据以下选项之一定义轴[对象(O)…]：

b. 光标移至直线段(回转轴)上，单击； 选择对象：

c. 键入旋转的角度数值，回车。 指定旋转角度或[起点角度(ST)]<360>：

③ X/Y/Z：选择当前坐标系的 X 轴或 Y 轴或 Z 轴作为旋转轴。

操作步骤： 步骤说明：

a. 键入："X"(或"Y"或"Z")，回车； 指定轴起点或根据以下选项之一定义轴[对象(O)/X/Y/Z]：

b. 键入旋转的角度数值，回车。 指定旋转角度或[起点角度(ST)]<360>：

注意：旋转对象必须在旋转轴外围，且两者投影不得有重叠。旋转轴必须与旋转对象所在平面共面或平行，如图 13-27 所示。

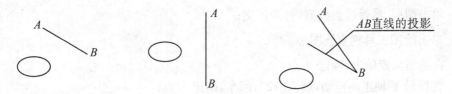

图 13-27 旋转对象与旋转轴的关系

3. 举例

【例 13-4】 如图 13-28 所示，零件"轴套"的尺寸见剖视图，试创建该零件的三维模型。

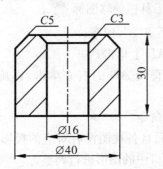
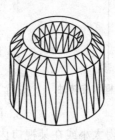

图 13-28

操作步骤：

(1) 建立视口。

采用"缺省设置"中的"公制"新建一图形文件，参照例 13-1 建立 4 个视口。

(2) 设置用户坐标系。

由于零件竖立放置，为方便作图，首先应将用户坐标系的 XY 平面设置为与主视方向或左视方向平行。

① 光标移至右下角视口单击；

② 菜单栏："工具"→"新建"→"Y"；

③ 键入旋转角度"－90"，回车，如图 13-29 所示。

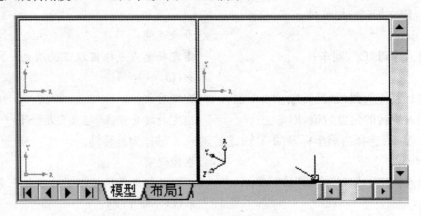

图 13-29　设置用户坐标系

(3) 绘制旋转对象和旋转轴。

① 绘制封闭线框和旋转轴。

a. 单击图层，选择适当线型，打开正交；

b. 单击绘图工具栏直线图标 ；

c. 在适当位置单击，确定 A 点；

d. 光标沿 Y 轴正向拖动，键入"12"，回车，确定 B 点；

e. 光标沿 X 轴反向拖动，键入"30"，回车，确定 C 点；

f. 光标沿 Y 轴反向拖动，键入"12"，回车，确定 D 点；

g. 键入"C"，回车，回到 A 点；

h. 单击修改工具栏偏移图标 ；

i. 键入偏移距离"8"，回车；

j. 光标移至 AD 上单击；

k. 光标移至直线 AD 的右方单击，得旋转轴 MN，如图 13-30 所示；

l. 回车，结束命令。

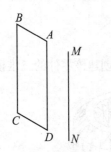

图 13-30　封闭线框和旋转轴

如果视图显得太小或在某视口内看不到，而且各视图没有对应的投影关系。用户就可采用"缩放(Zoom)"和"平移(Pan)"命令对各视口中的图形进行调整。

② 创建二维旋转对象。

a. 单击修改工具栏倒角图标；

b. 键入"D"，回车；

c. 键入倒角距离"3"，回车；

d. 回车，另一边的倒角距离也为3；

e. 光标单击 A 点的一条直线；

f. 光标单击 A 点的另一条直线，完成 A 点的倒角；

g. 回车；

h. 键入"D"，回车；

i. 键入倒角距离："5"，回车；

j. 回车，另一边的倒角距离也为5；

k. 光标单击 B 点的一条直线；

l. 光标单击 B 点的另一条直线，完成 B 点的倒角；

m. 单击绘图工具栏中面域图标；

n. 利用单选或窗选方式，选取封闭线框，单击，即完成了创建旋转对象，如图 13-31 所示。

（4）创建零件"轴套"的三维模型。

① 单击建模工具栏中旋转图标；

② 光标移至封闭线框，单击；

③ 回车；

④ 键入"0"，回车；

⑤ 光标移至直线 MN，单击；

⑥ 键入旋转角度"360"，回车，即完成三维图形，如图 13-32 所示。

（5）将 Facetres 参数值作适当调整，对实体进行"消隐"处理，保存，如图 13-33 所示。

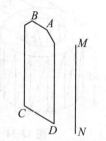

图 13-31　创建面域

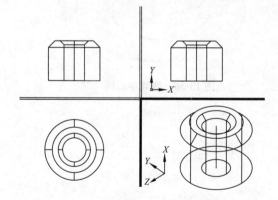

图 13-32　"轴套"的三维效果图

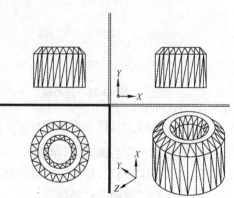

图 13-33　"消隐"等调整后的效果图

四、"拖放"命令（Presspull）

1. 功能

将有限区域提取环并创建成面域，单击有限区域并拖动鼠标，即可拉伸成倾斜角为零度的三维实体。

2. 操作步骤

（1）设置适当视点，进入三维空间。

（2）启动"拖放"命令，方法有两种：

① 工具栏：单击建模工具栏中拖放图标 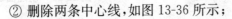；

步骤说明：

_Presspull

② 命令行：键入"Presspull"，回车。

（3）光标移至封闭的二维对象上，单击。

单击有限区域以进行按住或拖动操作。已提取1个环。已创建1个面域。

（4）拖动鼠标，在适当位置单击，或输入高度值。

3. 举例

【例 13-5】 零件套筒的尺寸如图 13-34 所示，试用拖放命令创建该零件的三维模型。

操作步骤：

（1）设置图层。

（2）设置视点。

① 菜单栏："视图"→"三维视图"→"西南等轴测"。

（2）绘制同心圆。

① 利用直线、圆、捕捉等命令绘制 $\phi 20$、$\phi 40$ 的同心圆，如图 13-35 所示。

图 13-34

② 删除两条中心线，如图 13-36 所示；

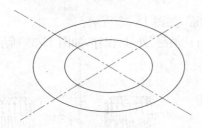

图 13-35 同心圆

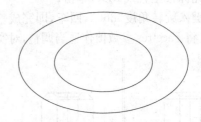

图 13-36 删除中心线

③ 单击建模工具栏中拖放图标 ；
④ 光标移至同心圆环内，单击；
⑤ 输入"30"，回车，即完成三维实体；
⑥ 菜单栏："视图"→"消隐"。

五、"扫掠"命令(Sweep)

1. 功能

可以通过沿开放或闭合的二维或三维路径扫掠开放或闭合的平面曲线（轮廓）来创建新实体或曲面。如果沿一条路径扫掠闭合的曲线，则生成实体。如果沿一条路径扫掠开放的曲线,则生成曲面。扫掠与拉伸不同,沿路径扫掠轮廓时,轮廓将被移动并与路径垂直对齐,然后,沿路径扫掠该轮廓。

可以扫掠多个对象,但是这些对象必须位于同一平面中。

2. 操作步骤　　　　　　　　　　　　　　　步骤说明:

(1) 设置适当视点,进入三维空间。

(2) 启动"扫掠"命令,方法有 3 种:

① 菜单栏:"绘图"→"建模"→"扫掠";　　　　　_Sweep

② 工具栏:单击建模工具栏中扫掠图标 ；

③ 命令行:键入"Sweep",回车。

(3) 光标移至对象上,单击。　　　　　　　　　选择要扫掠的对象:

(4) 回车。　　　　　　　　　　　　　　　　　选择要扫掠的对象:

(5) 拖动鼠标,在适当位置单击。　　　　　　　选择扫掠路径或[对齐(A)/基点(B)/比例(S)/扭曲(T)]:

"选择扫掠路径或[对齐(A)/基点(B)/比例(S)/扭曲(T)]"含义如下:

① 选择扫掠路径:缺省项,使二维对象按指定的路径扫掠出三维实体。

② 对齐(A):设置二维对象与路径的相对位置。只有当二维对象与路径相互垂直时,扫掠才能进行。

③ 基点(B):设置扫掠后三维实体的空间位置。

④ 比例(S):设置扫掠后三维实体起始和终点处的截面比例,实现沿路径缩放。比例为 1 时,三维实体为棱柱形,其他比例时,三维实体为棱锥形。

⑤ 扭曲(T):设置扫掠后三维实体以适当的角度扭转,实现沿路径扭曲。

3. 举例

【例 13-6】 将例 13-3 用扫掠命令创建该零件的三维模型。

操作步骤:

(1) 设置视点,参照例 13-3。

(2) 绘制路径,参照例 13-3。

(3) 绘制扫掠对象。

① 单击绘图工具栏圆图栏 ；

② 光标在适当位置单击;

③ 键入半径"20",回车;

④ 单击修改工具栏偏移命令图标 ；

⑤ 键入"6",回车;

⑥ 光标移至圆上,单击;

⑦ 光标移至圆内,单击,如图 13-37 所示。

(4) 创建弯管。

① 启动扫掠命令:菜单栏:"绘图"→"建模"→"扫掠";

② 用窗选方式选取两个同心圆;

③ 回车;

④ 光标移至路径上，单击。

(5) 改善弯管表面的显示效果。

① 键入"Facetres"，回车；

② 键入"3"，回车；

③ 对弯管进行"消隐"，菜单栏："视图"→"消隐"，如图 13-24 所示。

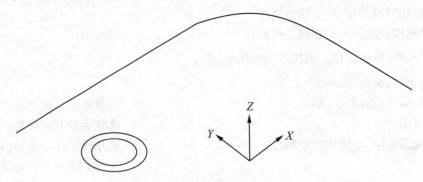

图 13-37　绘制两个同心圆

六、"放样"命令(Sweep)

1. 功能

可以通过对包含两条或两条以上横截面曲线的一组曲线进行放样（绘制实体或曲面）来创建三维实体或曲面。横截面（通常为曲线或直线）可以是开放的（例如圆弧），也可以是闭合的（例如圆）。放样命令用于在横截面之间的空间内绘制实体或曲面。使用放样命令时，至少必须指定两个横截面。如果对一组闭合的横截面曲线进行放样，则生成实体。如果对一组开放的横截面曲线进行放样，则生成曲面。

注意：放样时使用的曲线必须全部开放或全部闭合。不能使用既包含开放曲线又包含闭合曲线的选择集。

2. 操作步骤　　　　　　　　　　　　　　步骤说明：

(1) 设置适当视点，进入三维空间。

(2) 启动"放样"命令，方法有 3 种：

① 菜单栏："绘图"→"建模"→"放样"；　　_Loft

② 工具栏：单击建模工具栏中放样图标；

③ 命令行：键入"Loft"，回车。

(3) 光标移至第 1 截面上，单击。　　　　按放样次序选择横截面：

(4) 光标移至第 2 截面上，单击。　　　　按放样次序选择横截面：按放样次序选择横截面：

(5) 光标移至最后截面上，单击。　　　　按放样次序选择横截面：

(6) 回车。　　　　　　　　　　　　　　按放样次序选择横截面：

(7) 按步骤说明操作。　　　　　　　　　输入选项[导向(G)/路径(P)/仅横截面(C)]<仅横截面>：

"导向(G)/路径(P)/仅横截面(C)"含义如下:

① 导向(G):使用导向曲线来控制点如何匹配相应的横截面以防止出现不希望看到效果(例如,结果实体或曲面中的皱褶),如图13-38所示。导向曲线应与横截面垂直。每条导向线必须满足以下条件:与每个横截面相交;始于第一个横截面;止于最后一个横截面。

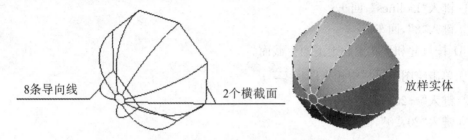

图 13-38 以导向曲线连接的横截面

可以为放样曲面或实体选择任意数目的导向曲线。

② 路径(P):指定路径使用户可以更好地控制放样实体或曲面的形状,如图13-39所示。建议路径曲线始于第一个横截面所在的平面,止于最后一个横截面所在的平面。

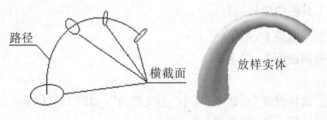

图 13-39 以路径曲线连接的横截面

③ 仅横截面(C):默认项,利用两个以上的横截面即可进行放样实体。

3. 举例

【例13-7】 按图中尺寸及形状,用放样命令中的"仅横截面(C)"创建该零件的三维模型,如图13-40所示。

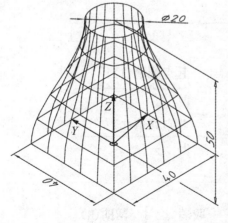

图 13-40

操作步骤：
(1) 设置视点。
菜单栏："视图"→"三维视图"→"西南等轴测"。
(2) 增加表面线框密度。
① 键入"Isolines"，回车；
② 键入"8"，回车。
(3) 按尺寸和形状绘制上下两个截面。
① 单击绘图工具栏中矩形图标 ▭ ；
② 键入"－20,－20"，回车；
③ 键入"20,20"，回车；
④ 单击绘图工具栏中圆图标 ◎ ；
⑤ 键入"0,0,50"，回车；
⑥ 键入"10"，回车。
(4) 放样实体。
① 单击建模工具栏中放样图标 ▱ ；
② 光标移至矩形截面上，单击；
③ 光标移至圆周截面上，单击；
④ 回车；
⑤ 回车，弹出"放样设置"对话框，选中"法线指向"，如图 13-41 所示；
⑥ 单击"确定"按钮，即完成放样；
⑦ 菜单栏："视图"→"渲染"→"渲染"，即获得渲染的效果。

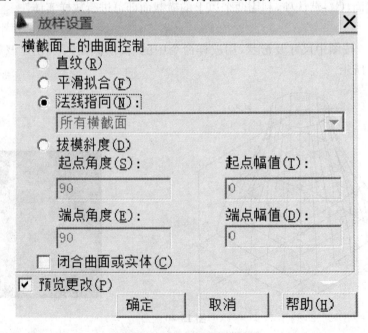

图 13-41　放样设置对话框

第四节　绘制三维点、线

绘制三维点、线的方法与绘制二维点、线相类似，只要给出点、端点的三维坐标值即可。

一、绘制三维点

1．功能

在三维空间中绘制一个点实体。所绘制的三维点在以后的绘图过程中可以由捕捉功能拾取，点的大小和形状可以用 Ddptype 命令来设置。

2．操作步骤　　　　　　　　　　　　　　　　　　　　　　　　步骤说明：

（1）设置适当视点，进入三维空间。

（2）设置点的样式，与二维设置相同。

（3）启动点命令，方法有 3 种：　　　　　　　　　　　　　　　　_Point

① 菜单栏："绘图"→"点"→"单点"或"多点"；

② 工具栏：单击绘图工具栏点图标 ▪ ；

③ 命令行：键入"Point"，回车。

（4）键入点的坐标，回车，或用鼠标左键选择一空间点即可。　　　指定点：

（5）按"Esc"键，结束命令。　　　　　　　　　　　　　　　　　　指定点：

3．三维点坐标形式

二维点的常用输入方式有 3 种，三维点的常用输入方式也有 3 种，不同点在于输入坐标值，二维点输入两个坐标值，而三维点需输入 3 个坐标值。

（1）直角坐标：直角坐标有绝对和相对两种，形式如下：

绝对坐标：x,y,z。

相对坐标：$@x,y,z$。

（2）三维柱坐标：三维柱坐标通过 XY 平面中与 UCS 原点之间的距离、XY 平面中与 X 轴的角度以及 Z 值来描述精确的位置。柱坐标输入相当于三维空间中的二维极坐标输入，它在垂直于 XY 平面的轴上指定另一个坐标，形式如下：

绝对柱坐标：$X<$与 X 轴所成的角度,Z。

相对柱坐标：$@X<$与 X 轴所成的角度,Z。

例如："$@4<60,2$"表示沿 X 轴距上一个测量点 4 个单位、与 X 轴正方向成 60°角、在 Z 轴正方向移动 2 个单位的位置。

（2）三维球坐标：三维球坐标通过指定某个位置距当前 UCS 原点的距离 ρ、在 XY 平面中与 X 轴所成的角度以及与 XY 平面所成的角度来指定该位置。三维中的球坐标输入与二维中的极坐标输入类似，形式如下：

绝对球坐标：$\rho<$与 X 轴所成的角度$<$与 XY 轴所成的角度。

相对柱坐标：$@\rho<$与 X 轴所成的角度$<$与 XY 轴所成的角度。

例如："@4＜60＜30"表示距上一个测量点 4 个单位、在 XY 平面中与 X 轴正方向成 60°角以及与 XY 平面成 30°角的位置。

二、绘制三维直线

1．功能

绘制三维空间中的直线段。

2．操作步骤　　　　　　　　　　　　　　　　　　步骤说明：

(1) 设置适当视点,进入三维空间。

(2) 启动"直线"命令,方法与二维直线相同：　　　_Line

① 菜单栏："绘图"→"直线"；

② 工具栏：单击绘图工具栏直线图标 ／ ；

③ 命令行：键入"Line",并回车。

(3) 利用三维点的输入方式,确定第 1 点。　　　　指定第 1 点：

(4) 利用三维点的输入方式,确定第 2 点。　　　　指定下一点或[放弃(U)]：

(5) 可以按第 4 步连续下去。　　　　　　　　　　指定下一点或[放弃(U)]：

(6) 按"Esc"键,结束命令。　　　　　　　　　　指定下一点或[放弃(U)]：

三、绘制三维射线

1．功能

绘制单向无限长的射线。

2．操作步骤

(1) 设置适当视点,进入三维空间。

(2) 与绘制二维射线相同,只是输入点坐标时,需要键入一个三维坐标点。

四、绘制三维样条曲线

1．功能

绘制三维样条曲线。

2．操作步骤

(1) 设置适当视点,进入三维空间。

(2) 与绘制二维样条曲线相同,只是输入点坐标时,需要键入一个三维坐标点。

编辑三维样条曲线时,可以用 Splinedit 命令完成。

第五节 三维模型概述及基本形体生成

三维模型是包含物体在三维空间内几何信息的载体。正如二维图形反映了图形在平面中的几何形态一样,三维模型更加真实地反映了几何体的信息,它对于设计、制造等都有重要的意义,因此,三维建模也正在成为一门学科。恰当的三维模型加上计算机优秀的计算能力,可以仿真出几何体的具体实际形态。目前许多数字动画正是基于这个技术的制作。

从三维建模发展至今,已出现了多种类型的三维模型。AutoCAD 2009 中文版支持 3 种类型的模型,即线框模型、网格模型和实体模型。

一、线框模型

(一) 线框模型的特点

线框模型是使用直线和曲线的真实三维对象的边缘或骨架来表达立体的,如图 13-42 所示。

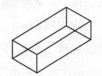

图 13-42　线框模型示例

该模型结构简单,易于处理,可以方便地生成物体的三视图和透视图。尽管其不具有面和体的信息,只是一些描绘对象边界的点、直线和曲线,但也能进行消隐、着色和渲染处理。

由于构成线框模型的每个对象都必须单独绘制和定位,因此这种建模方式可能最为耗时。

(二) 线框模型的生成方法

创建线框模型的方法:通过将任意二维平面对象放置到三维空间的任何位置可创建线框模型,可以使用以下几种方法:

(1) 在二维空间绘制平面图形,采用"特性"命令修改其特性,在对话框中"厚度"一栏输入新的厚度值,改变视点进入三维空间,即产生对应的线框模型。这种建模方式主要描绘三维对象的骨架,而且只能沿 Z 轴方向加厚,无法生成球面和锥面模型,处理复杂的模型时,线条会显得杂乱。

(2) 输入三维坐标。输入定义对象的 X、Y 和 Z 位置的坐标。

(3) 设置绘制对象的默认工作平面(UCS 的 XY 平面)。

(4) 创建对象后,将它移动或复制到适当的三维位置。

(5) 利用 Xedges 命令提取实体模型的边将实体模型创建成线框模型。

掌握如何创建线框模型的最好途径是,先从简单的模型开始,然后尝试较复杂的模型。

(三) 操作步骤　　　　　　　　　　　　　　　步骤说明:

(1) 利用绘图命令,在二维空间绘制平面图形(俯视图)。
(2) 利用单选或窗选方式,选取平面图形。
(3) 启动"特性"命令,弹出特性选项板,方法有 3 种: ＿Properties
① 菜单栏:"修改"→"特性";
② 工具栏:单击标准工具栏特性图标 ▣ ;
③ 命令行:键入"Properties",回车。
(4) 在常规厚度文本框中输入新的厚度值,单击关闭按钮。
(5) 改变视点位置,进入三维空间,即产生对应的线框模型。

(四) 举例

【例 13-8】 按图 13-43 所示线框模型绘制长方体,要求:长度 30,宽度 25,高度 20。

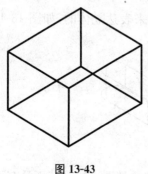

操作步骤:

(1) 单击矩形图标 ▢ ;
(2) 按长度 30、宽度 25 绘制矩形线框;
(3) 选取矩形线框;
(4) 单击标准工具栏特性图标 ▣ ,弹出"特性"选项板;
(5) 在"特性"选项板中,打开"常规",在"厚度"栏中键入"20";
(6) 将"特性"选项板关闭:单击左上角 ✕ ;
(7) 调整视点,菜单栏:"视图"→"三维视图(D)"→"西南等轴测",即如图 13-43 所示。

图 13-43

二、网格模型

(一) 网格模型的特点

网格模型主要以平面方式来描绘物体表面,如图 13-44 所示。网格模型在 CAD 和计算机图形学中是一种重要的三维描述形式,如在工业造型、服装款式、飞机轮廓设计和地形模拟等三维造型中,大多使用的是网格模型。在 AutoCAD 中,网格模型是采用多边形网络(即微小的平面)来模拟的,可以进行消隐、着色和渲染,从而得到真实的视觉效果,但其没有实体的信息,如空心的气球和空心的铅球在网格模型描述下是相同的。

图 13-44　网格模型示例

（二）网格模型的生成方法

AutoCAD 为用户提供了很多生成三维网格模型的命令。主要有三维面（3D Face）、直纹网格、平移网格、旋转网格、边界网格和三维网格（3D Mesh）等，如图 13-45 所示。

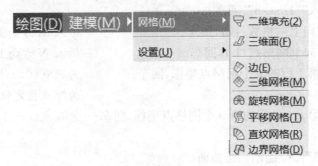

图 13-45　网格菜单栏

（三）生成网格模型操作方法

生成网格模型的操作方法，主要介绍三维面、三维网格和旋转网格 3 种。

操作方法之一：

利用"三维面"命令绘制三维平面。使用 3D Face 创建具有三边或四边的平面网格。

操作步骤：	步骤说明：
(1) 启动"三维面"命令，方法有 2 种：	_3dface
① 菜单栏："绘图"→"建模"→"网格(M)"→"三维面(F)"；	
② 命令行：键入"3D face"，回车。	
(2) 利用三维点的输入方式，确定第 1 点。	指定第 1 点或[不可见(I)]：
(3) 利用三维点的输入方式，确定第 2 点。	指定第 2 点或[不可见(I)]：
(4) 利用三维点的输入方式，确定第 3 点。	指定第 3 点或[不可见(I)]<退出>：
(5) 利用三维点的输入方式，确定第 4 点，得一四边形。	指定第 4 点或[不可见(I)]<创建三侧面>：
(6) 可以按第 4、5 步连续下去，或回车。	指定第 3 点或[不可见(I)]<退出>：

(7) 对于二维面，启动拉伸命令，对于三维面，则无需进行"拉伸"。

(8) 改变视点位置，进入三维空间，即产生对应的网格模型。

说明：① 启动三维命令后，在绘制二维平面图形时，也可利用"多边形"、"矩形"、"圆"等命令来绘制。② 输入三维点，则得三维面。

操作方法之二：

利用"三维网格"命令绘制三维曲面。

使用 3D Mesh 命令可以在 M 和 N 方向（类似于 XY 平面的 X 轴和 Y 轴）上创建开放的多边形网格。网格密度控制镶嵌面的数目，它由包含 M 乘 N 个顶点的矩阵定义，类似于由行和列组成的栅格。M 和 N 分别指定给定顶点的行和列的位置。

操作步骤：　　　　　　　　　　　　　　　步骤说明：
(1) 改变视点位置，进入三维空间。
(2) 启动"三维网格"命令，方法有 2 种：　　_3dmesh
① 菜单栏："绘图"→"建模"→"网格"→"三维网格"；
② 命令行：键入"3Dmesh"，回车；
(3) 输入 M 方向上网格数目 m，回车。　　输入 M 方向上的网格数量：
(4) 输入 N 方向上网格数目 n，回车。　　输入 N 方向上的网格数量：
(5) 分别输入第 1 行的 n 个网格点坐标，回车。　为顶点(0,0)指定位置：
……　　　　　　　　　　　　　　　　　　为顶点指定位置：
(6) 分别输入第 $m-1$ 行的第 n 个网格点坐标，回车。　为顶点$(m-1,n-1)$指定位置：

操作方法之三：

利用"旋转网格"命令绘制三维曲面。

可以使用旋转网格命令通过绕轴旋转对象的轮廓来创建旋转网格，如图 13-46 所示。该命令适用于对称旋转的网格形式。

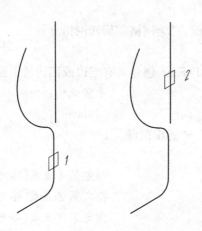 

图 13-46　旋转网格效果

操作步骤：　　　　　　　　　　　　　　　步骤说明：
(1) 改变视点位置，进入三维空间。
(2) 启动"旋转网格"命令，方法有 2 种：　　_Revsurf
① 菜单栏："绘图"→"建模"→"网格"→"旋转网格"；
② 命令行：键入"Revsurf"，回车；
(3) 光标移到旋转的对象上单击。　　　　　选择要旋转的对象：
(4) 光标移到旋转轴上单击。　　　　　　　选择定义旋转轴的对象：
(5) 输入起点角度，回车。　　　　　　　　指定起点角度<0>：
(6) 输入终点角度，回车。　　　　　　　　指定包含角(＋＝逆时针，
　　　　　　　　　　　　　　　　　　　　－＝顺时针)<360>：

指定包含角逆时针和顺时针的方向判断是从旋转轴对应的坐标轴正向看。

为使网格效果显著，可增加网格的线框密度，在命令行中输入线框密度："Surftab1"、

"Surftab2",回车,即可重新输入新的密度数值。

（四）举例

【例13-9】 利用三维网格命令生成如图13-47所示的三维网格模型。

操作步骤：

(1) 改变视点位置,进入三维空间。

(2) 启动"三维网格"命令,菜单栏："绘图"→"建模"→"网格"→"三维网格"。

(3) 输入 M 方向上网格数目"4",回车。

(4) 输入 N 方向上网格数目"3",回车。

(5) 输入网格顶点坐标"10,1,3",回车。

(6) 输入网格顶点坐标"10,5,5",回车。

(7) 输入网格顶点坐标"10,10,3",回车。

(8) 输入网格顶点坐标"15,1,0",回车。

(9) 输入网格顶点坐标"15,5,0",回车。

(10) 输入网格顶点坐标"15,10,0",回车。

(11) 输入网格顶点坐标"20,1,0",回车。

(12) 输入网格顶点坐标"20,5,−1",回车。

(13) 输入网格顶点坐标"20,10,0",回车。

(14) 输入网格顶点坐标"25,1,0",回车。

(15) 输入网格顶点坐标"25,5,0",回车。

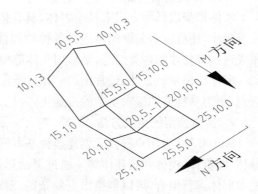

图 13-47

(16) 输入网格顶点坐标"25,10,0",回车,即得图13-47。

【例13-10】 利用旋转网格命令生成如图13-48所示的三维网格半圆环模型,线框密度取12。

操作步骤：

(1) 改变视点位置,进入三维空间。

(2) 输入"Surftab1",回车。

(3) 输入线框密度数目"12",回车。

(4) 输入"Surftab2",回车。

(5) 输入线框密度数目"12",回车。

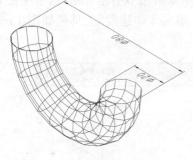

图 13-48

(6) 单击绘图工具栏圆命令图标 。

(7) 输入圆心坐标"0,0,0",回车。

(8) 输入圆半径"10",回车。

(9) 单击绘图工具栏直线命令图标 。

(10) 输入起点坐标"−5,−30,0",回车。

(11) 输入端点坐标"15,−30,0",回车,如图13-49所示。

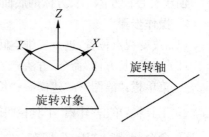

图 13-49　旋转对象与轴

（12）启动"旋转网格"命令，菜单栏："绘图"→"建模"→"网格"→"旋转网格"。
（13）光标移到圆周上单击。
（14）光标移到旋转轴上单击。
（15）回车。
（15）输入包含角"-180"，回车，即完成半圆环网格模型。

三、实体模型

1. 实体模型的特点

实体模型以形体方式来描绘物体，具有体的特征，是真正的实心体。可以进行消隐、渲染等操作，还可以对三维形体进行各种物理性质的计算，如质量、重心和表面积等。要想完整表达三维物体的各类信息，必须用实体造型。

实体建模是最方便、最常用的一种三维建模法，它与线框建模法和网格建模法有着质的区别，更容易构造和编辑复杂的三维实体，是 AuotCAD 的核心建模手段。

2. 实体模型的生成方法

AutoCAD 为用户提供了创建多种基本形体的命令，这些基本形体包括长方体、球体、圆柱体、圆锥体、楔体和圆环体等。通过灵活运用切割、移动、复制、阵列和布尔运算等方法对基本形体进行组合，可以创建出更复杂的三维实体。此外，还可以通过第三节介绍的拉伸、旋转二维闭合对象和放样等方法来创建实体。

3. 生成实体模型的操作方法

用拉伸、旋转、扫掠和放样等创建实体的操作步骤在本章第三节中已介绍，这里主要介绍利用"建模"命令中的各"基本形体"命令来创建基本三维实体，"建模"工具栏如图 13-50 所示。

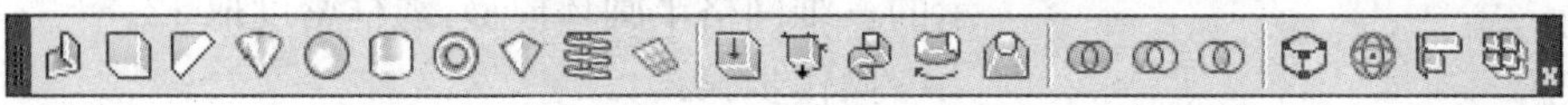

图 13-50 "建模"工具栏

（一）"长方体"命令（Box）

1. 功能

创建实心长方体。长方体的底面平行于当前用户坐标系 UCS 的 XY 平面。

2. 操作步骤   步骤说明：

（1）改变视点位置，进入三维空间。
（2）启动"长方体"命令，方法有 3 种：   _Box
① 菜单栏："绘图"→"建模"→"长方体"；
② 工具栏：单击"建模"工具栏"长方体"图标 ；
③ 命令行：键入"Box"，回车。
（3）按步骤说明操作。   指定第 1 个角点或[中心(C)]：
"指定第 1 个角点或[中心(C)]"的含义及操作如下：

① 指定第 1 个角点：缺省项，根据长方体底面矩形的一个角点位置来生成长方体。

操作步骤：	步骤说明：
a. 利用点的输入方式，确定底面矩形第 1 个角点；	指定第 1 个角点或[中心(C)]：
b. 按步骤说明操作。	指定其他角点或[立方体(C)/长度(L)]：

② "指定其他角点或[立方体(C)/长度(L)]"选项的含义及操作如下：

a. 指定其他角点：根据确定底面矩形对角点来生成长方体。

操作步骤：	步骤说明：
ⅰ 利用点的输入方式，确定底面矩形对角点；	指定其他角点或[立方体(C)/长度(L)]：
ⅱ 键入长方体高度数值，回车，即完成长方体实体。	指定高度或[两点(2P)]：

b. 立方体(C)：表示生成一个正方体。

操作步骤：	步骤说明：
ⅰ 键入"C"，回车；	指定其他角点或[立方体(C)/长度(L)]：
ⅱ 键入边长数值，回车，即完成正方体实体。	指定长度：

c. 长度(L)：表示以指定长方体的长、宽、高方式创建长方体。

操作步骤：	步骤说明：
ⅰ 键入"L"，回车；	指定其他角点或[立方体(C)/长度(L)]：
ⅱ 键入长度数值，回车；	指定长度：
ⅲ 键入宽度数值，回车；	指定宽度：
ⅳ 键入高度数值，回车，即完成长方体实体。	指定高度或[两点(2P)]：

③ 中心点(C)：根据长方体的中心点位置来生成长方体。

操作步骤：	步骤说明：
a. 键入"C"，回车；	指定第 1 个角点或[中心(C)]：
b. 与"指定其他角点"操作相同。	指定其他角点或[立方体(C)/长度(L)]：

3. 举例

【例 13-11】 已知长方体桌面的长、宽、高分别为 1 200、800、60，试用"建模"命令创建该桌面，如图 13-51 所示。

操作步骤：

(1) 设置图幅界限：1 500×1 000。

① 键入"Limits"，回车；

② 回车；

③ 键入"1500,1000"，回车；

④ 键入"Z"，回车；

⑤ 键入"A"，回车。

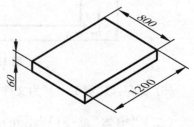

图 13-51

(2) 设置视口和视点。
① 菜单栏:"视图"→"视口"→"四个视口(4)";
② 激活左上角视口:单击;
③ 菜单栏:"视图"→"三维视图"→"前视";
④ 激活右上角视口:单击;
⑤ 菜单栏:"视图"→"三维视图"→"左视";
⑥ 激活左下角视口:单击;
⑦ 菜单栏:"视图"→"三维视图"→"俯视";
⑧ 激活右下角视口:单击;
⑨ 菜单栏:"视图"→"三维视图"→"西南等轴测"。

(3) 设置用户坐标系。
① 单击"前视"视口;
② 菜单栏:"工具"→"新建"→"X";
③ 键入"-90",回车;

(4) 创建长方体。
① 光标移至左下角视口,单击;
② 键入"Box",回车;
③ 光标适当位置(A 点)单击;
④ 键入对角(B 点)相对坐标"@1200,800",回车;
⑤ 键入高度"60",回车;

(5) 调整各视图的大小及相对位置。
采用"缩放"中的"比例"及"平移"命令,调整各视图大小及相对位置,如图 13-52 所示。

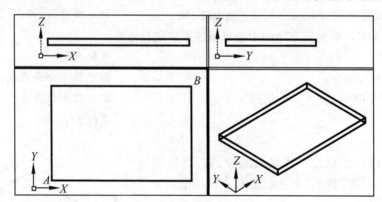

图 13-52　1 200×800×60 的桌面

(6) 保存:以"例 13-11"为文件名保存。

(二)"楔体"命令(Wedge)

1. 功能

创建实心楔体。楔体的底面平行于当前用户坐标系 UCS 的 XY 平面,高与 Z 轴平行,斜面方向取决于底面第 1 个角点的位置。

2. 操作步骤

(1) 改变视点位置,进入三维空间。　　　　　　步骤说明:
(2) 启动"楔体"命令,方法有 3 种:　　　　　　_Wedge
① 菜单栏:"绘图"→"建模"→"楔体";
② 工具栏:单击"建模"工具栏"楔体"图标 ；
③ 命令行:键入"Wedge",回车。
(3) 按步骤说明操作。　　　　　　　　　　　指定第 1 个角点或[中心(C)]:

"指定第 1 个角点或[中心点(C)]"的含义及操作如下:
① 指定第 1 个角点:缺省项,根据楔体底面矩形的一个角点位置来生成楔体。

操作步骤:　　　　　　　　　　　　　　　　步骤说明:
a. 利用点的输入方式,确定底面矩形第 1 个角点;　　指定第 1 个角点或[中心(C)]:
b. 按步骤说明操作。　　　　　　　　　　　指定其他角点或[立方体(C)/
　　　　　　　　　　　　　　　　　　　　　长度(L)]:

"指定其他角点或[立方体(C)/长度(L)]"选项的含义如下:
a. 指定其他角点:根据确定底面矩形对角点来生成楔体。
b. 立方体(C):表示生成三角形两个直角边和宽度相等的楔体。
c. 长度(L):表示以指定楔体的长、宽、高方式创建楔体。
② 中心点(C):根据楔体斜面上的中心点位置来生成楔体。

操作步骤:　　　　　　　　　　　　　　　　步骤说明:
a. 键入"C",回车;　　　　　　　　　　　　指定第 1 个角点或[中心(C)]:
b. 利用点的输入方式,确定斜面中心点;　　　指定中心:
c. 利用点的输入方式,确定底面矩形对角点;　指定角点或[立方体(C)/长度(L)]:
d. 键入高度数值,回车,即完成实心楔体。　　指定高度或[两点(2P)]:

3. 举例

【例 13-12】 在例 13-11 的基础上,创建一底面长度为 300,宽度为 150,高度为 300 的实心楔体。楔体在桌面上位置如图 13-53 所示。

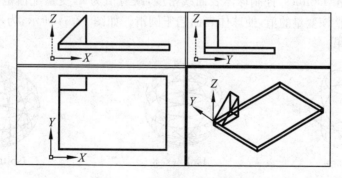

图 13-53 在指定位置创建楔体

操作步骤:
(1) 设置用户坐标系。
① 打开文件"例 13-11"完成的图幅,激活右下角视口;

② 菜单栏:"工具"→"新建"→"原点";
③ 光标捕捉桌面的左后角,单击。
(2) 在指定位置创建楔体。
① 单击"建模"工具栏楔体图标;
② 键入底面一个角点坐标"300,0",回车;
③ 键入底面另一个角点坐标"0,－150",回车;
④ 键入高度数值"300",回车,即完成楔体,如图 13-53 所示。
(3) 以"例 13-12"为文件名保存。

(三)"球体"命令(Sphere)

1. 功能

创建实心球体。球体的纬线平行于当前用户坐标系 UCS 的 XY 平面,经线与当前 UCS 的 Z 轴方向一致。

2. 操作步骤　　　　　　　　　　　　　　　　步骤说明:

(1) 改变视点位置,进入三维空间。
(2) 启动"球体"命令,方法有 3 种:　　　　　　　_Sphere
① 菜单栏:"绘图"→"建模"→"球体";
② 工具栏:单击"建模"工具栏"球体"图标;
③ 命令行:键入"Sphere",回车。
(3) 利用点的输入方式,确定一点作为球心。　　　指定中心点或[三点(3P)/两点
　　　　　　　　　　　　　　　　　　　　　　　(2P)/切点、切点、半径(T)]:
(4) 键入球体半径数值,回车;或键入"D",
回车,再键入球体的直径数值,回车,即完成实心球体。指定半径或[直径(D)]:
说明:
(1) "三点(3P)/两点(2P)/切点、切点、半径(T)"的含义及操作与圆类似。
(2) 系统变量"Isolines"控制球体表面线密度,缺省值为 4,变量配值范围为 0～2 047。用户可以通过调整该变量的值,使球体表面趋于圆滑。如图 13-54 所示,为不同变量值对球体产生的视觉效果。

Isolines=4　　　　　　Isolines=8　　　　　　Isolines=12

图 13-54　球体不同的"Isolines"值产生的视觉效果

3. 举例

【例 13-13】　在例 13-12 的基础上,创建一半径为 100 的实心球体,并使球体放置在球

心距桌面左边缘与前边缘分别为 130 的位置上，如图 13-55 所示。

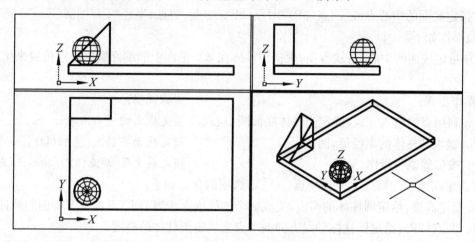

图 13-55　在桌面指定位置创建球体

操作步骤：
(1) 设置用户坐标系。
① 打开完成的图幅文件"例 13-12"，激活右下角视口；
② 菜单栏："工具"→"新建"→"原点"；
③ 光标捕捉桌面的左前角，单击。
(2) 增大球体表面线密度，使其趋于圆滑。
① 键入"Isolines"，回车；
② 键入"10"，回车。
(3) 在指定位置创建球体。
① 单击"建模"工具栏球体图标 ◯；
② 键入球心坐标"130,130,100"，回车；
③ 键入球的半径值"100"，回车，即完成球体，如图 13-55 所示；
(4) 以"例 13-13"为文件名保存。

（四）"圆柱体"命令（Cylinder）

1. 功能
创建实心圆柱体或椭圆柱体。圆柱体的底面平行于当前用户坐标系 UCS 的 XY 平面。

2. 操作步骤　　　　　　　　　　　步骤说明：
(1) 改变视点位置，进入三维空间。
(2) 启动"圆柱体"命令，方法有 3 种：　　_Cylinder
① 菜单栏："绘图"→"建模"→"圆柱体"；
② 工具栏：单击"建模"工具栏"圆柱体"图标 ▯；
③ 命令行：键入"Cylinder"，回车。
(3) 按步骤说明操作。　　　　　　　　指定底面的中心点或[三点(3P)/
　　　　　　　　　　　　　　　　　两点(2P)/切点、切点、半径(T)/

椭圆(E)];

"指定底面的中心点或[三点(3P)/两点(2P)/切点、切点、半径(T)/椭圆(E)]"5 选项的含义及操作如下:

① 指定底面的中心点:缺省项,根据圆柱体在 XY 平面上的端面圆中心点位置来生成圆柱体。

操作步骤:	步骤说明:
a. 利用点的输入方式,确定圆柱体底面圆中心点;	指定底面的中心点或……
b. 键入圆柱体的半径值,回车;	指定底面半径或[直径(D)]:
c. 按步骤说明操作。	指定高度或[两点(2P)/轴端点(A)]:

"指定高度或[两点(2P)/轴端点(A)]"3 选项的含义如下:

a. 指定高度:给定圆柱体的高度,生成一个轴线垂直于当前 UCS 的 XY 平面的圆柱体。

b. 两点(2P):给定圆柱体轴线方向两个点来确定圆柱体的高度。

c. 轴端点(A):给定圆柱体另一端面圆的中心点,生成的圆柱体轴线与两端面圆中心点的连线重合,可以生成斜体圆柱体。

② 三点(3P)/两点(2P)/切点、切点、半径(T):表示创建圆柱体端面的 3 种方法,可参考圆命令。

③ 椭圆(E):表示创建端面为椭圆形的柱体。

操作步骤:	步骤说明:
a. 键入"E",回车;	指定底面的中心点或[三点(3P)/两点(2P)/切点、切点、半径(T)/椭圆(E)]:
b. 按步骤说明操作。	指定第 1 个轴的端点或[中心(C)]:

"指定第 1 个轴的端点或[中心(C)]:"两选项的含义如下:

a. 指定第 1 个轴的端点:给定底面椭圆的轴端点,生成 1 个轴线垂直于当前 UCS 的 XY 平面的椭圆柱体。

b. 中心(C):指定圆柱体底面椭圆的中心点来生成椭圆柱体。

3. 举例

【例 13-14】 在例 13-13 的基础上,创建一半径为 100,高度为 300 的实心圆柱体,圆柱体放置在轴线距桌面右边缘与前边缘均为 130 的位置上,如图 13-56 所示。

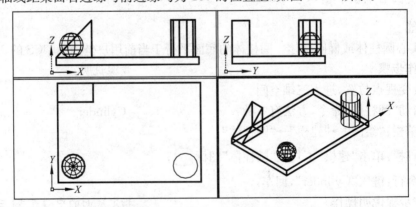

图 13-56 在桌面指定位置创建圆柱体

操作步骤：
(1) 设置用户坐标系。
① 打开完成的图幅"例 13-13"文件，激活右下角视口；
② 菜单栏："工具"→"新建"→"原点"；
③ 光标捕捉桌面的右前角，单击。
(2) 增大球体表面线密度，使其趋于圆滑。
① 键入"Isolines"，回车；
② 键入"10"，回车。
(3) 在指定位置创建圆柱体。
① 单击"建模"工具栏圆柱体图标 ▢ ；
② 键入圆柱底面中心点坐标"－130,130,0"，回车；
③ 键入圆柱体的半径值"100"，回车；
④ 键入圆柱体的高度数值"300"，回车，即完成圆柱体，如图 13-56 所示。
(4) 以"例 13-14"为文件名保存。

(五)"圆锥体"命令(Cone)

1. 功能

创建以圆或椭圆为底面，锥轴的垂足在其底面上的实心锥体。锥体的底面平行于当前用户坐标系 UCS 的 XY 平面。

2. 操作步骤　　　　　　　　　　　步骤说明：
(1) 改变视点位置，进入三维空间。
(2) 启动"圆锥体"命令，方法有 3 种：　　_Cone
① 菜单栏："绘图"→"建模"→"圆锥体"；
② 工具栏：单击"建模"工具栏"圆锥体"图标 △ ；
③ 命令行：键入"Cone"，回车。
(3) 按步骤说明操作。　　　　　　　　指定底面的中心点或[三点(3P)/
　　　　　　　　　　　　　　　　　　两点(2P)/切点、切点、半径(T)/椭圆(E)]：
"指定底面的中心点或[三点(3P)/两点(2P)/切点、切点、半径(T)/椭圆(E)]"5 选项的含义及操作如下：
① 指定底面的中心点：缺省项，根据圆锥体在 XY 平面上的端面圆中心点位置来生成圆锥体。

操作步骤：　　　　　　　　　　　　　步骤说明：
a. 利用点的输入方式，确定圆锥体底面圆中心点；　指定底面的中心点或……
b. 键入底面圆的半径值，回车；　　　　　　　　指定底面半径或[直径(D)]：
c. 按步骤说明操作。　　　　　　　　　　　　指定高度或[两点(2P)/轴端
　　　　　　　　　　　　　　　　　　　　　　点(A)/顶面半径(T)]：
"指定高度或[两点(2P)/轴端点(A)/顶面半径(T)]"4 选项的含义如下：
a. 指定高度：给定圆锥体的高度，生成一个轴线垂直于当前 UCS 的 XY 平面的圆锥体。

b. 两点(2P)：给定圆锥体高度上的两个点坐标，生成一个轴线垂直于当前 UCS 的 XY 平面的圆锥体。

c. 轴端点(A)：给定圆锥体顶点坐标，可生成一个轴线倾斜于当前 UCS 的 XY 平面的圆锥体。

d. 顶面半径(T)：给定圆锥体顶面的半径数值，生成一个轴线垂直于当前 UCS 的 XY 平面的圆锥台，当半径数值为零时，生成圆锥体。

② 三点(3P)/两点(2P)/切点、切点、半径(T)/椭圆(E)：确定圆锥底面的 4 种方式，可参考前面内容。

3. 举例

【例 13-15】 在例 13-14 的基础上，创建一正圆锥体，其底圆中心点处于桌面中心位置，底圆直径为 300，高度为 200，如图 13-57 所示。

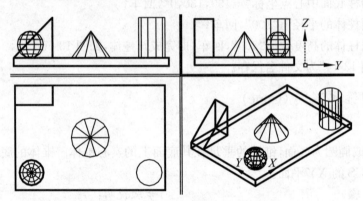

图 13-57 在桌面指定位置创建圆锥体

操作步骤：

(1) 设置用户坐标系。

① 打开文件"例 13-14"完成的图幅，激活右下角视口；

② 菜单栏："工具"→"新建"→"原点"；

③ 光标捕捉桌面的左前角，并单击。

(2) 增大球体表面线框框密度，使其趋于圆滑。

① 键入"Isolines"，回车；

② 键入"10"，回车。

(3) 在指定位置创建圆锥体。

① 单击"建模"工具栏圆锥体图标 ⚠ ；

② 键入圆锥底面中心点坐标"600,400,0"，回车；

③ 键入圆锥体底面的半径值"150"，回车；

④ 键入圆锥体的高度数值"200"，回车，即完成圆柱体，如图 13-57 所示。

(4) 以"例 13-15"为文件名保存。

（六）"圆环体"命令（Torus）

1. 功能

创建实心圆环体。圆环体的中心圆平行于当前用户坐标系 UCS 的 XY 平面。

2. 操作步骤　　　　　　　　　　　　　　步骤说明：

（1）改变视点位置，进入三维空间。

（2）启动"圆环体"命令，方法有 3 种：　　　_Torus

① 菜单栏："绘图"→"建模"→"圆环体"；

② 工具栏：单击"建模"工具栏"圆环体"图标◎；

③ 命令行：键入"Torus"，回车。

（3）按步骤说明操作。　　　　　　　　　　指定中心点或[三点(3P)/

　　　　　　　　　　　　　　　　　　　　　两点(2P)/切点、切点、半径(T)]：

"指定中心点或[三点(3P)/两点(2P)/切点、切点、半径(T)]"4 选项的含义及操作如下：

① 指定中心点：缺省项，根据圆环体在 XY 平面上的中心点位置来生成圆环体。

操作步骤：　　　　　　　　　　　　　　　步骤说明：

a. 利用点的输入方式，确定圆环体的中心点；　指定中心点或[三点(3P)/……]：

b. 键入圆环中心圆的半径值，回车；或键入"D"　指定半径或[直径(D)]：
回车，键入圆环中心圆的直径数值回车。

c. 按步骤说明操作。　　　　　　　　　　　指定圆管半径或[两点(2P)/
　　　　　　　　　　　　　　　　　　　　　直径(D)]：

"指定圆管半径或[两点(2P)/直径(D)]"3 选项的含义如下：

a. 指定圆管半径：缺省项，给定圆管的半径，生成一个轴线垂直于当前 UCS 的 XY 平面的圆环体。

b. 两点(2P)：给定圆管直径上的两个点坐标，生成一个轴线垂直于当前 UCS 的 XY 平面的圆环体。

c. 直径(D)：给定圆管的直径，生成一个轴线垂直于当前 UCS 的 XY 平面的圆环体。

② 三点(3P)/两点(2P)/切点、切点、半径(T)：确定圆环体中心圆的 4 种方式，可参考前面内容。

3. 举例

【例 13-16】　在例 13-15 的基础上，创建一圆环体，圆环体在圆锥体的正后方，圆环中心圆与圆锥轴线距离为 300，其中心圆平行于主视方向，中心圆的半径为 200，圆管半径为 60，圆环体在桌面上的位置如图 13-58 所示。

操作步骤:
(1) 设置用户坐标系。
① 打开文件"例 13-15"完成的图幅,激活右下角视口;
② 菜单栏:"工具"→"新建"→"原点";
③ 光标捕捉圆锥体底圆中心,并单击;
④ 回车;
⑤ 键入"X",回车;
⑥ 键入"90",回车,即坐标系绕 X 轴逆时针旋转 90°。
(2) 增大圆环体表面线密度,使其趋于圆滑。
① 键入"Isolines",回车;
② 键入"10",回车。
(3) 在指定位置创建圆环体。
① 单击"建模"工具栏圆环体图标◎;
② 键入圆环体中心点坐标"0,260,-300",回车;
③ 键入圆环体中心圆的半径值"200",回车;
④ 键入圆管的半径值"60",回车,即完成圆柱体,如图 13-58 所示。
(4) 以"例 13-16"为文件名保存。

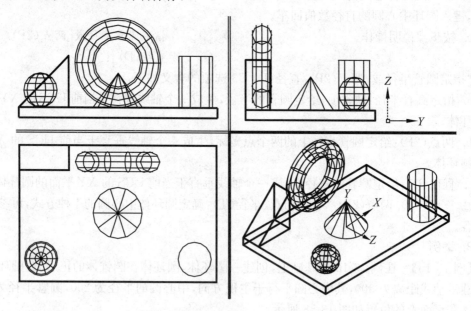

图 13-58　在桌面指定位置创建圆环体

(七)"棱锥体"命令(Pyramid)

1. 功能

创建以多边形为底面,锥轴的垂足在其底面上的实心正棱锥体。锥体的底面平行于当前用户坐标系 UCS 的 XY 平面。

2. 操作步骤

(1) 改变视点位置，进入三维空间。
(2) 启动"棱锥体"命令，方法有 3 种：
① 菜单栏："绘图"→"建模"→"棱锥体"；
② 工具栏：单击"建模"工具栏"棱锥体"图标△；
③ 命令行：键入"Pyramid"，回车。
(3) 按步骤说明操作。

步骤说明：
_Pyramid
4 个侧面外切：

指定底面的中心点或
[边(E)/侧面(S)]：

"指定底面的中心点或[边(E)/侧面(S)]"3 选项的含义及操作如下：
① 指定底面的中心点：缺省项，根据棱锥体在 XY 平面上的底面中心点位置来生成正棱锥体。

操作步骤：
a. 利用点的输入方式，确定棱锥体底面中心点；

b. 键入底面内切圆的半径值，回车；或键入"I"，回车，键入底面内接圆的半径值，回车。

c. 按步骤说明操作。

步骤说明：
指定底面的中心点或[边(E)/侧面(S)]：

指定底面半径或[内接(I)]：

指定高度或[两点(2P)/轴端点(A)/顶面半径(T)]：

"指定高度或[两点(2P)/轴端点(A)/顶面半径(T)]"4 选项的含义及操作参考前面内容。

② 边(E)：根据棱锥体在 XY 平面上的底面边长来生成正棱锥体。

操作步骤：
a. 键入"E"，回车；

b. 利用点的输入方式，确定棱锥体底面边的第 1 点；
c. 利用点的输入方式，确定棱锥体底面边的第 2 点；
d. 按步骤说明操作。

步骤说明：
指定底面的中心点或[边(E)/侧面(S)]：

指定边的第 1 个端点：
指定边的第 2 个端点：
指定高度或[两点(2P)/轴端点(A)/顶面半径(T)]：

③ 侧面(S)：确定棱锥侧面的数量，以便形成不同边数的正棱锥体。

操作步骤：
a. 键入"S"，回车；
b. 键入侧面数值，回车；
c. 按步骤说明操作。

步骤说明：
指定底面的中心点或[边(E)/侧面(S)]：
输入侧面数<4>：
指定底面的中心点或[边(E)/侧面(S)]：

3. 举例

【例 13-17】 在例 13-16 所绘图形的基础上，创建一正五棱锥体，棱锥体的一底边与桌面后边重合，边长为 100，锥高为 250，五棱锥体在桌面上的位置如图 13-59 所示。

操作步骤：

(1) 设置用户坐标系。

① 打开文件"例 13-16"完成的图幅,激活右下角视口;

② 菜单栏:"工具"→"新建"→"X";

③ 键入"-90",回车,即坐标系绕 X 轴顺时针旋转 90°。

④ 菜单栏:"工具"→"新建"→"原点";

⑤ 光标捕捉桌面右后角,并单击。

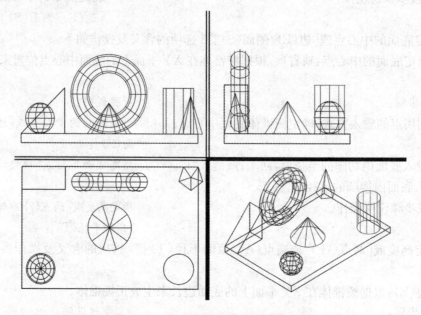

图 13-59　在桌面指定位置创建圆环体

(2) 在指定位置创建五棱锥体。

① 单击"建模"工具栏棱锥体图标△;

② 键入"S",回车;

③ 键入"5",回车;

④ 键入"E",回车;

⑤ 键入"0,0,0",回车;

⑥ 键入"-100,0,0",回车;

⑦ 键入"250",回车,即完成五棱锥体,如图 13-59 所示。

(3) 以"例 13-17"为文件名保存。

(八)"螺旋"命令(Helix)

1. 功能

创建螺旋线。螺旋线的中心圆平行于当前用户坐标系 UCS 的 XY 平面。

2. 操作步骤　　　　　　　　　　　　　　　　　　　　步骤说明:

(1) 改变视点位置,进入三维空间。

(2) 启动"螺旋"命令,方法有 3 种: 　　_Helix
① 菜单栏:"绘图"→"螺旋"; 　　圈数＝4.0000　扭曲＝CCW
② 工具栏:单击"建模"工具栏"螺旋"图标 ;
③ 命令行:键入"Helix",回车。
(3) 利用点的输入方式,确定螺旋的中心点; 　　指定底面的中心点:
(4) 键入半径数值,回车;或键入"D",回车, 　　指定底面半径或[直径(D)]:
键入直径数值,回车;
(5) 键入半径数值,回车;或键入"D",回车, 　　指定顶面半径或[直径(D)]:
键入直径数值,回车;
(3) 按步骤说明操作。 　　指定螺旋高度或[轴端点(A)/圈数(T)/圈高(H)/扭曲(W)]:

"指定螺旋高度或[轴端点(A)/圈数(T)/圈高(H)/扭曲(W)]"4 选项的含义如下:
① 指定螺旋高度:缺省项,根据螺旋线的高度来生成螺旋线。
② 轴端点(A):利用螺旋线轴线上一点来生成螺旋线,可生成与 XY 平面倾斜的螺旋线。
③ 圈数(T):设置螺旋线总圈数。
④ 圈高(H):设置螺旋线之间的螺间距,此时螺旋圈数由螺旋线总高度与圈高确定。
⑤ 扭曲(W):设置螺旋线旋转的方向,有顺时针(CW)和逆时针(CWW)两种。

3. 举例

【例 13-18】 在例 13-17 所绘图形的基础上,创建一弹簧体,弹簧底面中心距桌面后边 360,距桌面右边 100,弹簧中径为 170,簧丝直径为 16,弹簧高度为 280,螺旋间距为 35,左旋,弹簧在桌面上的位置如图 13-60 所示。

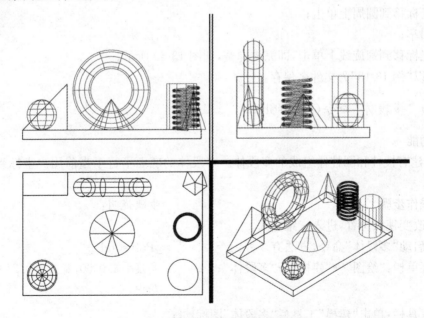

图 13-60　在桌面指定位置创建圆环体

操作步骤:
(1) 增大弹簧表面线密度,使其趋于圆滑。
① 打开文件"例 13-17"完成的图幅,激活右下角视口;
② 键入"Isolines",回车;
③ 键入"8",回车。
(2) 在指定位置创建螺旋线。

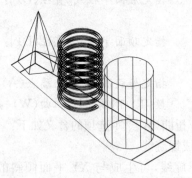

图 13-61 在桌面指定位置创建螺旋线

① 单击"建模"工具栏螺旋图标 ;
② 键入螺旋中心点坐标"-100,-360,0",回车;
③ 键入底面半径值"85",回车;
④ 键入底面半径值"85",回车;
⑤ 键入"H",回车;
⑥ 键入"35",回车;
⑦ 键入"W",回车;
⑧ 键入"CW",回车;
⑨ 键入"280",回车,即生成螺旋线,如图 13-61 所示。

(3) 创建弹簧。
① 单击"绘图"工具栏圆命令图标 ;
② 在螺旋线附近适当位置单击;
③ 键入半径值"8",回车;
④ 单击"建模"工具栏扫掠图标 ;
⑤ 光标移到圆周上单击;
⑥ 回车;
⑦ 光标移到螺旋线上单击,即完成弹簧,如图 13-60 所示。
(4) 以"例 13-18"为文件名保存。

(十)"多段体"命令(Polysolid)

1. 功能
可创建有棱柱和圆柱体组成的多段体。多段体的底面平行于当前用户坐标系 UCS 的 XY 平面。

2. 操作步骤
(1) 改变视点位置,进入三维空间。
(2) 启动"多段体"命令,方法有 3 种:
① 菜单栏:"绘图"→"建模"→"多段体";

② 工具栏:单击"建模"工具栏"多段体"图标 ;

③ 命令行:键入"Polysolid",回车。

步骤说明:

_Polysolid
高度=4.0000,宽度=0.2500,对正=居中。

(3) 按步骤说明操作。

指定起点或[对象(O)/高度(H)/宽度(W)/对正(J)]＜对象＞：

"指定起点或[对象(O)/高度(H)/宽度(W)/对正(J)]"5 选项的含义如下：

① 指定起点：缺省项，根据多段体底面上的关键点生成多段体。
② 对象(O)：利用直线、多段线、圆弧、矩形等平面图形生成多段体。
③ 高度(H)：设置 Z 轴方向的尺寸。
④ 宽度(W)：设置 Y 轴方向的尺寸。
⑤ 对正(J)：设置生成多段体的左、中、右位置。

3．举例

【例 13-19】 在例 13-18 所绘图形的基础上，创建长方体和半圆筒体的组合体，长方体长为 300、高为 100、宽为 20，长方体距桌面右边 450，距桌面前边 100，半圆筒内半径为 $R80$，组合体在桌面上的位置如图 13-62 所示。

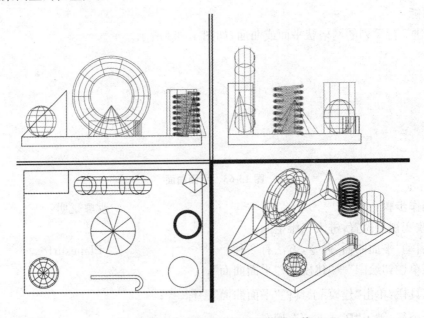

图 13-62 在桌面指定位置创建圆环体

操作步骤：

(1) 设置用户坐标系。
① 打开文件"例 13-18"完成的图幅，激活右下角视口；
② 菜单栏："工具"→"新建"→"原点"；
③ 光标捕捉桌面左前角，并单击。
(2) 增大表面线密度，使其趋于圆滑。
① 键入"Isolines"，回车；
② 键入"10"，回车。
(3) 在指定位置创建组合体。
① 单击"建模"工具栏多段体图标 ;

② 键入"H",回车;
③ 键入"100",回车;
④ 键入"W",回车;
⑤ 键入"20",回车;
⑥ 键入"450,100,0",回车;
⑦ 键入"@300,0",回车,
⑧ 键入"A",回车;
⑨ 键入"@0,-80",回车;
⑩ 回车,即完成组合体,如图13-62所示。

(4) 以"例13-19"为文件名保存。

(十)"平面曲面"命令(Planesurf)

1. 功能

可创建7行7列的网格状平面或曲面,如图13-63所示。

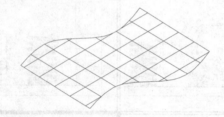

图13-63　平面曲面

2. 操作步骤

(1) 改变视点位置,进入三维空间。

(2) 启动"平面曲面"命令,方法有3种:　　　_Planesurf

① 菜单栏:"绘图"→"建模"→"平面曲面";

② 工具栏:单击"建模"工具栏"平面曲面"图标 ;

③ 命令行:键入"Planesurf",回车。

(3) 按步骤说明操作。　　　　　　　　　　　　指定第1个角点或
　　　　　　　　　　　　　　　　　　　　　　　[对象(O)]<对象>:

"指定第1个角点或[对象(O)]"两选项的含义如下:

① 指定第1个角点:缺省项,确定平面曲面上的起始点。

② 对象(O):在已有对象内创建网格平面曲面。

第六节　三维实体的三维操作

通过建模中的有关命令生成的基本三维实体,当它们中有对称或有规律排列时,可利用

CAD软件中的三维操作来实现,三维操作内容如图13-64所示。

大多数二维图形编辑命令都可以适用于三维实体,如"复制"、"删除"、"移动"等。但对于三维实体采用"阵列"、"镜像"和"旋转"等二维编辑命令时,只能将三维实体置于当前用户坐标系UCS的XY平面上进行编辑。因此,AutoCAD为三维实体提供了三维操作命令,本节主要介绍三维阵列、三维镜像、三维旋转、三维移动、剖切等三维操作命令,其他命令请读者自学。

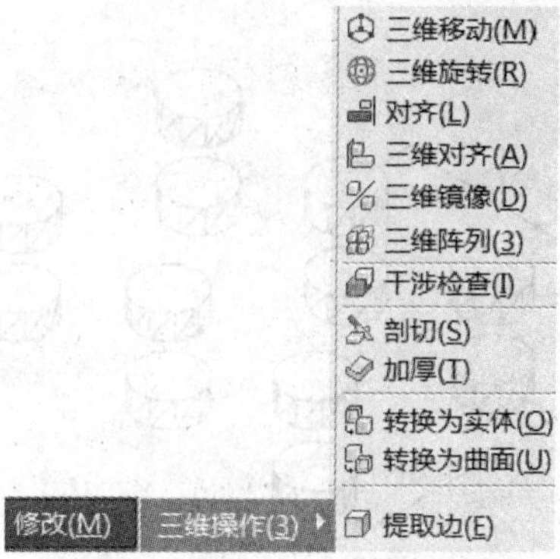

图 13-64　三维操作命令

一、"三维阵列"命令(3Darray)

1. 功能
以矩形或环形两种排列方式按一定的规则在三维空间快速复制三维实体。

2. 操作步骤
(1) 启动"三维阵列"命令,方法有3种:

① 菜单栏:"修改"→"三维操作(3)"→"三维阵列(3)";

② 工具栏:单击建模工具栏三维阵列图标 ;

③ 命令行:键入"3A(3D Array)",回车。

(2) 用单选或窗选方式,选取阵列的三维对象。

(3) 回车。

(4) 按步骤说明操作。

步骤说明:
_3darray

选择对象:

选择对象:

输入阵列类型[矩形(R)/环形(P)]<矩形>:

"矩形(R)/环形(P)"两选项的含义如下:

① 矩形(R):三维对象按矩形方式阵列,如图 13-65 所示。矩形阵列中,行、列、层分别沿着当前 UCS 的 Y、X、Z 轴的方向。当提示输入某方向的间距值时,用户可以输入正值,也可以输入负值。正值将沿相应坐标轴的正方向阵列,负值则沿反方向阵列。

② 环形(P):三维对象按环形方式阵列,如图 13-66 所示。环形范围的角度值,正角表示逆时针阵列,负角表示顺时针阵列。

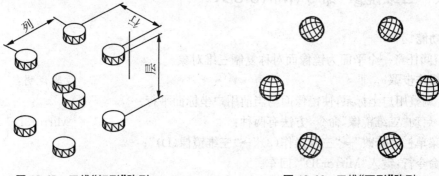

图 13-65　三维"矩形"阵列　　　　　　　　图 13-66　三维"环形"阵列

3. 举例

【例 13-20】 已知一圆盘状的实体半径为 $R30$，厚度为 10，以 2 行、3 列、2 层，行距为 100，列距为 80，层间距为 30，对实体进行矩形阵列，如图 13-67 所示。

操作步骤：

(1) 设置图幅与视点。

新建一张 A3 图幅，将视点设置为"西南等轴测"。

(2) 绘制圆盘。

① 单击图层，选择适当线型；

② 单击实体工具栏圆柱图标 ；

③ 光标在适当位置单击；

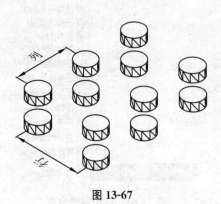

图 13-67

④ 键入圆盘半径值"30"，回车；

⑤ 键入圆盘高度值"10"，回车，即生成单个圆盘。

(3) 对圆盘进行矩形阵列。

① 启动阵列命令，键入"3A"，回车；

② 用窗选方式选取圆盘；

③ 回车；

④ 键入"R"，回车；

⑤ 键入行数"2"，回车；

⑥ 键入列数"3"，回车；

⑦ 键入层数"2"，回车；

⑧ 键入行间距"100"，回车；

⑨ 键入列间距"80"，回车；

⑩ 键入层间距"30"，回车，即完成圆盘的矩形阵列。

(4) 改善阵列后的显示效果。

① 键入"Isolines"，回车；

② 键入"8"，回车；

③ 菜单栏："视图"→"消隐"。

二、"三维镜像"命令(Mirror3D)

1. 功能

以空间任意一个平面为镜像面对称复制三维对象。

2. 操作步骤

(1) 调整用户坐标系，使镜像面与当前用户坐标面平行。

(2) 启动"三维镜像"命令，方法有两种：

① 菜单栏："修改"→"三维操作(3)"→"三维镜像(D)"；

② 命令行：键入"Mirror3D"，回车。

步骤说明：

_Mirror3D

(3) 利用单选或窗选选取一个或多个三维对象。

选择对象：

(4) 回车。
(5) 按步骤说明操作。

选择对象：
指定镜像平面(三点)的第 1 个点或[对象(O)/最近的(L)/Z 轴(Z)/视图(V)/XY 平面(XY)/YZ 平面(YZ)/ZX 平面(ZX)/三点(3P)]<三点>：

"指定镜像平面(三点)的第 1 个点或[对象(O)/最近的(L)/Z 轴(Z)/视图(V)/XY 平面(XY)/YZ 平面(YZ)/ZX 平面(ZX)/三点(3P)]"各选项含义如下：

① 指定镜像平面(三点)的第 1 个点：表示输入 3 个点确定镜像平面。
② 对象(O)：表示用指定对象所在的平面作为镜像面。选取对象只能是圆、圆弧和二维多段线。
③ 最近的(L)：表示用最近一次定义的镜像平面作为新的镜像平面。
④ Z 轴(Z)：表示通过定义平面上的点及过该点的法线上的另一点来定义镜像面。
⑤ 视图(V)：表示以通过某点的当前视图平面平行的面作为镜像平面。以此方式镜像后，必须变换观察角度，才能看出镜像的结果。
⑥ XY 平面(XY)/YZ 平面(YZ)/ZX 平面(ZX)：表示用与当前 UCS 的 XOY、YOZ、ZOX 面平行的平面作为镜像平面。

3. 举例

【例 13-21】 如图 13-68 所示，为两轴衬的模型及其三视图，请按图中尺寸制作轴衬的三维模型。

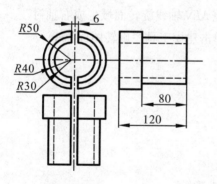

图 13-68

操作步骤：

(1) 设置图幅。

新建一张 A4 图幅，设置 4 个视口，分别代表主视图、左视图、俯视图和西南等轴测。操作步骤请参阅前面章节。

(2) 制作右轴衬。

采用"旋转"命令生成右轴衬。

① 绘制旋转对象和旋转轴(在 XY 平面内)。

a. 光标移至右下角视口单击；
b. 菜单栏："工具"→"新建"→"Y"；

c. 键入"-90",回车；

d. 打开"正交"；

e. 单击绘图工具栏直线图标；

f. 光标在适当位置单击,在 XY 平面内确定 A 点；

g. 光标沿 X 正向移动,键入"10",回车,确定 B 点；

h. 光标沿 Y 正向移动,键入"80",回车,确定 C 点；

i. 光标沿 X 正向移动,键入"10",回车,确定 D 点；

j. 光标沿 Y 正向移动,键入"40",回车,确定 E 点；

k. 光标沿 X 负向移动,键入"20",回车,确定 F 点；

l. 键入"C",回车,生成封闭线框；

m. 单击修改工具栏偏移图标；

n. 键入偏移距离"30",回车；

o. 光标移至 AF 线段上单击；

p. 光标移至 AF 线段下方,单击,生成旋转轴 MN, 如图 13-69 所示；

q. 回车；

r. 单击绘图工具栏面域图标；

s. 利用单选或窗选选取封闭线框；

t. 回车。

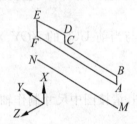

图 13-69　绘制旋转对象和旋转轴

② 绕 MN 轴线旋转面域生成右轴衬。

a. 单击建模工具栏旋转图标；

b. 利用单选或窗选选取面域线框；

c. 回车；

d. 光标捕捉 M 点,单击；

e. 光标捕捉 N 点,单击；

f. 键入旋转角"180",回车。

③ 制作左轴衬。

a. 菜单栏:"修改"→"三维操作"→"三维镜像"；

b. 用单选或窗选方式选中右轴衬；

c. 回车；

d. 键入"XY",回车；

e. 键入"@0,0,3",回车；

f. 键入"N",回车,如图 13-70 所示。

④ 调整各视图相对全图的缩放比例并对齐。

分别激活各视口,采用"缩放"和"平移"命令使各视图大小相同并对齐(如输入相对全图的缩放比例因子为1)。

⑤ 改善模型显示效果。

a. 键入"Facetres",回车；

b. 键入"3",回车；

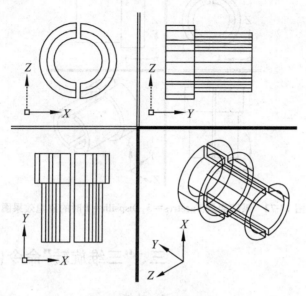

图 13-70　形成左右轴衬

c. 键入"Isolines",回车；
d. 键入"10",回车；
e. 菜单栏："视图"→"消隐",如图 13-71 所示。

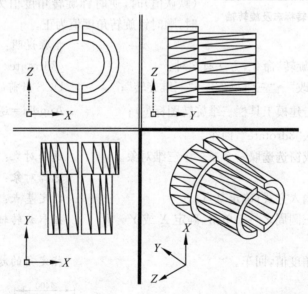

图 13-71　系统变量 Facetres＝3,Dispsilh＝0 时的消隐效果图

当用户只希望显示三维实体的轮廓时,可通过改变系统变量"Dispsilh"的值来实现。该变量的缺省值为 0,将变量值改为 1 时,执行"消隐"命令后将使三维实体表面的网格被隐藏,如图 13-72 所示。

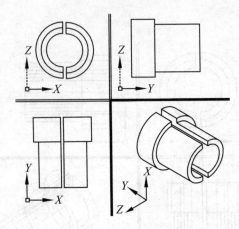

图 13-72　系统变量 Facetres=3, Dispsilh=1 时的消隐效果图

三、"三维旋转"命令(3D Rotate)

1. 功能

使三维对象绕空间指定轴进行旋转。旋转轴由三维旋转标识三圆周确定,如图 13-73 所示。

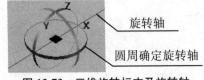

图 13-73　三维旋转标志及旋转轴

旋转方向由命令"Angdir"确定,当 Angdir=0 (默认值)时,逆时针旋转角度值为正,当 Angdir=1 时,顺时针旋转角度值为正。

2. 操作步骤

（1）启动"三维旋转"命令,方法有 3 种:
① 菜单栏:"修改"→"三维操作"→"三维旋转";
② 工具栏:单击建模工具栏三维旋转图标 ;
③ 命令行:键入"3drotate",回车。
（2）利用单选或窗选选取一个或多个三维对象。
（3）回车。
（4）利用点的输入方式,确定基点。
（5）光标移到三圆周之一上单击,确定 X 或 Y 或 Z 作为旋转轴。
（6）键入旋转角度值,回车。

步骤说明:
_3drotate
UCS 当前的正角方向:
Angdir=逆时针,Angbase=0

选择对象:
选择对象:
指定基点:
拾取旋转轴:

指定角的起点或键入角度:

3. 举例

【例 13-22】　如图 13-74 所示,由圆柱体组成的圆凳模型。已知各部分尺寸如下:凳面厚度为 30,半径为 R200,凳脚半径为 R20,长度为 400,向外倾斜 10°,均布。凳脚与凳面连接处的圆周半径为 R120。试制作模型。

操作步骤:

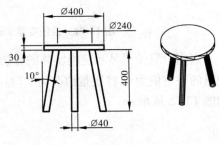

图 13-74

(1) 设置图幅和视口。

新建一张 A4 图幅,设置 4 个视口,分别代表主视图、左视图、俯视图和西南等轴测。操作步骤请参阅前面章节。

(2) 制作凳面。

① 光标移至右下角视口单击;

② 单击建模工具栏圆柱图标 ▢ ;

③ 光标在适当位置单击(在 XY 平面内确定圆心);

④ 键入半径"200",回车;

⑤ 键入高度数值"30",回车。

(3) 制作单只凳脚。

① 回车;

② 光标在适当位置单击;

③ 键入半径"20",回车;

④ 键入高度数值"400",回车。

(4) 将凳脚倾斜 10°。

① 菜单栏:"修改"→"三维操作"→"三维旋转";

② 光标移至凳脚的圆柱上单击;

③ 回车;

④ 捕捉凳脚底面圆的中心点,单击;

⑤ 光标移到金色圆周上,单击,确定 Y 轴方向的旋转轴;

⑥ 键入旋转角度"-10",回车,如图 13-75 所示。

(5) 组合凳面与凳脚。

① 单击修改工具栏移动图标 ✥ ;

② 利用窗选选中凳脚;

③ 回车;

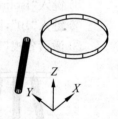

图 13-75 凳面与凳脚

④ 捕捉凳脚顶面圆的中心点,单击;

⑤ 激活主(或左)视图,捕捉凳面底部圆的中心点,单击,如图 13-76 所示;

⑥ 激活右下角视口,回车;

⑦ 利用窗选选中凳脚;

⑧ 回车;

⑨ 捕捉凳脚顶面圆的中心点,单击;

⑩ 键入"@0,120,0",回车,如图 13-77 所示。

当部分图形超出视口时,可采用"移动"、"缩放"命令将组件移至合适位置。

(6) 完成圆凳的制作。

① 菜单栏:"修改"→"三维操作"→"三维阵列";

② 光标移至凳脚,单击;

③ 回车;

④ 键入"P",回车;

⑤ 键入阵列数目"3",回车;

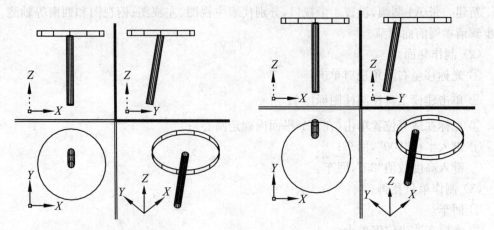

图 13-76 凳脚在凳面中心　　　　图 13-77 在 ϕ 240 内布置凳脚

⑥ 键入旋转角度"360",回车;
⑦ 键入"Y",回车;
⑧ 光标捕捉凳面顶圆的中心点,单击;
⑨ 光标捕捉凳面底圆的中心点,单击,如图 13-78 所示。

(7) 改善模型显示效果。

调整线密度,并对各视口进行"消隐"处理,如图 13-79 所示。

① 键入"Isolines",回车;
② 键入"10",回车;
③ 激活各视口,菜单栏:"视图"→"消隐"。

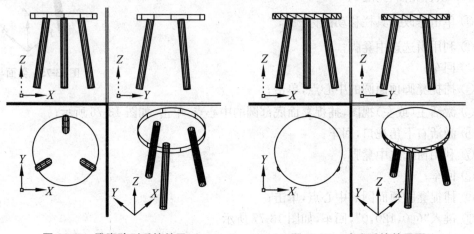

图 13-78 凳脚阵列后的效果　　　　图 13-79 消隐后的效果图

四、"三维移动"命令(3D Move)

1. 功能

使三维对象移动到新位置。

2. 操作步骤

(1) 启动"三维旋转"命令,方法有 3 种: 步骤说明:
    _3dmove
① 菜单栏:"修改"→"三维操作"→"三维移动";
② 工具栏:单击建模工具栏三维移动图标;
③ 命令行:键入"3dmove",回车。
(2) 利用单选或窗选选取一个或多个三维对象。   选择对象:
(3) 回车。   选择对象:
(4) 利用点的输入方式,确定基点。   指定基点或[位移(D)]<位移>:
(5) 利用点的输入方式确定下一点。   指定第 2 个点或<使用第 1 个点作为位移>:

五、"剖切"命令(Slice)

1. 功能

用垂直于 XY 坐标面的平面把三维实体剖开,形成两个部分。用户可以选择保留其中一部分或全部保留。

2. 操作步骤

(1) 启动"剖切"命令,方法有 2 种: 步骤说明:
    _Slice
① 菜单栏:"修改"→"三维操作(3)"→"剖切";
② 命令行:键入"Slice",回车。
(2) 利用单选或窗选选取一个或多个三维对象。   选择要剖切的对象:
(3) 回车。   选择要剖切的对象:
(4) 按步骤说明操作。   指定切面的起点或[平面对象(O)/曲面(S)/Z 轴(Z)/视图(V)/XY(XY)/YZ(YZ)/ZX(ZX)/三点(3P)]<三点>:

"指定切面的起点或[平面对象(O)/曲面(S)/Z 轴(Z)/视图(V)/XY(XY)/YZ(YZ)/ZX(ZX)/三点(3P)]"各选项含义如下:

① 指定切面的起点(三点):默认值,表示输入两个点确定一个垂直于 XY 坐标面的剖切平面,第三点确定剖切后需保留的部分。

② 平面对象(O):表示以被选对象构成的平面作为剖切平面。选取对象可以是圆、圆弧、椭圆、椭圆弧、二维(或三维)多段线或样条曲线。

③ 曲面(S):表示以被选对象构成的曲面作为剖切平面。

④ Z 轴(Z):表示通过指定剖切面的法线(即与剖切面垂直的线),且法线上的一点在剖切面上来确定剖切面。法线的方向即确定了剖切面的方向,剖切面位置由法线上的某一点确定。

⑤ 视图(V):表示剖切平面与当前视图平面平行且通过某一指定点。

⑥ XY(XY)/YZ(YZ)/ZX(ZX):表示通过某点且平行于当前 UCS 的 XOY(或 YOZ、ZOX)坐标面的平面作为剖切面。

3. 举例

【例 13-23】 根据切割体三视图及其尺寸,完成该实体的三维造型,如图 13-80 所示。

操作步骤:

(1) 设置图幅。

新建一张 A4 图幅,设置 4 个视口,分别代表主视图、左视图、俯视图和西南等轴测。操作步骤请参阅前面章节。

(2) 制作长方体。

① 单击图层,选择适当的线型;

② 光标移至右下角视口单击;

③ 单击建模工具栏长方体图标 ;

④ 光标在适当位置单击,确定一个角点;

⑤ 键入"@50,30,0",回车;

⑥ 键入高度数值"25",回车;

⑦ 调整各视口的缩放比例,并对齐,如图 13-81 所示。

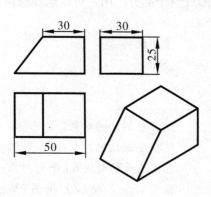

图 13-80

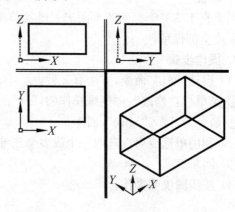

图 13-81 "长方体"的三视图及正等轴测图

(3) 切割长方体。

① 光标移至右下角视口单击;

② 菜单栏:"修改"→"三维操作(3)"→"剖切";

③ 窗选长方体;

④ 回车;

⑤ 菜单栏:"工具"→"新建"→"X";

⑥ 回车;

⑦ 光标捕捉长方体左前角 A 点;

⑧ 键入 B 点相对坐标"@20,25,0",回车;

⑨ 光标捕捉长方体右前角 C 点,单击;

⑩ 对各视图进行消隐后,如图 13-82 所示。

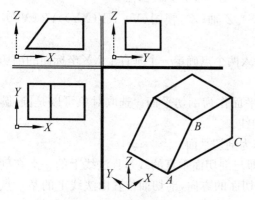

图 13-82 切割后的三视图及正等测图

六、"截面"命令(Section)

1. 功能
以一个截平面截切三维实体,产生截交线并创建面域。

2. 操作步骤

操作	步骤说明
(1) 启动"截面"命令,方法有一种: 命令行:键入"Section",回车。	_Section
(2) 利用单选或窗选选取一个或多个三维对象。	选择对象:
(3) 回车。	选择对象:
(4) 按步骤说明操作。	指定截面上的第1个点,依照[对象(O)/Z轴(Z)/视图(V)/XY(XY)/YZ(YZ)/ZX(ZX)/三点(3P)]<三点>:

"指定截面上的第1个点,依照[对象(O)/Z轴(Z)/视图(V)/XY(XY)/YZ(YZ)/ZX(ZX)/三点(3P)]"各选项含义与"剖切"相似,不再介绍。

确定剖切面后,即可创建出相应的面域对象,"截面"命令与"剖切"命令不同之处在于:前者只生成截平面截切三维实体后产生的断面,实体仍是完整的;后者则以截平面将三维实体截切成两部分,并不单独分离出断面。

3. 举例

【例13-24】 已知一竖放的圆柱,在圆柱轴线中间用水平面截割,求作断面形状,如图13-83所示。

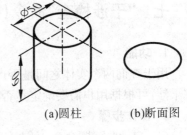

(a)圆柱　　　(b)断面图

图 13-83

操作步骤:

(1) 设置图幅。

新建一张A4图幅,设置图层,设置4个视口,分别代表主视图、左视图、俯视图和西南等轴测。操作步骤请参阅前面章节。

(2) 制作圆柱。

① 单击图层,选择适当的线型;

② 光标移至右下角视口单击;

③ 单击实体工具栏圆柱图标 ;

④ 光标在适当位置单击,在 XY 平面内确定圆柱底面中心点;

⑤ 键入圆柱半径"25",回车;

⑥ 键入高度数值"60",回车;

⑦ 调整各视口的缩放比例,并对齐。

(3) 制作水平截面截切圆柱的断面。

① 设置用户坐标系,菜单栏:"工具"→"新建"→"原点";

② 光标捕捉底圆中心点,单击;

③ 命令行键入"Section",回车;

④ 窗选圆柱;

⑤ 回车；
⑥ 键入"XY"，回车；
⑦ 键入截面上的一点"0,0,30"，回车；
⑧ 用"移动"命令将圆柱中部的图形断面移至圆柱旁边，并采用"缩放"和"平移"命令使各视图大小相同并对齐，对各视图进行消隐，如图 13-84 所示。

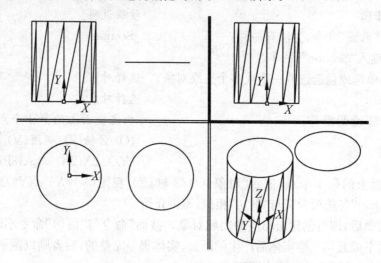

图 13-84　用水平截面截切圆柱的断面

七、"干涉检查"命令(Interfere)

1. 功能

用于查询两个实体之间是否产生干涉，即是否有共属于两个实体所有的部分。如果存在干涉，可根据用户需要确定是否将公共部分生成新的实体。

2. 操作步骤

操作步骤	步骤说明
(1) 启动"干涉"命令，方法有两种：	_Interfere
① 菜单栏："修改"→"三维操作(3)"→"干涉检查"；	选择实体的第 1 集合：
② 命令行：键入"Interfere"，回车。	
(2) 利用单选或窗选选取多个三维对象。	选择第 1 组对象或[嵌套选择(N)/设置(S)]：
(3) 回车。	选择第 1 组对象或[嵌套选择(N)/设置(S)]：
(4) 利用单选或窗选选取多个三维对象。	选择第 2 组对象或[嵌套选择(N)/检查第 1 组(K)]<检查>：
(5) 回车。	选择第 2 组对象或[嵌套选择(N)/检查第 1 组(K)]<检查>：

(6)如果两组对象相交,则产生干涉,同时弹出对话框,如图13-85所示,对对话框进行相应设置,单击"关闭"按钮。

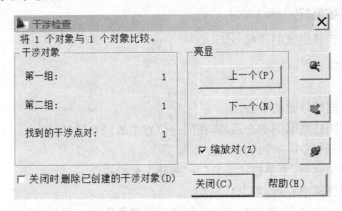

图13-85 "干涉检查"对话框

设置(S)用来设置干涉对象的视觉、颜色等内容,命令行键入"S",回车,弹出干涉设置对话框,如图13-86所示。

3.举例

【例13-25】 如图13-87所示,已知两圆柱相交,其轴线垂直交于中点,两圆柱大小一致,半径为$R25$,高度(长度)为70,试以实体的干涉部分制作一个新实体。

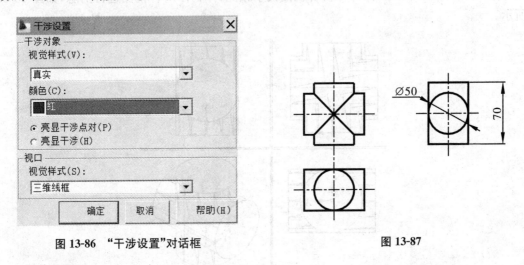

图13-86 "干涉设置"对话框　　　　图13-87

操作步骤:

(1)设置图幅和视口。

新建一张A4图幅,设置相应的图层,设置4个视口,分别代表主视图、左视图、俯视图和西南等轴测。操作步骤请参阅前面章节。

(2)制作两圆柱。

① 单击图层,选择适当线型;

② 光标移至右下角视口单击;

③ 单击实体工具栏圆柱图标 ;

④ 光标在适当位置单击,在 XY 平面内确定圆心;

⑤ 键入半径"25",回车;

⑥ 键入高度数值"70",回车;

⑦ 单击修改工具栏复制图标 ；

⑧ 单击圆柱体;

⑨ 回车;

⑩ 光标捕捉圆柱顶圆的中心点;

⑪ 光标捕捉圆柱底圆的中心点,即在同一位置生成两个圆柱体。

(3) 绕 Y 轴旋转其中一个圆柱。

① 设置用户坐标系,菜单栏:"工具"→"新建"→"原点";

② 光标捕捉底圆中心点,单击;

③ 启动三维旋转命令,菜单栏:"修改"→"三维操作"→"三维旋转";

④ 单击圆柱体;

⑤ 回车;

⑥ 键入"Y",回车。

⑦ 键入"0,0,35",回车;

⑧ 键入"90",回车,即形成两个等径正交的圆柱。

⑨ 采用"缩放"和"平移"命令使各视图大小相同并对齐,对各视图进行消隐,如图 13-88 所示。

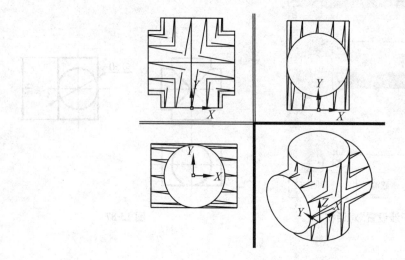

图 13-88　两个等径正交的圆柱

(4) 生成干涉实体。

① 菜单栏:"修改"→"三维操作(3)"→"干涉检查";

② 光标移至水平圆柱,单击;

③ 回车;

④ 光标移至垂直圆柱,单击;

⑤ 回车;

⑥ 弹出"干涉检查"对话框,关闭"关闭时删除已创建的干涉对象",如图 13-85 所示;
⑦ 单击"关闭"按钮;
⑧ 利用移动命令,将生成的新实体移出两圆柱;
⑨ 采用"平移"命令使各视图对齐,对各视图进行消隐,如图 13-89 所示。

图 13-89　两个正交圆柱及其互相干涉产生的新实体

第七节　三维实体边、面和体的编辑

对于已经存在的三维实体对象,用户可对实体的边、面和体等进行编辑处理,以得到新的三维实体。编辑三维实体面,可用操作包括:拉伸、移动、旋转、偏移、倾斜、删除、复制或更改选定面的颜色。编辑三维实体边,可用操作包括:修改边的颜色或复制独立的边。

实体编辑工具栏内容如图 13-90 所示。

图 13-90　"实体编辑"工具栏

实体编辑菜单栏内容如图 13-91 所示。

AutoCAD 2009 为三维实体的边、面提供了三维编辑命令,本节主要介绍边、面三维编辑命令,其他命令请读者自学。

图 13-91　"实体编辑"菜单栏

一、"压印边"命令(Imprint)

1. 功能
将对象压印到选定的实体上,使其成为一体。为了使压印操作成功,被压印的对象必须与选定对象的一个或多个面相交。"压印"选项仅限于以下对象执行:圆弧、圆、直线、二维和三维多段线、椭圆、样条曲线、面域、体和三维实体。

2. 操作步骤

(1) 启动"压印边"命令,方法有3种:
① 菜单栏:"修改"→"实体编辑"→"压印边";
② 工具栏:单击实体编辑工具栏压印边图标 ;
③ 命令行:键入"Imprint",回车。
(2) 利用单选或窗选选取一个或多个三维对象。
(3) 利用单选或窗选选取相交一个或多个三维对象。
(4) 回车,保留压印的对象;键入"Y",回车,压印的对象被删除。
(5) 回车,结束命令。

步骤说明:
_Imprint

选择三维实体:
选择要压印的对象:
是否删除源对象[是(Y)/否(N)]<N>:
选择要压印的对象:

二、"复制边"命令

1. 功能
用于复制三维实体的边。

2. 操作步骤

(1) 启动"复制边"命令,方法有3种:
① 菜单栏:"修改"→"实体编辑"→"复制边";
② 工具栏:单击实体编辑工具栏复制边图标 ;

③ 命令行:键入"Solidedit",回车,按步骤说明操作。

(2) 利用单选或窗选选取三维实体的边。
(3) 回车。
(4) 利用点的输入方法确定基点。
(5) 利用点的输入方法确定第2点。
(6) 按"Esc"键,结束命令。

步骤说明:
_Solidedit
实体编辑自动检查:Solidcheck=1
输入实体编辑选项[面(F)/边(E)/体(B)/放弃(U)/退出(X)]<退出>:_Edge
输入边编辑选项[复制(C)/着色(L)/放弃(U)/退出(X)]<退出>:_Copy
选择边或[放弃(U)/删除(R)]:
选择边或[放弃(U)/删除(R)]:
指定基点或位移:
指定位移的第2点:
输入边编辑选项[复制(C)/着色(L)/放弃(U)/退出(X)]<退出>:

三、"拉伸面"命令

1. 功能
将选定的三维实体对象的平整面拉伸到指定的高度或沿一路径拉伸,具有三维建模中"拉伸"命令的效果。一次可以选择多个面。

2. 操作步骤
(1) 启动"拉伸面"命令,方法有 3 种:
① 菜单栏:"修改"→"实体编辑"→"拉伸面";
② 工具栏:单击实体编辑工具栏拉伸面图标；
③ 命令行:键入"Solidedit",回车,按步骤说明操作。

(2) 利用单选选取三维实体的面。
(3) 回车。
(4) 与建模中"拉伸"命令的操作相同。
(5) 按"Esc"键,结束命令。

步骤说明:
_Solidedit
实体编辑自动检查:Solidcheck
=1
输入实体编辑选项[面(F)/边(E)/体(B)/放弃(U)/退出(X)]<退出>:__Face
[拉伸(E)/移动(M)/旋转(R)/偏移(O)/倾斜(T)/删除(D)/复制(C)/颜色(L)/材质(A)/放弃(U)/退出(X)]<退出>:
_Extrude
选择面或[放弃(U)/删除(R)]:
选择面或[放弃(U)/删除(R)/全部(ALL)]:
指定拉伸高度或[路径(P)]:
输入面编辑选项[拉伸(E)/移动(M)/旋转(R)/偏移(O)/倾斜(T)/删除(D)/复制(C)/颜色(L)/材质(A)/放弃(U)/退出(X)]<退出>:

四、"移动面"命令

1. 功能
沿指定的高度或距离移动选定的三维实体对象的面,具有三维建模中"拉伸"命令的效果。一次可以选择多个面。

2. 操作步骤
(1) 启动"移动面"命令,方法有 3 种:
① 菜单栏:"修改"→"实体编辑"→"移动面";
② 工具栏:单击实体编辑工具栏移动面图标；

步骤说明:
_Solidedit
实体编辑自动检查:Solidcheck
=1
输入实体编辑选项[面(F)/边

③ 命令行:键入:"Solidedit",回车,按步骤说明操作。

(E)/体(B)/放弃(U)/退出(X)]<退出>:_Face
[拉伸(E)/移动(M)/旋转(R)/偏移(O)/倾斜(T)/删除(D)/复制(C)/颜色(L)/材质(A)/放弃(U)/退出(X)]<退出>:_Move

(2) 利用单选选取三维实体的面。
(3) 回车。

选择面或[放弃(U)/删除(R)]:
选择面或[放弃(U)/删除(R)/全部(ALL)]:

(4) 利用点的输入方法确定基点。
(5) 利用点的输入方法确定第2点。
(6) 按"Esc"键,结束命令。

指定基点或位移:
指定位移的第2点:
输入面编辑选项[拉伸(E)/移动(M)/旋转(R)/偏移(O)/倾斜(T)/删除(D)/复制(C)/颜色(L)/材质(A)/放弃(U)/退出(X)]<退出>:

五、"偏移面"命令

1. 功能

按指定的距离或通过指定的点,将面均匀地偏移。正值增大实体尺寸或体积,负值减小实体尺寸或体积。

2. 操作步骤

(1) 启动"拉伸面"命令,方法有3种:
① 菜单栏:"修改"→"实体编辑"→"偏移面";
② 工具栏:单击实体编辑工具栏偏移面图标;

步骤说明:
_Solidedit
实体编辑自动检查:Solidcheck=1
输入实体编辑选项[面(F)/边(E)/体(B)/放弃(U)/退出(X)]<退出>:_face

③ 命令行:键入"Solidedit",回车,按步骤说明操作。

[拉伸(E)/移动(M)/旋转(R)/偏移(O)/倾斜(T)/删除(D)/复制(C)/颜色(L)/材质(A)/放弃(U)/退出(X)]<退出>:_Offset

(2) 利用单选选取三维实体的面。
(3) 回车。

选择面或[放弃(U)/删除(R)]:
选择面或[放弃(U)/删除(R)/全部(ALL)]:

(4) 输入偏移距离数值,回车。

指定偏移距离:

(5) 按"Esc"键,结束命令。

输入面编辑选项[拉伸(E)/移动(M)/旋转(R)/偏移(O)/倾斜(T)/删除(D)/复制(C)/颜色(L)/材质(A)/放弃(U)/退出(X)]<退出>:

六、"旋转面"命令

1. 功能
绕指定的轴旋转一个或多个面或实体的某些部分。

2. 操作步骤
(1) 启动"旋转面"命令,方法有 3 种:
① 菜单栏:"修改"→"实体编辑"→"旋转面";
② 工具栏:单击实体编辑工具栏旋转面图标 ;

③ 命令行:键入"Solidedit",回车,按步骤说明操作。

(2) 利用单选选取三维实体的面。
(3) 回车。

(4) 按步骤说明操作,可参照三维旋转。

(5) 按"Esc"键,结束命令。

步骤说明:
_Solidedit
实体编辑自动检查:Solidcheck=1
输入实体编辑选项[面(F)/边(E)/体(B)/放弃(U)/退出(X)]<退出>:_Face
[拉伸(E)/移动(M)/旋转(R)/偏移(O)/倾斜(T)/删除(D)/复制(C)/颜色(L)/材质(A)/放弃(U)/退出(X)]<退出>:_Rotate
选择面或[放弃(U)/删除(R)]:
选择面或[放弃(U)/删除(R)/全部(ALL)]:
指定轴点或[经过对象的轴(A)/视图(V)/X 轴(X)/Y 轴(Y)/Z 轴(Z)]<两点>:
输入面编辑选项[拉伸(E)/移动(M)/旋转(R)/偏移(O)/倾斜(T)/删除(D)/复制(C)/颜色(L)/材质(A)/放弃(U)/退出(X)]<退出>:

七、"倾斜面"命令

1. 功能
实现将三维实体的某个面按一定的角度倾斜。当面向实体内部倾斜时,倾斜角度为正,反之为负。

2. 操作步骤

步骤说明:

(1) 启动"倾斜面"命令,方法有 3 种:
① 菜单栏:"修改"→"实体编辑"→"倾斜面";
② 工具栏:单击实体编辑工具栏倾斜面图标 ;
③ 命令行:键入"Solidedit",回车,按步骤说明操作。

(2) 利用单选选取三维实体的面。
(3) 回车。

(4) 利用点的输入方法确定基点。
(5) 利用点的输入方法确定倾斜轴的另一点。
(6) 输入倾斜角度,回车。
(7) 按"Esc"键,结束命令。

_Solidedit
实体编辑自动检查:Solidcheck=1
输入实体编辑选项[面(F)/边(E)/体(B)/放弃(U)/退出(X)]<退出>:__face
[拉伸(E)/移动(M)/旋转(R)/偏移(O)/倾斜(T)/删除(D)/复制(C)/颜色(L)/材质(A)/放弃(U)/退出(X)]<退出>:_Taper
选择面或[放弃(U)/删除(R)]:
选择面或[放弃(U)/删除(R)/全部(ALL)]:
指定基点:
指定沿倾斜轴的另一个点:
指定倾斜角度:
输入面编辑选项[拉伸(E)/移动(M)/旋转(R)/偏移(O)/倾斜(T)/删除(D)/复制(C)/颜色(L)/材质(A)/放弃(U)/退出(X)]<退出>:

八、"复制面"命令

1. 功能
用于将三维实体的面复制为面域或体。

2. 操作步骤
(1) 启动"复制面"命令,方法有 3 种:
① 菜单栏:"修改"→"实体编辑"→"复制面";

② 工具栏:单击实体编辑工具栏复制面图标 ;

③ 命令行:键入"Solidedit"回车,按步骤说明操作。

步骤说明:
_Solidedit
实体编辑自动检查:Solidcheck=1
输入实体编辑选项[面(F)/边(E)/体(B)/放弃(U)/退出(X)]<退出>:_Face
[拉伸(E)/移动(M)/旋转(R)/偏移(O)/倾斜(T)/删除(D)/复制(C)/颜色(L)/材质(A)/放弃(U)/退出(X)]<退出>:_Copy

(2) 利用单选选取三维实体的面。 　　选择面或[放弃(U)/删除(R)]:
(3) 回车。 　　选择面或[放弃(U)/删除(R)/全部(ALL)]:

(4) 利用点的输入方法确定基点。 　　指定基点或位移:
(5) 利用点的输入方法确定另一点。 　　指定位移的第2点:
(6) 按"Esc"键,结束命令。 　　输入面编辑选项[拉伸(E)/移动(M)/旋转(R)/偏移(O)/倾斜(T)/删除(D)/复制(C)/颜色(L)/材质(A)/放弃(U)/退出(X)]<退出>:

九、"分割"命令

1. 功能
将三维实体对象分解成原来组成三维实体的部件。不分割形成单一体积的对象。

2. 操作步骤
(1) 启动"分割"命令,方法有3种: 　　步骤说明:
　　_Solidedit
① 菜单栏:"修改"→"实体编辑"→"分割"; 　　实体编辑自动检查:Solidcheck=1

② 工具栏:单击实体编辑工具栏分割图标 ; 　　输入实体编辑选项[面(F)/边(E)/体(B)/放弃(U)/退出(X)]<退出>:_Face

③ 命令行:键入"Solidedit",回车,按步骤说明操作。 　　输入体编辑选项[压印(I)/分割实体(P)/抽壳(S)/清除(L)/检查(C)/放弃(U)/退出(X)]<退出>:_Separate

(2) 利用单选选取三维实体的面。 　　选择三维实体:
(3) 回车。 　　选定的对象中不能有多个块
(4) 按"Esc"键,结束命令。 　　输入面编辑选项[拉伸(E)/移动(M)/旋转(R)/偏移(O)/倾斜(T)/删除(D)/复制(C)/颜色(L)/材质(A)/放弃(U)/退出(X)]<退出>:

十、"抽壳"命令

1. 功能
用指定的厚度创建一个空的薄层。可以为所有面指定一个固定的薄层厚度。通过选择面可以将这些面排除在壳外。一个三维实体只能有一个壳。通过将现有面偏移出其原位置

来创建新的面,当偏移距离为正时,现有面向体内偏移,反之则向体外偏移。

2. 操作步骤

(1) 启动"抽壳"命令,方法有3种： 步骤说明：

① 菜单栏："修改"→"实体编辑"→"抽壳"； _Solidedit
　　　　　　　　　　　　　　　　　　　　　实体编辑自动检查:Solidcheck＝1

② 工具栏:单击实体编辑工具栏复制面图标 ； 输入实体编辑选项[面(F)/边(E)/体(B)/放弃(U)/退出(X)]＜退出＞:_Body

③ 命令行:键入"Solidedit",回车,按步骤说明操作。 输入体编辑选项[压印(I)/分割实体(P)/抽壳(S)/清除(L)/检查(C)/放弃(U)/退出(X)]＜退出＞:_Shell

(2) 利用单选选取三维实体。 选择三维实体：
(3) 回车。 选择面或[放弃(U)/删除(R)/全部(ALL)]：

(4) 输入偏移距离数值,回车。 输入抽壳偏移距离：
(5) 按"Esc"键,结束命令。 输入体编辑选项[压印(I)/分割实体(P)/抽壳(S)/清除(L)/检查(C)/放弃(U)/退出(X)]＜退出＞:

第八节　三维实体的倒角与圆角

在零件实物上,经常会出现倒角和圆角,因此,我们还需要掌握在三维实体上进行倒角与圆角操作的方法。

一、三维实体的倒角

1. 功能

对三维实体进行倒角,也就是在三维实体表面相交处按指定的倒角距离生成一个新的平面。三维实体的倒角采用"倒角(Chamfer)"命令,该命令只能用于实体,而对表面模型不适用。在使用该命令时,AutoCAD的提示顺序与二维倒角时不同。

2. 操作步骤　　　　　　　　　　　　　　　步骤说明：
① 启动"倒角"命令,方法有3种：　　　　　　_Chamfer
① 菜单栏："修改"→"倒角"；
② 工具栏:单击修改工具栏倒角图标 ；

③ 命令行:键入"Chamfer",回车。

(2) 光标移至需要倒角的两表面交线(棱线)上,单击。

选择第 1 条直线或[放弃(U)/多段线(P)/距离(D)/角度(A)/修剪(T)/方式(E)/多个(M)]:

(3) 回车,或键入"N",回车。

基面选择……输入曲面选择选项[下一个(N)/当前(OK)]<当前>:

(4) 键入基面倒角距离,回车。

指定基面的倒角距离<10.0000>:

(5) 键入另一面倒角距离,回车。

指定其他曲面的倒角距离<10.0000>:

(6) 光标移至需要倒角的两表面交线(棱线)上,单击。

选择边或[环(L)]:

(7) 回车,即完成倒角。

基面:高亮度显示的表面(形成一个虚线框)。倒角距离如图 13-92 所示。

"[放弃(U)/多段线(P)/距离(D)/角度(A)/修剪(T)/方法(M)]"各选项含义及操作与二维操作相同。

"下一个(N)/当前(OK)"两选项含义如下:

① 当前(OK):以回车响应,表示用户确认以当前屏幕显示高亮度的面作为基准面。

② 下一个(N):键入"N",回车,表示选择另一个面作为基准面。

"选择边或[环(L)]"两选项含义如下:

① 选择边:表示只对所选边进行倒角。

② 环(L):键入"L",回车,表示对基准面周围的边同时进行倒角。

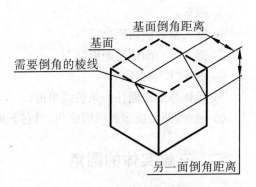

图 13-92　基面及倒角距离

3. 举例

【例 13-27】　四棱柱的长、宽、高四边均为 20,在其顶面四周进行倒角,倒角距离均为 5,如图 13-93 所示。

操作步骤:

(1) 设置图幅。

新建一张 A4 图幅,设置 4 个视口,分别代表主视图、左视图、俯视图和西南等轴测。操作步骤请参阅前面章节。

(2) 制作长方体。

① 单击图层,选择适当的线型;

② 光标移至右下角视口单击;

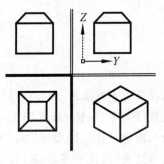

图 13-93

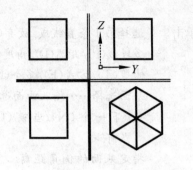

图 13-94 "正方体"的三视图及正等轴测图

③ 单击实体工具栏长方体图标◻；

④ 光标在适当位置单击，在 XY 平面内确定一个角点；

⑤ 键入"C"，回车；

⑥ 键入"20"，回车；

⑦ 调整各视口的缩放比例，并对齐，如图 13-94 所示。

(3) 倒角。

① 光标移至右下角视口单击；

② 单击修改工具栏倒角图标◻；

③ 光标移至顶面任一条棱线单击；

④ 键入"N"，回车；

⑤ 回车；

⑥ 键入基面倒角距离"5"；

⑦ 键入另一面倒角距离"5"；

⑧ 键入"L"，回车；

⑨ 光标移至顶面任一条棱线单击；

⑩ 回车，即完成顶面四周倒角，对右下角视图进行消隐，如图 13-93 所示。

二、三维实体的圆角

1. 功能

构造三维实体的圆角，也就是在三维实体表面相交处按指定的半径生成一个弧形曲面，该曲面与原来相交的两表面均相切。三维实体的圆角采用"圆角（Fillet）"命令，该命令只能用于实体，而对表面模型不适用。使用该命令时，与在二维对象有些不同，用户不必事先设定圆角的半径值，AutoCAD 会提示用户进行设定。

2. 操作步骤

(1) 启动"圆角"命令，方法有 3 种：

① 菜单栏："修改"→"圆角"；

② 工具栏：单击修改工具栏圆角图标◻；

③ 命令行：键入"Fillet"，回车。

(2) 光标移至需要圆角的两表面交线（棱线）上，单击。

(3) 键入圆角半径数值，回车。

(4) 按步骤说明操作。

"选择边或[链(C)/半径(R)]"3 个选项的含义如下：

① 选择边：缺省值，以选择逐条边的方式产生圆角。在用户选取第 1 条边后，命令行反复出现上句提示，可以连续选择实体上需要倒圆角的边，回车即生成圆角并结束命令。

步骤说明：

_Fillet

选择第 1 个对象或[放弃(U)/多段线(P)/半径(R)/修剪(T)]：

输入圆角半径<10.0000>：

选择边或[链(C)/半径(R)]：

② 链(C)：以选择链的方式产生圆角。链是指三维实体某个表面上由若干条圆弧光滑连接的边组成的封闭线框，如图 13-95 所示。选择其中的一条边，则所有棱边都将被选中，回车后即生成圆角。

③ 半径(R)：表示重新确定圆角半径。

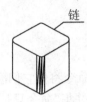

图 13-95　用"链"方式倒角

3. 举例

【例 13-28】　正方体边长为 20，将其中的一条边倒圆角，半径为 8，如图 13-96 所示。

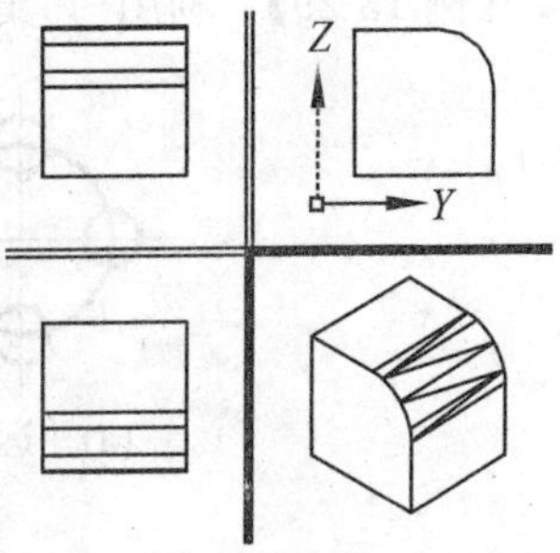

操作步骤：

(1) 设置图幅。

新建一张 A4 图幅，设置图层，设置 4 个视口，分别代表主视图、左视图、俯视图和西南等轴测。操作步骤请参阅前面章节。

(2) 制作正方体。

操作步骤请参阅例 13-27。

(3) 制作圆角。

① 单击修改工具栏圆角图标  ；

② 光标移至需要圆角的两表面交线（棱线）上，单击；

③ 键入圆角半径"8"；

④ 回车，即完成圆角，如图 13-96 所示。

图 13-96

第九节　布尔运算

组合体通常是由基本形体以不同的方式组合而成。AutoCAD 为用户提供的布尔运算功能，可以方便地对基本形体进行不同的组合，产生新的组合体。布尔运算包括 3 部分内容，即并集、差集和交集。布尔运算的对象是三维实体或面域。

一、"并集"命令(Union)(并运算)

1. 功能

将两个或两个以上的三维实体或面域合并成一个实体或一个面域。

2. 操作步骤

(1) 启动"并集"命令,方法有 3 种:　　　　　　　　　　步骤说明:

① 菜单栏:"修改"→"实体编辑"→"并集";　　　　　　_Union

② 工具栏:单击"实体编辑"工具栏并集图标 ⊙⊙ ;

③ 命令行:键入"Union",回车。

(2) 利用单选或窗选方式,选择需要合并的多个实体。　　选择对象:

(3) 回车,即完成"并集"。　　　　　　　　　　　　　　选择对象:

说明:当被选取的三维实体处于相交状态时,"并集"命令将使它们融为一体,产生新形状的实体,当被选取的三维实体处于互不接触的状态时,"并集"命令只是将它们构造成一整体,但各实体的形状并没有发生变化。

3. 举例

【例 13-29】 利用"并集"命令,将图 13-97(a)所示的图变成图 13-97(b)。

　　　　　　　　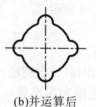

(a)并运算前　　　　　　　　　　　　(b)并运算后

图 13-97

操作步骤:

(1) 设置图幅。

新建一张 A4 图幅,设置一个视口。

(2) 画 1 个大圆和 4 个小圆。

(3) 分别将 1 个大圆和 4 个小圆设置为面域。

(4) 单击"实体编辑"工具栏并集图标 ⊙⊙ 。

(5) 利用窗选选中 1 个大圆和 4 个小圆。

(6) 回车,即完成并运算,如图 13-97(b)所示。

二、"差集"命令(Subtract)(差运算)

1. 功能

从一个或一组三维实体或面域(母体)中减去另一个或一组三维实体或面域(子体),形成一个新的三维实体或面域。

2. 操作步骤　　　　　　　　　　　　　　　　　　　　步骤说明:

(1) 启动"差集"命令,方法有 3 种:　　　　　　　　　　_Subtract

① 菜单栏:"修改"→"实体编辑"→"差集";

② 工具栏:单击"实体编辑"工具栏差集图标 ⊙⊙ ;

③ 命令行:键入"Subtract",回车。

(2) 利用单选或窗选方式,选择母体(从中要减去的实体)。　　选择要从中减去的实体或面域:

(3) 回车。　　选择对象:

(4) 利用单选或窗选方式,选择子体(将要被减去的实体)。　　选择要减去的实体或面域:

(5) 回车,即完成差运算。

说明:当选取多个实体作为母体时,系统首先会将这些实体按"并集"处理,合并成一个整体,然后以这个整体为母体,减去被选作子体的实体,形成一个新的实体。

3. 举例

【例 13-30】 利用"差集"命令,将图 13-98(a)所示的图变成图 13-98(b)。

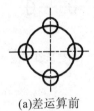
(a)差运算前

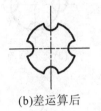
(b)差运算后

图 13-98

操作步骤:

(1) 设置图幅。

新建一张 A4 图幅,设置一个视口。

(2) 画 1 个大圆和 4 个小圆。

(3) 分别将 1 个大圆和 4 个小圆设置为面域。

(4) 单击"实体编辑"工具栏差集图标 ◎ 。

(5) 利用单选选中 1 个大圆。

(6) 回车。

(7) 利用单选选中 4 个小圆。

(8) 回车,即完成差运算,如图 13-98(b)所示。

三、"交集"命令(Intersect)(交运算)

1. 功能

将两个或多个相交的三维实体或面域产生的公共部分组成一个新的实体或面域,也即删除了公共部分以外的实体或面域。

2. 操作步骤

(1) 启动"交集"命令,方法有 3 种:　　步骤说明:

　　_Intersect

① 菜单栏:"修改"→"实体编辑"→"交集";

② 工具栏:单击"实体编辑"工具栏交集图标 ◎ ;

③ 命令行:键入"Intersect",回车。

(2) 利用单选方式,选择相交的实体或面域。　　　　选择对象：

(3) 利用单选方式,选择相交的另一实体或面域。　　选择对象：

(4) 回车,即完成交运算。

说明：当被选取对象之间具有公共部分时,执行"交集"命令后,该部分即被提取出来形成一个新实体,其余部分则被删除；当被选取对象之间不具有公共部分时,执行"交集"命令后,所有被选对象同时被删除；只能在两个对象之间进行交运算。

3. 举例

【例13-31】 利用"交集"命令,将图13-99(a)所示的图变成图13-99(b)。

(a)交运算前　　　　　　　　　　(b)交运算后

图 13-99

操作步骤：

(1) 设置图幅。新建一张 A4 图幅,设置一个视口。

(2) 画1个大圆和4个小圆。

(3) 分别将1个大圆和4个小圆设置为面域。

(4) 将上面所画的面域复制3个。

(5) 单击"实体编辑"工具栏交集图标 ⊙ 。

(6) 利用单选选中1个大圆。

(7) 利用单选选中上面1个小圆。

(8) 回车,即完成交运算,。

(9) 重复步骤(4)～(8),完成另外3个交运算。

(10) 利用移动命令、捕捉命令,完成如图13-99(b)所示的图形。

第十节　三维图像处理简介

创建三维实体后,为了进一步获得实体的真实感,往往需要对实体进行图像处理。图像处理有3种方式：消隐、视觉样式和渲染。

一、"消隐"命令(Hide)

用 Vpoint 命令所生成的三维图形是由线框组成的,它包括了全部可见和不可见的线条。如果希望按其实际情况只显示它的可见轮廓线,而不显示其不可见轮廓线,则需要对其进行消隐处理。

1. 功能

用于以三维线框模式显示对象,隐藏面域或三维实体被挡住的轮廓线,如图 13-100 所示。消隐后的图形不可编辑,线型变成细实线,用重生成(Regen)命令,可以恢复消隐前的显示。

(a)消隐前　　　　　　　　　　(b)消隐后

图 13-100　消隐前后效果对比

2. 操作步骤

(1) 启动"消隐"命令,即完成消隐,方法有 3 种：

① 菜单栏:"视图"→"消隐";

② 工具栏:单击渲染工具栏消隐图标；

③ 命令行:键入"Hide",回车。

步骤说明：
_Hide

二、"视觉样式"命令

1. 功能

"视觉样式"是指对三维实体进行浓淡处理,可生成单色调的灰度图形,产生更逼真的立体效果。它对应有二维线框、三维线框、三维隐藏、真实和概念 5 种视觉效果,如图 13-101 所示。着色后为一幅图像,它不能进行图形编辑,用二维线框命令,可以恢复着色前的显示。

(a)二维线框　　(b)三维线框　　(c)三维隐藏　　(d)真实　　(e)概念

图 13-101　5 种视觉样式效果

视觉样式工具栏如图 13-102 所示。

视觉样式菜单栏如图 13-103 所示。

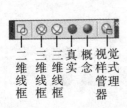 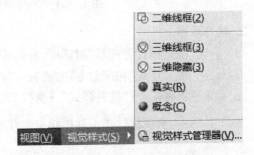

图 13-102　"视觉样式"工具栏　　　　图 13-103　"视觉样式"菜单栏

"视觉样式(S)"各选项含义如下：

(1) 二维线框(2)：默认值，用表示实体边界的直线和曲线来显示对象，如图 13-101(a) 所示。

(2) 三维线框(3)：三维线框与平面着色的组合，即对象在平面着色的同时还显示三维线框，如图 13-101(b)所示。同时 UCS 图标以新的全三维 UCS 图标 显示。

(3) 三维隐藏(H)：使对象实现平面着色。平面着色只对各多边形的面着色，不对面边界做光滑处理，如图 13-101(c)所示。

(4) 真实(R)：三维线框与体着色的组合，即对象在体着色的同时还显示三维线框，如图 13-101(d)所示。

(5) 概念(C)：使对象实现体着色。体着色不仅要对各多边形面着色，而且还对它们的边界做光滑处理，使得着色后的对象看上去更光滑、真实，如图 13-101(e)所示。

(6) 视觉样式管理器(V)：通过对视觉样式管理器对话框的设置，可改变视觉显示的效果，"概念"效果设置的视觉样式管理器如图 13-104 所示。

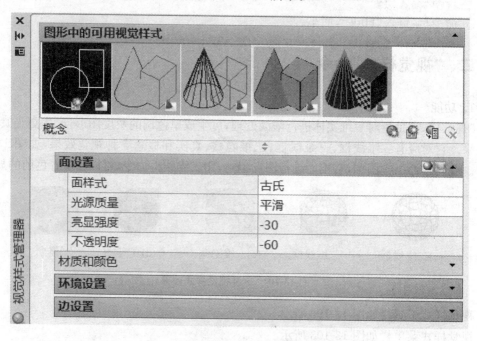

图 13-104 "视觉样式管理器"对话框

2. 操作步骤

步骤说明：

(1) 启动"视觉样式管理器"对话框，并作相应设置。

(2) 启动"视觉样式"相应命令，方法有 3 种：

① 菜单栏："视图"→"视觉样式"→选择相应的样式命令，即完成着色。

② 工具栏：单击视觉样式工具栏相应的样式图标 。

③ 命令行：

a. 键入"Vscurrent"，回车；　　　　　　　　　　_Vscurrent

b. 按步骤说明,键入相应的关键字。

输入选项[二维线框(2)/三维线框(3)/三维隐藏(H)/真实(R)/概念(C)/其他(O)]<二维线框>:

c. 回车,即产生相应的视觉效果。

三、"渲染"命令(Render)

渲染是对三维实体对象进行比视觉样式更高级的色彩处理,在渲染之前,可以创建光源,设置材质等渲染参数。渲染处理的有关参数内容,可通过渲染的级联式菜单或工具栏等方式设置,如图 13-105 所示。

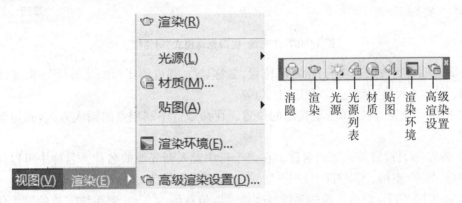

图 13-105　渲染级联式菜单和工具栏

由于渲染的参数较多,本书主要介绍光源、材质、和渲染 3 种命令的操作过程。

(一)"光源"命令(Light)

1. 功能

设置光源类型、位置、颜色和强度等。光源对渲染的效果至关重要,它控制着实体色彩的明暗和光照效果。光源处理的有关参数内容,可通过光源的级联式菜单或工具栏等方式设置,如图 13-106 所示。

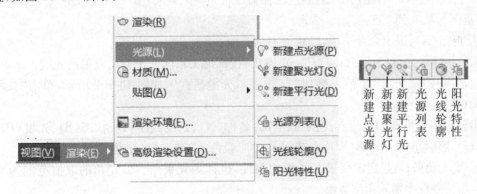

图 13-106　渲染级联式菜单和工具栏

(1) 新建点光源(Pointlight)：一种从光源处向外发射放射性的光源。

启动"新建点光源"命令后，弹出"光源-视口光源模式"，如图13-107所示，单击"关闭默认光源(建议)"。

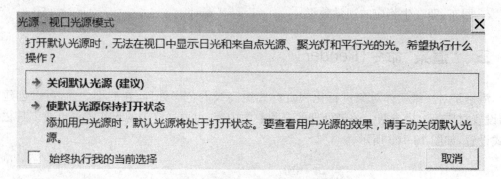

图13-107 "光源-视口光源模式"对话框

步骤说明可更改的选项有：指定源位置、名称(N)、强度因子(I)、状态(S)、光度(P)、阴影(W)、衰减(A)、过滤颜色(C)和退出(X)等。

① 指定源位置：设置和显示光源的位置。在命令行中利用点的输入方式，确定新光源的位置。

② 名称(N)：设置新光源的名称。在命令行中键入新光源的名称。名称中可以使用大小写字母、数字、空格、连字符(-)和下划线(_)。最大长度为256个字符。

③ 强度因子(I)：设置光源的强度或亮度。取值范围为0.00到系统支持的最大值。在命令行中键入强度因子数值。

④ 状态(S)：设置光源的打开、关闭状态。如果图形中没有启用光源，则该设置没有影响。在命令行中键入"N"(开)、"F"(关)。

⑤ 光度(P)：指测量可见光源的照度。当Lightingunits系统变量设置为1或2时，光度可用。根据命令行中的提示作相应的设置。

⑥ 阴影(W)：设置光源投射阴影。根据命令行中的提示作相应的设置。

⑦ 衰减(A)：设置光源的衰减程度。根据命令行中的提示作相应的设置。

⑧ 过滤颜色(C)：设置光源的颜色。在命令行中输入真彩色(R,G,B)，键入3个逗号分隔值，范围为从0到255。

⑨ 退出(X)：退出命令选项，结束光源的设置。

(2) 新建聚光灯(Spotlight)：从一点发出，按锥形关系向一个方向发射的光线。

启动"新建聚光灯"命令后，弹出"光源-视口光源模式"，如图13-107所示，单击"关闭默认光源(建议)"。

步骤说明可更改的选项有：指定源位置、名称(N)、强度因子(I)、状态(S)、光度(P)、聚光角(H)、照射角(F)、阴影(W)、衰减(A)、过滤颜色(C)和退出(X)等。

① 聚光角(H)：指定定义最亮光锥的角度，也称为光束角。聚光角的取值范围为0°到160°。在命令行中输入角度数值。

② 照射角(F)：指定定义完整光锥的角度，也称为现场角。照射角的取值范围为0°到160°。默认值为50°。照射角角度必须大于或等于聚光角角度。在命令行中键入角度数值。

(3) 新建平行光(Distantlight)：一种不发散的光线，其光源位于无限远的地方。启动"新建平行光"命令后，弹出"光源-光度控制平行光"，如图 13-108 所示，单击"允许平行光"。

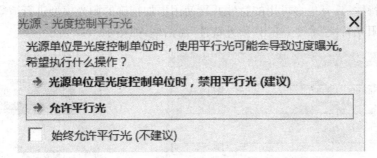

图 13-108 "光源-光度控制平行光"对话框

步骤说明可更改的选项有：指定光源来向、名称(N)、强度因子(I)、状态(S)、光度(P)、阴影(W)、过滤颜色(C)和退出(X)等。

(4) 光源列表(Lightlist)：显示所设置的新光源名称，如图 13-109 所示。

(5) 光线轮廓：光源的图形表示。可以使用光线轮廓将点光源和聚光灯放置在图形中。平行光(例如阳光)不使用光线轮廓表示。

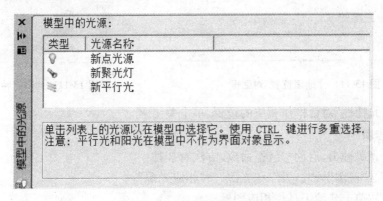

图 13-109 "光源列表"对话框

① 启动"光线轮廓"命令，弹出"地理位置-定义地理位置"对话框，如图 13-110 所示。

图 13-110 "地理位置-定义地理位置"对话框

② 单击"输入位置值",弹出"地理位置"对话框,如图 13-111 所示。
③ 对"地理位置"对话框作相应的设置,单击"确定"按钮。
(6) 阳光特性:具有更多可用的特性并且使用更加精确的阳光模型进行渲染。
① 启动"阳光特性"命令,弹出"阳光特性"对话框,如图 13-112 所示。

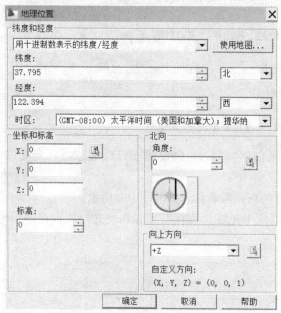

图 13-111　"地理位置"对话框　　　　图 13-112　"阳光特性"对话框

② 对"阳光特性"对话框作相应的设置,单击关闭 ✕ 。

2. 操作步骤

(1) 设置光源种类,启动"光源"命令,方法有 3 种:
① 菜单栏:"视图"→"渲染"→"光源"→"相应光源";
② 工具栏:单击光源工具栏相应图标;
③ 命令行:键入"Light",回车。
(2) 按步骤说明操作。

(二) 材 质

1. 功能

设置创建其物理特性。"材质"工具选项板及其对应的材质效果,如图 13-113 所示,它提供了大量已为用户创建的材质。使用这些材质工具可以将材质应用到场景中的对象。还可以使用"材质"窗口创建和修改材质。"材质"窗口中提供了许多用于修改材质特性的设置。

在"材质编辑器"面板中,可以设置以下特性:"真实"、"真实金属"、"高级"和"高级金属"类型。

图 13-113 "材质"选项板及其对应的材质效果

在"贴图"面板中,可以设置对材质的颜色指定图案或纹理,为材质增加纹理真实感。
● 漫射贴图为材质提供多种颜色的图案。
● 反射贴图模拟在有光泽对象的表面上反射的场景。
● 不透明贴图可以创建不透明和透明的图案。
● 凹凸贴图可以模拟起伏的或不规则的表面。
在"高级光源替代"面板中,可以为影响渲染场景的材质添加特性。
在"材质缩放与平铺"面板中,可以为所有贴图级别的贴图指定材质偏移和预览设置。
在"材质偏移和预览"面板中,可以针对材质指定贴图的缩放和平铺。

2. 操作步骤

(1) 启动"材质"命令,弹出"材质"选项板,如图 13-113 所示,方法有 3 种:

① 菜单栏:"视图"→"渲染"→"材质";

② 工具栏:单击渲染工具栏材质图标 ;

③ 命令行:键入"Materials",回车。

(2) 对"材质"选项板作相应的设置。

(3) 单击关闭 。

(三)贴图

1. 功能

贴图频道可以为材质增加纹理真实感。贴图频道可以对材质的颜色指定图案或纹理。选择贴图频道后,贴图的颜色将替换材质的漫射颜色。

"贴图"级联式菜单如图 13-114 所示。

"贴图"下拉式工具栏如图 13-115 所示。

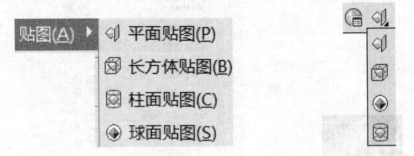

图 13-114 "贴图"级联式菜单　　图 13-115 "贴图"下拉式工具栏

2. 操作步骤

(1) 设置贴图种类,启动"贴图"命令,方法有 3 种:

① 菜单栏:"视图"→"渲染"→"贴图"→相应贴图;

② 工具栏:单击渲染工具栏相应的贴图图标;

③ 命令行:键入"Materialmap",回车。

(2) 按步骤说明操作。

(四)渲染环境

1. 功能

可以通过雾化效果(例如雾化和深度设置)或将位图图像添加为背景来增强渲染图像。

设置雾化和深度效果,用于定义对象与当前主视角之间距离的信息。雾化和深度设置是非常相似的大气效果,可以使对象随着距相机距离的增大而显示得越浅。雾化使用白色,而深度设置使用黑色。

图 13-116 "渲染环境"选项板

2. 操作步骤

(1) 启动"渲染环境"命令,弹出"渲染环境"选项板,如图 13-116 所示,方法有 3 种:

① 菜单栏:"视图"→"渲染"→"渲染环境";

② 工具栏:单击渲染工具栏渲染环境图标；

③ 命令行:键入"Renderenvironment",回车。

(2) 对"渲染环境"选项板进行适当操作。

(3) 单击"确定"按钮。

（五）高级渲染设置

1. 功能

使用户可以渲染非常详细和照片级真实感的图像。如图 13-117 所示为"高级渲染设置"选项板，选项板被分为从基本设置到高级设置的若干部分。"基本"部分包含了影响模型的渲染方式、材质和阴影的处理方式以及反走样执行方式的设置（反走样可以削弱曲线式线条或边在边界处的锯齿效果）。"光线跟踪"部分控制如何产生着色。"间接发光"部分用于控制光源特性、场景照明方式以及是否进行全局照明和最终采集。还可以使用诊断控件来帮助了解图像没有按照预期效果进行渲染的原因。

2. 操作步骤

（1）启动"高级渲染设置"命令，弹出"高级渲染设置"选项板，如图 13-117 所示，方法有 3 种：

① 菜单栏："视图"→"渲染"→"高级渲染设置"；

② 工具栏：单击渲染工具栏高级渲染设置图标 ；

③ 命令行：键入"Rpref"，回车。

（2）对"高级渲染设置"选项板进行适当操作。

（3）单击关闭 ✕ 。

图 13-117　"高级渲染设置"选项板

（六）"渲染"命令（Render）

1. 功能

渲染基于三维场景来创建二维图像。它使用已设置的光源、已应用的材质和环境设置（例如背景和雾化），为场景的几何图形着色，如图 13-118 所示。

图 13-118　"渲染"效果图

2. 操作步骤

（1）启动"渲染"命令，弹出"渲染"对话框，如图 13-119 所示，即完成渲染，方法有 3 种：
① 菜单栏："视图"→"渲染"→"渲染"；
② 工具栏：单击渲染工具栏渲染图标；
③ 命令行：键入"Render"，回车。

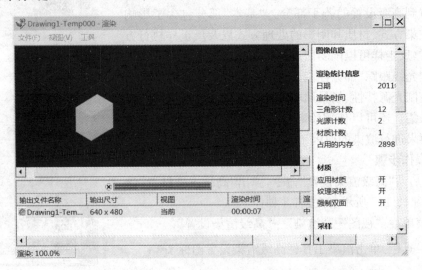

图 13-119 "渲染"对话框

（七）渲染步骤

用户可通过以下步骤实现使三维实体具有表面色彩或以某种材质表现出来。
（1）对实体赋予材质。
（2）设置光源。
（3）设置贴图。
（4）设置渲染环境。
（5）进行高级渲染设置。
（6）对实体进行渲染，结果如图 13-120 所示。

(a)渲染前　　　　　　　　　　(b)渲染后

图 13-120 "渲染"前后对比

第十一节　三维图形的文字、尺寸标注及三维绘图实例

本节主要通过实例来进一步巩固和掌握三维图形的文字、尺寸标注及绘制三维图形的方法、步骤。

一、三维图形的文字、尺寸标注

在三维图形中标注文字和尺寸与轴测图中标注是不同的，在轴测图中标注文字、尺寸时，由于在一个平面中进行标注，为了实现字体与不同轴测面的匹配，因此我们通过调整字体的倾角和整个文本的旋转角来达到相应的效果。但在三维图形中，由于形体的各个面不处在同一位置，而且 AutoCAD 中默认的标注形式是在 XOY 平面内有效，因此不同平面内的文字、尺寸，必须通过调整用户坐标系的形式和原点，才能获得相应的标注效果，如图 13-121 所示。

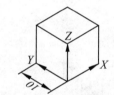
(a)水平面、原点在底面

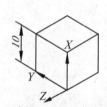
(b)侧面、原点在底面

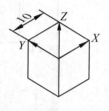
(c)水平面、原点在顶面

图 13-121　不同的 *XOY* 平面和原点

标注文字的方法与在二维中标注方法相同，字体的倾角自动实现，AutoCAD 系统默认的文字整体倾斜方向及书写方向是沿 X 轴正向，也可以通过"旋转"命令来实现，有关操作实例，请参阅"例 13-32"。

标注尺寸的方法与二维标注方法相同，有关操作实例，请参阅"例 13-32"。

二、实例

【例 13-32】　绘制拨叉的三维图形，按 1∶1 绘制，如图 13-122 所示。

操作步骤：

(1) 设置精度。

① 启动"图形单位"对话框："格式"→"单位"；

② 单击"图形单位"对话框中"精度"下拉列表，将小数位数设置为 2。

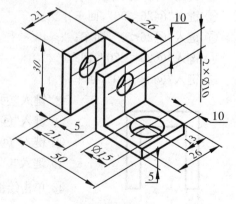

图 13-122

(2) 设置绘图区域。
① 菜单栏:"格式"→"图形界限";
② 回车;
③ 键入"80,60",回车;
④ 菜单栏:"视图"→"缩放"→"全部缩放"。
(3) 设置图层。
层名:粗实线;颜色:黑色;线型:连续线;线宽:0.6。
层名:细实线;颜色:黑色;线型:连续线;线宽:0.3。
(4) 设置用户坐标系。
① 菜单栏:"工具"→"新建"→"原点";
② 光标移至左下角适当位置单击,确定 A 点,使其成为新的坐标原点;
③ 菜单栏:"视图"→"显示"→"UCS 图标"→√原点,使坐标系图标出现在坐标原点,如图 13-123 所示。

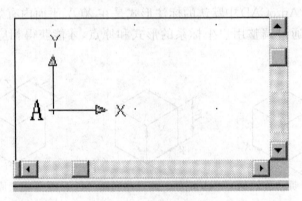

图 13-123　定义坐标系

(5) 绘制拨叉俯视图。
① 将当前层设置为:粗实线;
② 单击直线图标；
③ 键入"0,0",回车;
④ 键入"@26<90",回车;
⑤ 键入"@26<0",回车;
⑥ 键入"@26<270",回车;
⑦ 键入"@5<180",回车;
⑧ 键入"@21<90",回车;
⑨ 键入"@16<180",回车;
⑩ 键入"@21<270",回车;
⑪ 键入"C",回车,结束命令,如图 13-124 所示;
⑫ 单击绘图工具栏矩形图标 ;
⑬ 捕捉图 13-124 右上角的 B 点,单击;

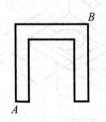

图 13-124　拨叉俯视图之一

⑭ 键入"@24,－26",回车,如图 13-125 所示;
⑮ 设置用户坐标系,菜单栏:"工具"→"新建"→"原点";
⑯ 光标捕捉图 13-125 右上角 C 点,单击,成为新的坐标原点;
⑰ 单击绘图工具栏圆图标 ;
⑱ 键入"－10,－13",回车;
⑲ 键入"7.5",回车,结束命令,如图 13-126 所示。

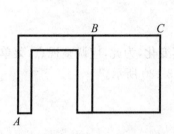

图 13-125 拨叉俯视图之二

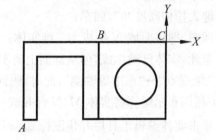

图 13-126 拨叉俯视图之三

(6) 创建面域。

① 单击绘图工具栏面域图标 ;
② 利用"从左至右"窗选,选中 A、B 之间的直线,如图 13-127 所示;
③ 回车,即创建了一个面域 M;
④ 回车;
⑤ 利用"从左至右"窗选,选中 B、C 之间的矩形和圆线框,如图 13-128 所示;
⑥ 回车,即创建了两个面域;

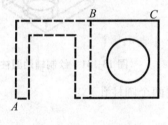

图 13-127 创建面域

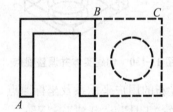

图 13-128 创建面域

(7) 由于拨叉俯视图的右侧生成了两个面域,为此,我们必须使用布尔运算将这两个面域相减生成一个新的面域。

① 单击实体编辑工具栏差集图标 ;
② 光标移至矩形线框上,单击;
③ 回车;
④ 光标移至圆形线框上,单击;
⑤ 回车,即形成一个新的面域 N,如图 13-129 所示。

(8) 将面域 M、N 生成实体。

① 单击实体工具栏拉伸图标 ;

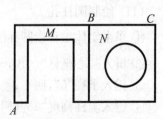

图 13-129 面域 M、N 创建结束

② 光标移至面域 M 线框上,单击;
③ 回车,结束选择;
④ 键入拉伸高度"30",回车;
⑤ 回车,即将面域 M 生成为三维实体;
⑥ 回车,重新启动拉伸命令;
⑦ 光标移至面域 N 线框上,单击;
⑧ 回车,结束选择;
⑨ 键入拉伸高度"5",回车;
⑩ 回车,即将面域 N 生成为三维实体;
⑪ 至此,实体已被生成,但从画面上尚不能看出其变化,为此,应调整视点,菜单栏:"视图"→"三维视点"→"东南等轴测",此时,画面将如图 13-130 所示。

(9) 利用布尔运算将实体 M、N 合并成一个整体。

① 单击实体编辑工具栏并集图标 ⓪;
② 利用窗选方式,选择实体 M、N;
③ 回车,即完成合并,如图 13-131 所示。

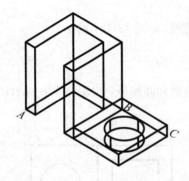
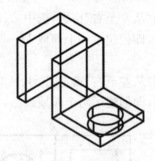

图 13-130　创建实体并调整视点　　　图 13-131　绘制辅助圆柱

(10) 设置新的用户坐标系及坐标原点,(绘制两个圆柱孔)。

① 菜单栏:"工具"→"新建"→"X";
② 键入绕 X 轴旋转角度"90",回车,此时坐标轴已变换;
③ 菜单栏:"工具"→"新建"→"原点";
④ 光标捕捉 D 点,单击,则坐标系显示在 D 点,如图 13-132 所示。

(11) 绘制圆柱孔。

① 单击实体工具栏圆柱图标 ⬚;
② 键入圆心坐标"-10,-13,0",回车;
③ 键入半径"5",回车;
④ 键入圆柱高度"26",回车,如图 13-133 所示;
⑤ 进行布尔运算,单击实体编辑工具栏差集图标 ⓪;
⑥ 光标移至 M 实体上单击;

⑦ 回车；
⑧ 光标移至圆柱实体上单击；

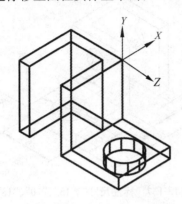

图 13-132　设置用户坐标系

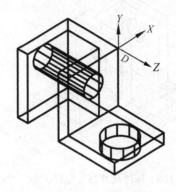

图 13-133　绘制辅助圆柱

⑨ 回车，结束命令，即完成三维图形，如图 13-134 所示；
⑩ 将 Isolines 设置为 10，Facetres 设置为 3，进行消隐，如图 13-135 所示。
(12) 以"例 13-33"为文件名存盘。
(13) 标注尺寸。
① 标注尺寸："5"、"21"、"50"、"26"。
a. 设置尺寸标注样式；
b. 菜单栏："工具"→"新建"→"X"；

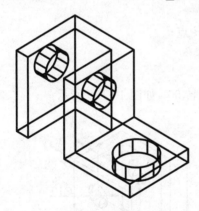

图 13-134　创建圆柱孔

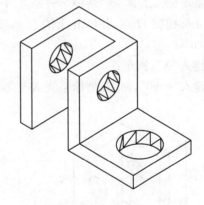

图 13-135　消隐后的效果

c. 键入绕 X 轴旋转角度"-90"，回车，此时坐标轴已变换；
d. 菜单栏："工具"→"新建"→"原点"；
e. 光标捕捉 E 点，并单击，则坐标系显示在 E 点；
f. 利用线性标注命令，即可标注尺寸："5"、"21"、"50"、"26"，如图 13-136 所示。
② 标注直径 ϕ15 圆孔尺寸及定位尺寸"10"、"13"。
a. 菜单栏："工具"→"新建"→"原点"；
b. 光标捕捉 F 点，并单击，则坐标系显示在 F 点；
c. 利用线性标注命令、捕捉命令，即可标注尺寸："10"、"13"，利用直径命令标注"ϕ15"，如图 13-137 所示。

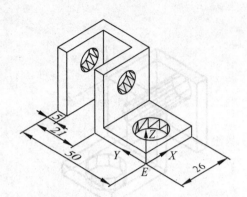

图 13-136　标注尺寸"5"、"21"、"50"、"26"

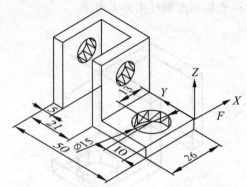

图 13-137　标注尺寸"ϕ15"、"10"、"13"

③ 标注高度尺寸："5"、"30"。

a. 菜单栏："工具"→"新建"→"原点"；

b. 光标捕捉 G 点，并单击，则坐标系显示在 G 点；

c. 回车；

d. 键入"Y"，回车；

e. 键入"-90"，回车，坐标系绕 Y 轴顺时针旋转 90°，如图 13-138 所示；

f. 利用线性标注命令、捕捉命令，即可标注尺寸："5"、"30"，如图 13-138 所示。

④ 标注直径"ϕ10"圆孔尺寸及定位尺寸"10"、"13"。

a. 菜单栏："工具"→"新建"→"原点"；

b. 光标捕捉 H 点，并单击，则坐标系显示在 H 点；

c. 回车；

d. 键入"X"，回车；

e. 键入"-90"，回车，坐标系绕 X 轴顺时针旋转 90°，如图 13-139 所示；

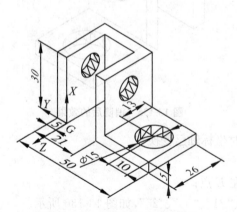

图 13-138　标注尺寸"5"、"30"

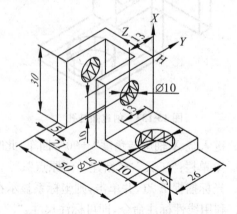

图 13-139　标注尺寸"ϕ10"、"10"、"13"

f. 利用线性标注命令、捕捉命令，即可标注尺寸："10"、"13"，利用直径命令标注"ϕ10"，如图 13-139 所示。

⑤ 标注尺寸："21"、"26"。

a. 菜单栏:"工具"→"新建"→"Y";
b. 键入"90",回车,坐标系绕 Y 轴逆时针旋转 90°,如图 13-140 所示;
c. 利用线性标注命令、捕捉命令,即可标注尺寸:"21"、"26",如图 13-140 所示。
⑥ 标注文字。
   a. 设置文字样式:宋体;
   b. 菜单栏:"工具"→"新建"→"Z";
   c. 键入"90",回车;
   d. 利用多行文字命令,即可输入标注文字,如图 13-141 所示。

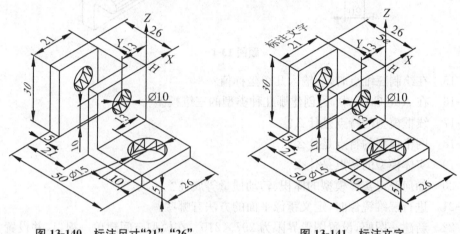

图 13-140 标注尺寸"21"、"26"　　　　　图 13-141 标注文字

习　　题

13-1　对于三维模型,系统设置的特殊观察视点有哪些? 如何调用?

13-2　如何设置不同坐标面内的用户坐标系及原点?

13-3　将坐标系绕某一坐标轴旋转时,角度的正方向如何确定?

13-4　如何设置新的布局?

13-5　什么是平铺视口? 什么是浮动视口?

13-6　如何创建平铺视口? 平铺视口有何用处?

13-7　什么是浮动模型视口? 在浮动模型视口中,如何进行图纸、模型空间切换?

13-8　图纸空间与模型空间的区别是什么?

13-9　什么是面域? 创建"面域"的目的是什么?

13-10　拉伸实体时,面域与拉伸路径应处于什么相对位置?

13-11　扫掠实体时,面域与拉伸路径应处于什么相对位置?

13-12　拉伸(Extrude)命令能拉伸哪些二维对象? 拉伸时可输入负的拉伸高度吗? 能指定拉伸锥角吗?

13-13　旋转(Revolve)命令可以旋转二维对象生成 3D 实体,操作时旋转角的正方向如何确定?

13-14 建立 A4 图幅,设置视点为"西南等轴测"。根据题图 13-1 所示的"T 字钢"截面尺寸,按指定的长度尺寸创建"T 字钢"模型。

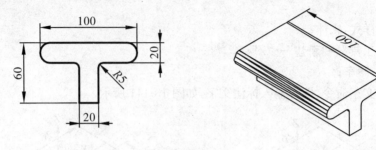

题图 13-1

13-15 在绘制三维点时,应输入几个坐标值?

13-16 在 AutoCAD 中,可创建哪几种类型的三维模型?

13-17 线框模型的特点是什么?

13-18 网格模型的特点是什么?

13-19 实体模型的特点是什么?

13-20 如何获得实体模型的体积、转动惯量等属性?

13-21 进行三维镜像时,定义镜像平面的方法有哪些?

13-22 新建一图幅,设置图形界限为 297×210。在模型空间建单一视口,并设置为"西南等轴测",创建一个直径为 50,高度为 80 的圆柱体,并以"L-13-22"为文件名存盘(设置系统变量"Isolines"为 10)。

13-23 打开图形文件"L-13-22",进入图纸空间后按"Fit"方式建立 4 个浮动视口。进入浮动模型空间将各视口分别设置为"主视"、"俯视"、"左视"和"西南等轴测",并调整各视口的缩放比例因子为 1。根据题图 13-2 所示的模型尺寸和相对位置,在圆柱体的基础上继续完成圆锥体和圆环体的造型,并以"L-13-23"为文件名存盘。

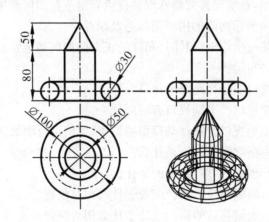

题图 13-2

13-24 编辑三维实体应将三维实体置于什么平面上进行编辑?

13-25　制作题图 13-3 所示布局的整套桌子和圆凳三维造型。桌子和圆凳的尺寸如题图 13-4 所示。完成后以"L-13-25"为文件名存盘（提示：设置 A3 图幅，各视图的缩放比例因子取0.3）。

13-26　建立 A4 图幅并设置四视口，根据题图 13-5 所示，绘制四棱柱的切割体。完成后以"L-13-26"为文件名存盘。

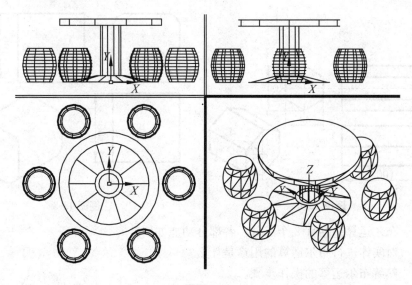

题图 13-3

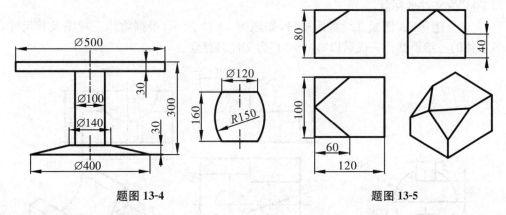

题图 13-4　　　　　　　　　　题图 13-5

13-27　建立 A4 图幅并设置四视口，根据题图 13-6 所示，绘制两个正交的圆柱和半圆柱，并将实体的干涉部分生成一个新实体。完成后以"L-13-27"为文件名存盘。

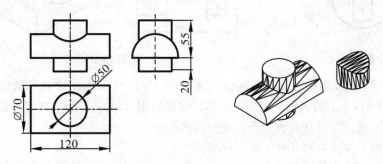

题图 13-6

13-28 建立 A4 图幅并设置四视口,根据题图 13-7 所示,绘制六棱柱三维实体。完成后以"L-13-28"为文件名存盘。

13-29 建立 A4 图幅并设置四视口,根据题图 13-8 所示,绘制实体,完成后以"L-13-29"为文件名存盘。

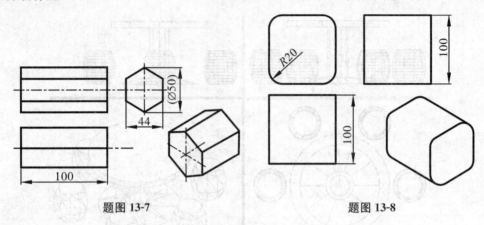

题图 13-7　　　　　　　　　　　题图 13-8

13-30 布尔运算包括哪 3 个部分?各部分功能如何?
13-31 对实体进行布尔运算的用途是什么?
13-32 熟练布尔运算的操作步骤。

13-33 建立 A4 图幅并设置四视口,根据题图 13-9 所示,绘制该三维实体,完成后以"L-13-33"为文件名存盘。

13-34 建立 A4 图幅并设置四视口,如题图 13-10 所示,根据物体三视图及其尺寸,制作该实体的三维模型。完成后以"L-13-34"为文件名存盘。

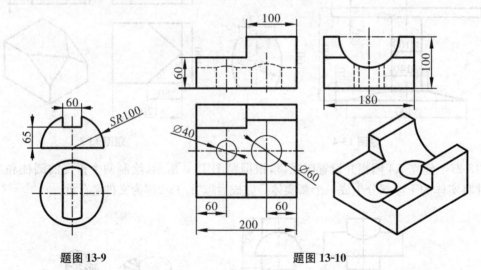

题图 13-9　　　　　　　　　　　题图 13-10

13-35 建立 A4 图幅并设置四视口,根据题图 13-11 所示的正交相贯圆柱体的尺寸,制作该实体的模型,并沿轴向用平面剖开实体。完成后以"L-13-35"为文件名存盘。

13-36 三维图像处理有哪 3 种方式?功能如何?
13-37 视觉样式有哪几种?各有何特点?
13-38 如何对实体进行渲染?

13-39　熟练三维图像处理的操作步骤。

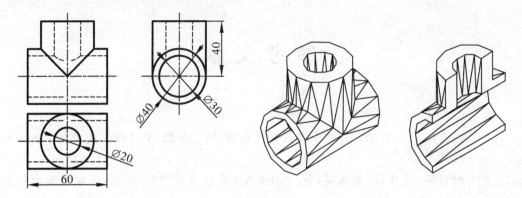

题图 13-11

13-40　打开图形文件"L-13-25",将三维实体赋予某种材质,并设置灯光效果,观察渲染后的图像效果,如题图 13-12 所示。

题图 13-12

13-41　绘制如题图 13-13 所示的三维图形,标注尺寸并进行渲染。

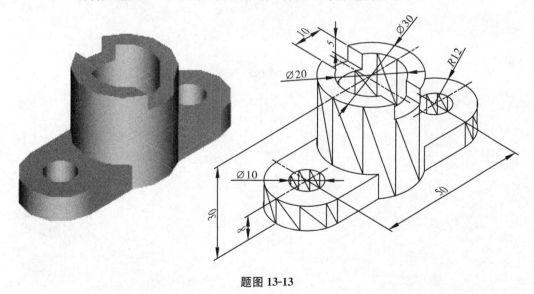

题图 13-13

参 考 文 献

[1] 陈立群. AutoCAD 2006 中文版应用基础[M]. 合肥. 中国科学技术大学出版社，2007.

[2] 叶丽明，吴伟涛，黄世英，等. AutoCAD 基础应用[M]. 北京：化学工业出版社，2001.

[3] 鲁倩. AutoCAD R14 中文版操作百例[M]. 北京：人民邮电出版社，1998.